U0294497

住房城乡建设部土建类学科专业"十三五"规划教材
全国职业院校技能大赛中职组赛项备赛指导
中等职业教育技能实训教材

建筑装饰技能实训
（含赛题剖析）

中国建设教育协会　组织编写

张　雷　主　编

冯淑芳　王　翠　李康宁　副主编

邹　越　主　审

中国建筑工业出版社

图书在版编目（CIP）数据

建筑装饰技能实训：含赛题剖析／中国建设教育协会组织编写；张雷主编.—北京：中国建筑工业出版社，2020.11（2024.6重印）

住房城乡建设部土建类学科专业"十三五"规划教材

全国职业院校技能大赛中职组赛项备赛指导　中等职业教育技能实训教材

ISBN 978-7-112-25499-6

Ⅰ.①建…　Ⅱ.①中…　②张…　Ⅲ.①建筑装饰-工程施工-高等职业教育-教材　Ⅳ.①TU767

中国版本图书馆 CIP 数据核字（2020）第 184688 号

　　本教材根据《中等职业学校建筑装饰专业教学标准（试行）》、《建筑工程施工质量验收统一标准》GB 50300—2013、《建筑装饰装修工程质量验收标准》GB 50210—2018 等国家标准及规范、全国职业院校技能大赛中职组建筑装饰技能赛项的比赛内容及相关知识点进行编写。全书采用项目教学法，共 13 个教学单元，即建筑装饰技能赛项介绍、建筑装饰施工职业技能、建筑装饰施工图绘制技能实训、装饰抹灰工程技能实训、吊顶工程技能实训、轻质隔墙工程技能实训、饰面板工程技能实训、饰面砖工程技能实训、涂饰工程技能实训、裱糊与软包工程技能实训、地面工程技能实训、细部工程技能实训和建筑装饰技能赛项解析等。

　　本教材突出能力本位，注重操作技能的培养，内容丰富，书中附有二维码教学资源链接，可供高职中职院校作为建筑装饰技能赛项赛备赛指导书，也可作为相关专业开展综合实训教学用书。

教材服务群
QQ：796494830

国赛交流群
QQ：627405407

责任编辑：司　汉　李　阳
责任校对：张　颖

住房城乡建设部土建类学科专业"十三五"规划教材
全国职业院校技能大赛中职组赛项备赛指导
中等职业教育技能实训教材
建筑装饰技能实训（含赛题剖析）
中国建设教育协会　组织编写
张　雷　主　编
冯淑芳　王　翠　李康宁　副主编
邹　越　主　审

*

中国建筑工业出版社出版、发行（北京海淀三里河路 9 号）
各地新华书店、建筑书店经销
北京鸿文瀚海文化传媒有限公司制版
建工社（河北）印刷有限公司印刷

*

开本：787×1092 毫米　1/16　印张：17¾　字数：440 千字
2020 年 11 月第一版　　2024 年 6 月第四次印刷
定价：**49.00** 元（赠教师课件）
ISBN 978-7-112-25499-6
（36343）

住房城乡建设部土建类学科专业"十三五"规划教材
全国职业院校技能大赛中职组赛项备赛指导
中等职业教育技能实训教材

建筑装饰技能实训
（含赛题剖析）

中国建设教育协会　组织编写

张　雷　主　编

冯淑芳　王　翠　李康宁　副主编

邹　越　主　审

中国建筑工业出版社

图书在版编目（CIP）数据

建筑装饰技能实训：含赛题剖析／中国建设教育协
会组织编写；张雷主编.—北京：中国建筑工业出版
社，2020.11（2024.6重印）
住房城乡建设部土建类学科专业"十三五"规划教材
全国职业院校技能大赛中职组赛项备赛指导　中等职业教
育技能实训教材
ISBN 978-7-112-25499-6

Ⅰ.①建…　Ⅱ.①中…②张…　Ⅲ.①建筑装饰-工
程施工-高等职业教育-教材　Ⅳ.①TU767

中国版本图书馆 CIP 数据核字（2020）第 184688 号

本教材根据《中等职业学校建筑装饰专业教学标准（试行）》、《建筑工程施工质量验收统
一标准》GB 50300—2013、《建筑装饰装修工程质量验收标准》GB 50210—2018 等国家标准及
规范、全国职业院校技能大赛中职组建筑装饰技能赛项的比赛内容及相关知识点进行编写。全
书采用项目教学法，共 13 个教学单元，即建筑装饰技能赛项介绍、建筑装饰施工职业技能、建
筑装饰施工图绘制技能实训、装饰抹灰工程技能实训、吊顶工程技能实训、轻质隔墙工程技能
实训、饰面板工程技能实训、饰面砖工程技能实训、涂饰工程技能实训、裱糊与软包工程技能
实训、地面工程技能实训、细部工程技能实训和建筑装饰技能赛项解析等。

本教材突出能力本位，注重操作技能的培养，内容丰富，书中附有二维码教学资源链接，可供
高职中职院校作为建筑装饰技能赛项备赛指导书，也可作为相关专业开展综合实训教学用书。

责任编辑：司　汉　李　阳
责任校对：张　颖

教材服务群
QQ：796494830

国赛交流群
QQ：627405407

住房城乡建设部土建类学科专业"十三五"规划教材
全国职业院校技能大赛中职组赛项备赛指导
中等职业教育技能实训教材
建筑装饰技能实训（含赛题剖析）
中国建设教育协会　组织编写
张　雷　主编
冯淑芳　王　翠　李康宁　副主编
邹　越　主审

＊

中国建筑工业出版社出版、发行（北京海淀三里河路9号）
各地新华书店、建筑书店经销
北京鸿文瀚海文化传媒有限公司制版
建工社（河北）印刷有限公司印刷

＊

开本：787×1092毫米　1/16　印张：17¾　字数：440千字
2020年11月第一版　　2024年 6 月第四次印刷
定价：49.00 元（赠教师课件）
ISBN 978-7-112-25499-6
（36343）

全国职业院校技能大赛中职组赛项备赛指导编审委员会名单

主　任：胡晓光

副主任（按姓氏笔画为序）：

王长民　石兆胜　肖振东　辛凤杰　张荣胜

柏小海　黄华圣

项目负责人：丁　乐

委　员（按姓氏笔画为序）：

王炎城　边喜龙　李　洋　李　垚　李姝懋

邹　越　张　雷　陆惠民　姚建平　袁建刚

唐根林　黄　河　董　娟　谢　兵　谭翠萍

序

　　《国家职业教育改革实施方案》(国发〔2019〕4号)中提出"职业教育与普通教育是两种不同教育类型,具有同等重要地位。"全国职业院校技能大赛作为引领我国职业院校教育教学改革的风向标,社会影响力越来越强,自2007年以来,教育部联合有关部门连续成功举办十余届全国职业院校技能大赛,大赛作为职业教育教学活动的有效延伸,发挥了示范引领作用,成为提高劳动者职业技能、职业素质和就业创业能力的重要抓手,并有力促进了产教融合、校企合作,引领专业建设和教学改革,推动人才培养和产业发展紧密结合,大大增强了职业教育的影响力和吸引力。

　　当前,我国经济正处于转型升级的关键时间,党的十九大提出"建设知识型、技能型、创新型劳动者大军,弘扬劳模精神和工匠精神,营造劳动光荣的社会风尚和精益求精的敬业风气",激励广大院校师生和企业职工走技能成才、技能报国之路,加快培养大批高素质劳动者和高技能人才。全国职业院校技能大赛可以更好地引领职业院校进行改革和探索。首先,深化"三教"改革、"岗课赛证"综合育人,促进职业教育高质量发展,培养更多高素质技术技能人才、能工巧匠、大国工匠,推进全国职业院校技能大赛规范化建设,提高专业化水平。其次,坚持"学生至上,育人为本",通过赛项成果的转化,让更多学生了解并参与到大赛中,充分体现普惠性和共享性,使学生均等受益。最后,加强"工学结合,校企合作",职业院校通过大赛对接企业需求、展望行业发展,以产业需求为导向,进而对教学方式和课程内容作进一步调整。

　　近年来,全国职业院校技能大赛的赛项类别和数量不断调整、完善,赛项紧密对接了"世界技能大赛""中国制造2025""一带一路""互联网+"等新发展、新趋势和国家战略,这充分反映了大赛的引领作用。为了更好地满足企业的发展需求,适应院校的教学需要,将大赛的项目纳入课程体系和教学计划中,中国建设教育协会组织赛项专家组、裁判组、获奖团队指导教师、竞赛设备企业技术人员共同编写了"全国职业院校技能大赛中职组赛项备赛指导　中等职业教育技能实训教材",包括"工程测量""建筑设备安装与调控(给排水)""建筑CAD""建筑智能化系统安装与调试""建筑装饰技能"五个赛项,丛书将会根据赛项不断补充和完善。

　　本套备赛指导实训教材结合往届职业技能大赛的特点和内容编写,将大赛的成果转化为教学资源,不仅可以指导备赛,而且紧贴学生的专业培养方案,以项目-任务式的形式编写，理论和实操相结合，在"做中学"的过程中掌握关键技能。丛书充分考虑了国家、企业最新工艺技术、标准新规范等，可满足职业院校实训课程的教学需要。同时，本丛书还是一套"互联网＋"教材，配套大量数字资源。

衷心希望本丛书帮助广大职业院校师生更好理解技能大赛所反映的行业需求和发展，不断提升教学质量，为促进建设行业发展培养更多优秀的技能人才！

2020 年 7 月

前　言

　　本书是全国职业院校大赛中职组建筑装饰赛项备赛指导、中等职业教育技能实训教材丛书之一，是根据技能大赛的比赛内容及相关知识点，按照项目教学法的理念编写而成。内容包括建筑装饰施工图绘制、装饰抹灰工程、吊顶工程、轻质隔墙工程、饰面板工程、饰面砖工程、涂饰工程、裱糊与软包工程、地面工程、细部工程等。

　　本书突出能力本位，注重操作技能的培养。可供相关职业院校作为技能大赛备赛指导书，也可作为相关专业综合实训教学用书。通过技能大赛引领和综合课程改革可以培养学生具备建筑装饰施工的识图、施工等知识和技能的复合型技术技能人才；推动全国中职学校建筑装饰相关专业的建设和实训教学改革，促进工学结合人才培养模式的改革与创新。

　　本书由全国职业院校技能大赛中职组建筑装饰技能赛项专家山东建筑大学张雷教授担任主编，并负责全书的修改和统稿。广州市建筑工程职业学校冯淑芳、青岛军民融合学院王翠和李康宁担任副主编。中国建设教育协会丁乐、宁波建设工程学校黄依丽、青岛城市管理职业学校包乐德、宜兴高等职业技术学校邵飞、无锡汽车工程高等职业技术学校夏鸿盛、山东省潍坊商业学校王庆平和姜晓晨、苏州建设交通高等职业技术学校王启蕴和王梦笛、烟台城乡建设学校管清文和房俊静、青岛军民融合学院逄敏、宁波行知中等职业学校费杰和叶丽、包头财经信息职业学校袁志茹和张超、青岛西海岸新区公用事业集团李海涛担任编委。北京建筑大学邹越教授担任主审。具体分工如下：

项目内容	参编人员
项目1　建筑装饰技能赛项介绍	张雷、冯淑芳
项目2　建筑装饰施工职业技能	包乐德
项目3　建筑装饰施工图绘制技能实训	黄依丽
项目4　装饰抹灰工程技能实训	邵飞
项目5　吊顶工程技能实训	黄依丽、夏鸿盛
项目6　轻质隔墙工程技能实训	王庆平、姜晓晨
项目7　饰面板工程技能实训	王启蕴 王梦笛
项目8　饰面砖工程技能实训	王启蕴
项目9　涂饰工程技能实训	管清文、房俊静
项目10　裱糊与软包工程技能实训	王翠、逄敏
项目11　地面工程技能实训	费杰、叶丽
项目12　细部工程技能实训	袁志茹、张超
项目13　建筑装饰技能赛项解析	李康宁、李海涛

广州中望龙腾软件股份有限公司和山东百库教育科技有限公司为本书提供了建筑装饰CAD 教学微课，青岛军民融合学院各级领导给予了本教材编写的许多支持。

本书编写过程中得到了 2015、2017 和 2019 年全国职业院校技能大赛建筑装饰技能赛项专家组组长东南大学陆惠民教授、北京建筑大学邹越教授，中国建设教育协会丁乐，广州中望龙腾软件股份有限公司黎江龙、孙小雪和韩伟伟的大力支持，在此一并表示感谢！

由于编者水平有限，本书难免存在一些不足和错误，恳请使用本教材的师生和广大读者批评指正。

目　录

项目 1　建筑装饰技能赛项介绍 ………………………………… 001

任务 1.1　赛项说明 ……………………………………………… 003
任务 1.2　技术规程 ……………………………………………… 003
任务 1.3　技术平台 ……………………………………………… 005
任务 1.4　评分标准 ……………………………………………… 007

项目 2　建筑装饰施工职业技能 …………………………………… 012

任务 2.1　建筑装饰装修职业技能标准 ………………………… 013
任务 2.2　"1＋X"职业技能等级标准 ………………………… 018

项目 3　建筑装饰施工图绘制技能实训 …………………………… 022

任务 3.1　建筑装饰制图标准 …………………………………… 024
任务 3.2　建筑装饰 CAD 软件 ………………………………… 029
任务 3.3　建筑装饰 CAD 技巧 ………………………………… 036
任务 3.4　建筑装饰图纸技能拓展 ……………………………… 052

项目 4　装饰抹灰工程技能实训 …………………………………… 057

任务 4.1　一般抹灰基础知识 …………………………………… 059
任务 4.2　前期准备 ……………………………………………… 060
任务 4.3　施工工艺流程及施工要点 …………………………… 064
任务 4.4　实训项目工作任务分解 ……………………………… 069
任务 4.5　知识技能拓展 ………………………………………… 071

项目 5　吊顶工程技能实训 ………………………………………… 078

任务 5.1　吊顶的基本知识 ……………………………………… 080

任务 5.2　前期准备 ································· 084
任务 5.3　工艺流程及施工要点 ···················· 087
任务 5.4　质量自查验收 ··························· 100
任务 5.5　知识技能拓展 ··························· 104

项目 6　**轻质隔墙工程技能实训** ·················· 106
任务 6.1　轻质隔墙的类型与装饰设计识图 ············ 108
任务 6.2　材料与工具选择 ························· 111
任务 6.3　施工工艺流程及要点 ···················· 117
任务 6.4　质量自查验收 ··························· 121
任务 6.5　知识技能拓展 ··························· 122

项目 7　**饰面板工程技能实训** ···················· 129
任务 7.1　木板安装工程 ··························· 131
任务 7.2　石板安装工程 ··························· 137
任务 7.3　知识技能拓展 ··························· 145

项目 8　**饰面砖工程技能实训** ···················· 148
任务 8.1　装饰设计识图 ··························· 150
任务 8.2　施工准备与材料质量控制 ················· 152
任务 8.3　施工工艺流程及质量控制 ················· 154
任务 8.4　知识技能拓展 ··························· 156

项目 9　**涂饰工程技能实训** ······················ 159
任务 9.1　装饰设计识图 ··························· 161
任务 9.2　材料质量控制 ··························· 164
任务 9.3　工具选择操作 ··························· 167
任务 9.4　施工工艺流程 ··························· 169
任务 9.5　施工工艺要点 ··························· 173
任务 9.6　质量自查验收 ··························· 182
任务 9.7　任务拓展 ······························ 185

项目 10　**裱糊与软包工程技能实训** ················ 190
任务 10.1　裱糊工程施工工艺流程及要点 ············ 192

任务 10.2　工具选择及材料质量要求 ⋯⋯⋯⋯⋯⋯⋯⋯⋯⋯⋯⋯⋯⋯⋯⋯⋯ 196

任务 10.3　质量自查验收 ⋯⋯⋯⋯⋯⋯⋯⋯⋯⋯⋯⋯⋯⋯⋯⋯⋯⋯⋯⋯⋯⋯ 199

任务 10.4　裱糊工程项目实训工作任务分解 ⋯⋯⋯⋯⋯⋯⋯⋯⋯⋯⋯⋯⋯ 200

任务 10.5　知识技能拓展 ⋯⋯⋯⋯⋯⋯⋯⋯⋯⋯⋯⋯⋯⋯⋯⋯⋯⋯⋯⋯⋯⋯ 201

项目 11　地面工程技能实训 ⋯⋯⋯⋯⋯⋯⋯⋯⋯⋯⋯⋯⋯⋯ 206

任务 11.1　地面工程基础知识 ⋯⋯⋯⋯⋯⋯⋯⋯⋯⋯⋯⋯⋯⋯⋯⋯⋯⋯⋯⋯ 208

任务 11.2　地面砖技能实训 ⋯⋯⋯⋯⋯⋯⋯⋯⋯⋯⋯⋯⋯⋯⋯⋯⋯⋯⋯⋯⋯ 212

任务 11.3　复合地板技能实训 ⋯⋯⋯⋯⋯⋯⋯⋯⋯⋯⋯⋯⋯⋯⋯⋯⋯⋯⋯⋯ 219

项目 12　细部工程技能实训 ⋯⋯⋯⋯⋯⋯⋯⋯⋯⋯⋯⋯⋯⋯ 225

任务 12.1　常用木质板材 ⋯⋯⋯⋯⋯⋯⋯⋯⋯⋯⋯⋯⋯⋯⋯⋯⋯⋯⋯⋯⋯⋯ 227

任务 12.2　常用木工工具及安全防护措施 ⋯⋯⋯⋯⋯⋯⋯⋯⋯⋯⋯⋯⋯⋯ 230

任务 12.3　橱柜制作与安装 ⋯⋯⋯⋯⋯⋯⋯⋯⋯⋯⋯⋯⋯⋯⋯⋯⋯⋯⋯⋯⋯ 233

任务 12.4　窗帘盒制作与安装 ⋯⋯⋯⋯⋯⋯⋯⋯⋯⋯⋯⋯⋯⋯⋯⋯⋯⋯⋯⋯ 236

任务 12.5　护栏与扶手制作与安装 ⋯⋯⋯⋯⋯⋯⋯⋯⋯⋯⋯⋯⋯⋯⋯⋯⋯ 238

任务 12.6　木门窗套制作与安装施工 ⋯⋯⋯⋯⋯⋯⋯⋯⋯⋯⋯⋯⋯⋯⋯⋯ 242

任务 12.7　知识技能拓展 ⋯⋯⋯⋯⋯⋯⋯⋯⋯⋯⋯⋯⋯⋯⋯⋯⋯⋯⋯⋯⋯⋯ 244

项目 13　建筑装饰技能赛项解析 ⋯⋯⋯⋯⋯⋯⋯⋯⋯⋯⋯ 248

任务 13.1　建筑装饰赛项命题设计原则与要求 ⋯⋯⋯⋯⋯⋯⋯⋯⋯⋯⋯⋯ 250

任务 13.2　赛项分析 ⋯⋯⋯⋯⋯⋯⋯⋯⋯⋯⋯⋯⋯⋯⋯⋯⋯⋯⋯⋯⋯⋯⋯⋯ 251

任务 13.3　世界技能大赛简介 ⋯⋯⋯⋯⋯⋯⋯⋯⋯⋯⋯⋯⋯⋯⋯⋯⋯⋯⋯⋯ 257

附录　2019 年全国职业院校技能大赛中职组建筑装饰技能赛项任务书 ⋯⋯⋯ 260

参考文献 ⋯⋯⋯⋯⋯⋯⋯⋯⋯⋯⋯⋯⋯⋯⋯⋯⋯⋯⋯⋯⋯⋯⋯⋯⋯⋯⋯⋯ 273

Chapter 01

项目1

建筑装饰技能赛项介绍

教学目标

1. 知识目标

（1）了解建筑装饰技能赛项的竞赛规则与内容；

（2）熟悉建筑装饰技能赛项的技术规范与要求；

（3）掌握绘图与施工竞赛环节的评分规则。

2. 能力目标

（1）培养正确理解和尊重竞赛规则的能力；

（2）提升"以赛促教，以赛促学"的能力。

思维导图

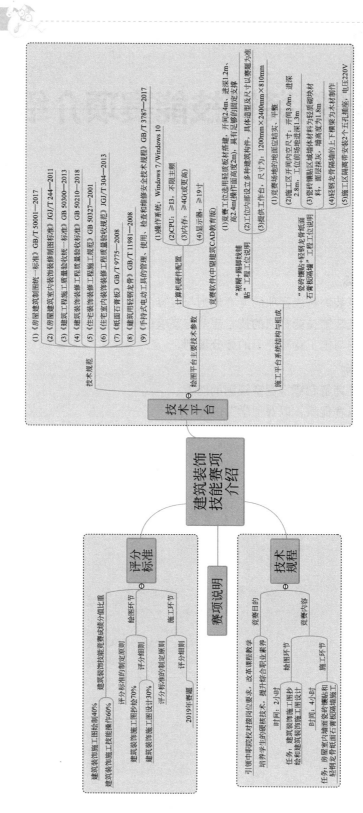

> **引文**
>
> 随着现代化社会的发展和科学技术的进步，人民对美好生活有了新期待，尤其是对建设宜居和优质生活有了更高的需要。传承建筑装饰技能和传统文化、掌握新技术和新工艺、弘扬工匠精神，成为建筑与装饰类职业教育的新热点课题。

任务 1.1　赛项说明

建筑装饰技能赛项是以教育部颁布的《中等职业学校重点建设专业教学指导方案（建筑装饰专业）》为指导，参照《房屋建筑室内装饰装修制图标准》JGJ/T 244—2011、《建筑装饰装修工程质量验收标准》GB 50210—2018、《住宅装饰装修工程施工规范》GB 50327—2001 等国家职业标准和规范要求，注重基本技能，体现标准程序，结合生产实际，考核职业综合能力，并对技能人才培养起到示范指导作用。赛项内容包含建筑装饰施工图的设计与抄绘，房屋室内裱糊工程、地板铺装工程、墙面砖镶贴工程和轻钢龙骨石膏板隔墙安装工程等实际操作任务。建筑装饰技能赛项多个任务互有关联、整体性强，使参赛选手更加了解装饰行业的岗位工作和专业特点，提高其专业技能和团队协作能力。

建筑装饰技能赛项采用专业的建筑设计软件，其绘图效率和稳定性高，适合建筑装饰工程图纸的绘制，且符合现行国家标准《房屋建筑制图统一标准》GB/T 50001—2017 的规定，广泛应用于建筑装饰课程教学和行业设计。赛项对接装饰分部分项施工方法、施工工艺、技术要求、质量验收标准、通病防治以及安全技术措施，有效地引导中等职业院校加强教学改革。赛项关注行业发展，在人才培养方案、课程设置、课程标准、实践教学以及实训基地建设等多个方面，有的放矢地向行业标准看齐，以国家规范、行业标准为课程标准，构建适合现代建筑装饰企业需求的人才培养标准。

建筑装饰技能赛项为团体竞赛，每支参赛队由 2 名选手组成，于 2013 年、2015 年、2017 年、2019 年共举办了四届比赛，来自全国 34 个省市、自治区、直辖市的共计 488 名选手参加比赛。该赛项设计成熟、组织严谨，对建筑装饰领域职业教育产生较好的推动力和影响力。

任务 1.2　技术规程

1.2.1　竞赛目的

1. 培养学生的硬核技术，提升综合职业素养

在备赛与竞赛过程中，学生能够更好地掌握建筑装饰技能的基本知识、计算机绘图的基本操作技能，熟悉国家有关建筑装饰制图的技术标准和建筑装饰材料、构造、设备、施工等工程技术方面的知识，提高学生的绘图技术、现场施工管理和团队协作能力，提升学生的职业能力和就业质量。

2. 引领中职院校对接岗位要求，改革课程教学

为弘扬"大国工匠"精神和落实国家职业教育改革实施方案的精神，紧贴建筑装饰行业人才发展需要，以行业需求为导向、职业技能为核心，引导中等职业院校的专业建设与课程改革，重视师资队伍建设，突出能力本位、学思结合、知行统一，提高教师的"双师型"素质，促进建筑装饰装修行业中职人才的培养，达到"以赛促教、以赛促学"的目的。

通过竞赛促进企业和学校之间的交流，加强"校企合作"，将行业标准和企业要求与职业院校人才培养对接，探索人才培养评价标准。赛项设计以建筑装饰实际工程为载体，以技能竞赛为平台，推动职业院校重视实践教学，以学生职业能力训练为核心，以就业为导向，对接企业岗位需求，加快建筑装饰专业人才培养步伐。

1.2.2 竞赛内容

遵循赛项与产业、岗位、专业对接的原则，竞赛内容包括建筑装饰施工图绘制和建筑装饰施工技能操作两个竞赛环节，全面考察中职学生建筑 CAD、建筑装饰施工知识和技能、职业素养和团队协作能力。

1. 建筑装饰施工图绘制环节（绘图环节）

该竞赛环节由参赛选手在 2 个小时内独立完成规定任务。参赛选手根据给定比赛任务书，按照国家制图标准要求，在大赛现场提供的计算机辅助设计软件中完成指定建筑装饰施工图绘制任务，主要包括建筑装饰施工图抄绘和建筑装饰施工图设计两个子任务。

参赛选手根据给定的建筑平面图，抄绘家具平面布置图、地面铺装图、顶面布置图、房间立面图等施工图纸。根据房间的模拟效果图，完成房间的墙面装修、地面铺装以及家具布置的装饰设计图。同步完成虚拟打印。

2. 建筑装饰施工技能操作环节（施工环节）

该竞赛环节由参赛选手在 4 个小时内协作共同完成规定任务。参赛选手按照建筑装饰施工工艺要求及装饰施工质量验收基本规定，借助轻型装饰施工机具，团队协作完成一个小型的建筑装饰工程。比如房屋室内墙面瓷砖镶贴和轻钢龙骨纸面石膏板隔墙施工、房屋室内裱糊工程和铺贴踢脚线等工程。

工欲善其事，必先利其器。为完成建筑装饰工程任务，所借助的轻型装饰施工机具主要有：瓷砖切割器、航空剪、龙骨钳、电动无齿锯、链带螺钉枪、手动/电动马刀锯、电动搅拌器/电动搅拌钻、电锤、墙砖定位器/瓷砖高低调节器、三脚架锉刨、靠尺、内外直角检测尺（指针式）、塞尺、水平尺、腻子刀、喷雾装置、起子机（充电式）、手枪钻、美工防护尺、滚筒、刮板、对线仪等，其性能与使用方法在相应的实训章节中予以介绍。

任务 1.3 技术平台

1.3.1 技术规范

主要依据的标准、规范有：

（1）《房屋建筑制图统一标准》GB/T 50001—2017。

（2）《房屋建筑室内装饰装修制图标准》JGJ/T 244—2011。

（3）《建筑工程施工质量验收统一标准》GB 50300—2013。

（4）《建筑装饰装修工程质量验收标准》GB 50210—2018。

（5）《住宅装饰装修工程施工规范》GB 50327—2001。

（6）《住宅室内装饰装修工程质量验收规范》JGJ/T 304—2013。

（7）《纸面石膏板》GB/T 9775—2008。

（8）《建筑用轻钢龙骨》GB/T 11981—2008。

（9）《手持式电动工具的管理、使用、检查和维修安全技术规程》GB/T 3787—2017。

1.3.2 绘图平台主要技术参数

建筑装饰施工图绘图环节安排在计算机机房进行，比赛用计算机无网络连接。

1. 计算机硬件配置

（1）操作系统：Windows 7/Windows 10。

（2）CPU：不小于 I3，不限主频。

（3）内存：不小于 4G（或更高）。

（4）显示器：不小于 19 寸。

2. 竞赛软件

本赛项主要使用中望建筑 CAD 教育版（以下简称"中望 CAD"），特点如下：

（1）软件拥有完全自主知识产权，技术平台成熟、稳定在企业和教学中广泛应用，且经过众多比赛检验。

（2）软件运行速度快、效率高、内存占用少、含有智能设计功能，可快速成图。

（3）提供丰富的室内图库和图案管理系统。

（4）文件格式高度兼容，在其他主流的 CAD 软件间可以任意打开、编辑、保存。

1.3.3 施工平台系统结构与组成

建筑装饰施工技能操作环节根据工程任务的性质，选手自带施工工具和设备，赛场提供装饰材料，竞赛所需工位严格按照规程要求统一搭建，工位模拟图及要求举例如下：

1."裱糊＋踢脚线铺贴"工程工位说明

（1）竞赛工位选用轻质板材搭建，开间2.4m、进深1.2m、高2.4m（操作面高度2m），具有足够的固定支撑（图1-1）。

（2）工位内部设立多种建筑构件，具体造型及尺寸以赛题为准。

（3）提供工作台，尺寸为：1200mm×2400mm×810mm。

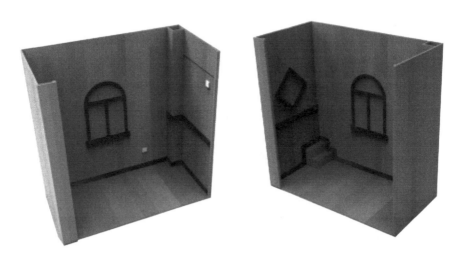

图1-1 "裱糊＋踢脚线铺贴"工程模拟工位图

2."瓷砖镶贴＋轻钢龙骨纸面石膏板隔墙"工程工位说明

（1）竞赛工位的地面应结实、平整。

（2）施工区开间内空间尺寸：开间3.0m，进深2.8m，工位前场地进深1.3m（图1-2）。

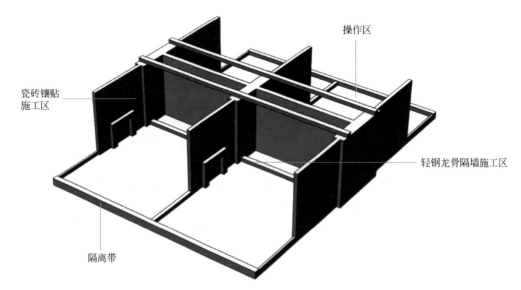

图1-2 "瓷砖镶贴＋轻钢龙骨纸面石膏板隔墙"工程模拟工位图

（3）瓷砖镶贴区域墙体材料为轻质砌块材料，面层抹灰，墙高度为 1.8m。

（4）轻钢龙骨隔墙的上下横梁为木材制作。

（5）施工区隔离带安装 2 个五孔插座，电压 220V。

任务 1.4　评分标准

该赛项的两个竞赛环节满分均为 100 分，其中"建筑装饰施工图绘制"竞赛环节分数的加权系数为 0.4，"建筑装饰施工技能操作"竞赛环节分数的加权系数为 0.6。两个竞赛环节的得分之和为本队的团体赛最终成绩见表 1-1。

"建筑装饰施工图绘制"竞赛环节只对结果进行评分，由选手各自独立完成任务，2 名选手的平均分为本参赛队在此竞赛环节的竞赛成绩，占总成绩的 40%。

"建筑装饰施工技能操作"竞赛环节分过程评分及结果评分两部分，以施工分步操作过程中的规范性、合理性、完成速度以及职业素养等作为过程考核点，以施工竞赛作品的完成度、完成质量等最为结果考核点，结合相关标准、规范要求评定竞赛成绩，占总成绩的 60%。

建筑装饰技能竞赛成绩分值比重表 表 1-1

模块	题目类型	模块名称		分值	占比
1	建筑装饰施工图绘制	建筑装饰施工图抄绘		30	40%
		建筑装饰施工图设计		10	
2	建筑装饰施工技能操作	工程 1	裱糊工程	42	60%
			踢脚线铺贴	12	
			职业素养	6	
		工程 2	墙砖镶贴	30	60%
			轻钢龙骨纸面石膏板隔墙	26.4	
			安全文明施工	3.6	
合计				100	

注：建筑装饰施工技能操作模块中工程 1 为 2015 年竞赛任务，工程 2 为 2017 年和 2019 年竞赛任务。

1.4.1　绘图环节

1. 评分标准的制定原则

以现行的国家或行业建筑装饰设计、制图、施工规范以及有关技术标准作为标准，从工程图形的规范性、制图要求的符合程度、视图的正确性、图形尺寸的精确性、建筑装饰施工工艺、职业素养等方面多维度制定评分标准。

2. 评分细则

"建筑装饰施工图绘制"竞赛环节，满分 100 分，加权系数 0.4，评分标准见表 1-2。

建筑装饰施工图绘制评分标准 表 1-2

竞赛任务		比例	评分说明	分值
建筑装饰施工图抄绘	家具平面布置图	20%	1.图层设置合理、调用正确;线型、线宽设置正确;图纸比例选择正确	2
			2.抄绘内容的正确性及完整度	6
			3.家具布置的合理性及完整度	4
			4.文字样式设置及选择正确	2
			5.注释类对象的完整度及统一性	5
			6.保存正确	1
	地面布置图	15%	1.图层设置合理、调用正确;线型、线宽设置正确;图纸比例选择正确	2
			2.抄绘内容的正确性及完整度	5
			3.地面装饰材料填充的合理性和完整度	3
			4.文字样式设置及选择正确	2
			5.注释类对象的完整度及统一性	2
			6.保存正确	1
	顶面布置图	15%	1.图层设置合理、调用正确;线型、线宽设置正确;图纸比例选择正确	2
			2.抄绘内容的正确性及完整度	5
			3.顶面布置的合理性及完整度	3
			4.文字样式设置及选择正确	2
			5.注释类对象的完整度及统一性	2
			6.保存正确	1
	立面图	15%	1.图层设置合理、调用正确;线型、线宽设置正确;图纸比例选择正确	2
			2.抄绘内容的正确性及完整度	4
			3.立面家具布置的合理性和完整度	4
			4.文字样式设置及选择正确	2
			5.注释类对象的完整度及统一性	2
			6.保存正确	1
	虚拟打印	5%	1.选择布局出图的图纸正确	1
			2.布局合理、视口比例选择正确	0.5
			3.虚拟打印设置正确	1.5
			4.图幅尺寸正确,图框及标题栏绘制正确	1
			5.文件格式及保存正确	1

续表

竞赛任务		比例	评分说明	分值
建筑装饰施工图设计	平面图立面图	30%	1.竞赛任务要求理解正确	2
			2.图样绘制规范、正确、完整	6
			3.文字样式设置及选择正确	4
			4.隔墙、油漆与装饰(壁纸、色块涂、装饰画、刷漆、装饰线等)设计内容合理,美观	7
			4.注释类对象的完整度及统一性	5
			5.图纸比例、图幅尺寸选择正确;图框及标题栏绘制正确	5
			6.布图合理、保存正确	1

1.4.2　施工环节

1.评分标准的制定原则

依据建筑装饰国家职业技能规范和标准,坚持施工过程考核与质量检查并重,从施工规范性、技能操作熟练度、施工工具的正确使用、安全措施、质量偏差、质量缺陷、团队协作与文明施工职业素养等方面多维度制定评定标准。

2.评分细则

"建筑装饰施工技能操作"竞赛环节,满分100分,加权系数0.6,评分标准见表1-3和表1-4。

裱糊工程与踢脚线铺贴施工评分标准　　　　　　　　　表1-3

竞赛任务	评分说明	分值(分)
裱糊工程	1.壁纸裱糊前的相关处理。 2.对线仪器的正确使用。 3.刷基膜、墙面刷胶。 4.壁纸剪裁及抹胶。 5.壁纸粘贴及平整处理。 6.阴角、阳角、门套、地台及设备线盒处的处理。 7.除标明必须正倒交替裱糊壁纸外,壁纸裱糊应按同一方向进行。 8.完工后壁纸拼缝无错位,无缝隙,无空鼓、翘边、皱褶,斜视无胶痕,面层无多余污渍。 9.壁纸裱糊后是否容易挤出胶水。 10.壁纸边缘是否有纸毛、飞刺。 11.是否存在漏贴、补贴、脱层	70
踢脚线铺贴	1.踢脚线安装接缝平整,高度一致,卡固牢靠,出墙厚度一致。 2.切割后的踢脚线,拼接部位应考虑视觉效果,在不明显的部位进行拼接。 3.踢脚线与门框间隙,踢脚线拼缝之间间距是否符合规范要求。 4.踢脚线与地面的间隙是否符合规范要求。 5.踢脚线扣口的高度差是否符合规范要求。 6.卡扣应安装在同一直线,误差是否符合规范要求。 7.完工后是否清洁踢脚线表面	20

续表

竞赛任务	评分说明	分值（分）
职业素养	1.分工合作、紧密配合,防护器具、工作服等穿戴到位。 2.施工工具的正确、安全使用,不随意摆放,保持材料干净整洁不受污染。 3.材料用量合理。 4.施工后的工位清理及材料、工具的摆放	10
合计		100

注:2015年度竞赛任务。

墙砖镶贴和轻钢龙骨纸面石膏板隔墙施工评分标准　　　　表1-4

考核内容		要求/允许误差	分值（分）
墙砖镶贴（50分）	砖的排列	墙砖排列正确,砖的完整面无裂痕和缺损	2
	墙面拼花	拼花正确,拼花部分砖缝宽度均匀,符合设计要求,允许误差1mm	5
	洞口的套割	洞口套割尺寸合理、美观	3
	阳角切割	阳角切割尺寸合理、美观	4
	墙面清洁	洁净、光泽	4
	找平层检查找补	检查找补	2
	尺寸正确	墙及墙面造型长度、宽(高)度各2处,±3mm(图纸所标注尺寸)	4
	立面垂直度	检查墙面及墙面造型各2处,取最大值,允许误差2mm	4
	表面平整度	检查墙面及墙面造型各2处,取最大值,允许误差2mm	4
	阴阳角方正	检查墙面及墙面造型各2处,取最大值,允许误差2mm	4
	接缝直线度	检查墙面及墙面造型各2处,取最大值,允许误差2mm	4
	接缝高低差	检查墙面及墙面造型各2处,取最大值,允许误差0.5mm	4
	接缝宽度	检查墙面及墙面造型各2处,取最大值,允许误差1mm	3
	勾缝	检查砖缝,均匀勾缝。不勾缝的长度小于2mm	3
轻钢龙骨纸面石膏板隔墙（42分）	测量放线	按照要求弹线	2
	龙骨安装符合要求	龙骨安装及墙体位置准确	3
		龙骨安装顺序符合要求,摆放正确	3
		龙骨间距符合设计要求	3
		龙骨安装牢固,固定点间距符合要求	4
	保温板安装	安装牢固,符合设计要求	2
	面板安装	面板安装正确,固定间距符合设计要求和规范要求	6
	尺寸正确	墙长度、宽(高)度、洞口尺寸各2处,±3mm(图纸所标注尺寸)	5
	立面垂直度	检查墙面3处,取最大值,允许误差2mm	3
	表面平整度	检查墙面3处,取最大值,允许误差2mm	3
	阴阳角方正	检查墙面3处,取最大值,允许误差2mm	2
	接缝高低差	检查墙面3处,取最大值,允许误差1.0mm	3
	开关安装正确	检查开关位置及安装	3
施工工艺流程(5分)		施工过程符合规程	5

续表

考核内容	要求/允许误差	分值(分)
安全文明施工(3分)	正确使用和佩戴劳保用品,安全文明操作,绿色施工	3
节约材料(扣分)	出现额外增加材料现象扣2分,按材料损耗酌情扣1~2分	—
提前完成(加分)	提前完成、立场,监考确认,每提前5分钟加1分,最高加5分	—

注：2017 年和 2019 年竞赛任务。

图 1-3　2019 年大赛施工图绘制现场

图 1-4　2019 年大赛实操现场

图 1-5　2019 年大赛总结大会

1.1 2019年建筑装饰技能赛项全过程

1.2 2019年建筑装饰技能赛项师生风采

项目2

建筑装饰施工职业技能

Chapter 02

教学目标

1. 知识目标

（1）了解建筑装饰装修工程中的安全生产知识以及职业技能要求；

（2）熟悉建筑装饰装修工程中镶贴工、装饰装修木工、涂裱工、金属工、幕墙制作工以及幕墙安装工的职业技能标准；

（3）了解"1+X"职业技能等级证书中建筑信息模型（BIM）和建筑工程识图的职业技能标准。

2. 能力目标

（1）熟练的识图能力；

（2）良好的职业素养的能力；

（3）提升相应的职业技能的技术与管理能力。

思维导图

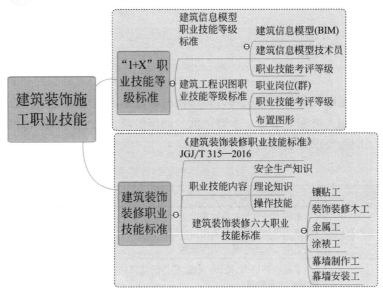

引文

为了推进建设行业生产操作人员职业资格制度的实施，提高建筑装饰装修行业生产操作人员素质，建立以职业活动为导向、以职业技能为核心的建筑装饰装修行业职业标准体系，保证建筑装饰装修工程、产品、服务质量和安全生产，要求建筑施工人员必须达到职业所要求的标准方可从事建筑装饰施工工程项目。

建筑装饰装修行业施工人员通常包括镶贴工、装饰装修木工、涂裱工、金属工、幕墙制作工以及幕墙安装工，本项目还结合工程实践需求，论述了"1+X"职业技能等级证书中建筑信息模型（BIM）和建筑工程识图的职业技能标准。

任务 2.1　建筑装饰装修职业技能标准

本任务参照《建筑装饰装修职业技能标准》JGJ/T 315—2016，论述了建筑装饰装修中的镶贴工、装饰装修木工、金属工、涂裱工、幕墙制作工、幕墙安装工这 6 个职业工种的职业要求。建筑装饰装修职业技能等级由低到高分为：职业技能五级、职业技能四级、职业技能三级、职业技能二级和职业技能一级。其中，职业技能五级是能运用基本技能独立完成本职业的常规工作、能识别常见的建筑装饰装修材料、能操作简单的机械设备并进行例行保养。本部分的职业技能标准仅以职业技能五级进行举例说明，其他等级可参照《建筑装饰装修职业技能标准》JGJ/T 315—2016 执行。

职业技能分为安全生产知识、理论知识、操作技能三个模块，分别包括下列内容：

（1）安全生产知识：安全基础知识、施工现场安全操作知识两部分内容；

（2）理论知识：基础知识、专业知识和相关知识三部分内容；

（3）操作技能：基本操作技术能力、工具设备的使用和维护能力、创新和指导能力三部分内容。

2.1.1 镶贴工职业技能标准

建筑装饰装修镶贴工是指使用机具，将饰面材料镶贴或挂贴在建筑物的内外表面的操作人员。本职业从职人员需要手指、手臂灵活，动作协调，色觉、形体感和空间感强。例如，五级镶贴工职业要求见表2-1。

职业技能五级镶贴工职业要求   表 2-1

项次	分类	专业知识
1	安全生产知识	(1)掌握工器具的安全使用方法； (2)熟悉劳动防护用品的使用功用； (3)了解安全生产基本法律法规
2	理论知识	(1)掌握内外墙面、地面、顶棚、楼梯的基层处理质量要求，底、中层抹灰操作规范、基本质量验收标准等； (2)掌握镶贴工职业技能操作施工工艺及流程； (3)熟悉常用抹灰材料、镶贴材料的种类； (4)熟悉镶贴一般饰面板(块)的品种、性能、材质外观质量要求； (5)熟悉普通饰面块料镶贴前中层砂浆和镶贴后勾缝质量要求及注意事项； (6)熟悉一般常用施工工具、机械使用知识； (7)了解常用图纸名称及识图的基本知识； (8)了解图纸尺寸表示方法及图纸比例等； (9)了解施工说明及用材情况； (10)了解民用建筑、工业建筑、公共建筑分类及用途； (11)了解各结构基本组成及建筑物的投影原理； (12)了解一般抹灰砂浆种类、组成和适用部位； (13)了解一般墙体砌筑工艺及一般砌体材料
3	操作技能	(1)熟练进行灰饼、挂线、冲筋、地面分格、水平控制线和垂直控制线施工； (2)熟练进行室内外墙面、地面的饰面板块水泥砂浆底、中层抹灰； (3)熟练进行墙面、地面、一般饰面块、材镶贴； (4)能够进行普通马赛克镶贴操作； (5)能够进行一般外墙留缝饰面块镶贴及勾缝技能； (6)会配制一般砂浆配合比用量； (7)会一般墙、地面饰面板、块缺陷修补； (8)会带有简单线脚饰面板、块水泥砂浆底、中层水泥抹灰； (9)会配制室内饰面板、块擦缝色浆及填缝技能； (10)会一般规格人行彩道砖镶贴及灌缝； (11)会用一般小型机械对饰面板、块切割操作； (12)会砌筑一般填充墙及零星砌体； (13)会做细石混凝土地面

2.1.2 装饰装修木工职业技能标准

建筑装饰装修木工是指使用机具，对木制品进行制作、安装及维修的操作人员。本职业从职人员要具有一定的学习能力，有较强的空间感、形体感和计算能力，动作协调。例如，五级装饰装修木工职业要求见表 2-2。

职业技能五级装饰装修木工职业要求　　　　　　　　　　　　　　　　表 2-2

项次	分类	专业知识
1	安全生产知识	(1)掌握工器具的安全使用方法； (2)熟悉劳动防护用品的功用； (3)了解安全生产基本法律法规
2	理论知识	(1)掌握普通木门窗、门窗套、固定柜橱等制作方法； (2)掌握普通木地板、木线条、踢脚板安装的方法； (3)熟悉普通吊顶工程施工的一般规定； (4)熟悉木制品制作的拼缝与一般榫头的制作方法； (5)熟悉常用胶粘剂的性能、使用和保管方法； (6)熟悉常用木工检测工具的使用方法； (7)了解一般识图和房屋构造的基本知识； (8)了解常用木材、人造板的种类、性能和用途，木材的防火剂、防腐剂及干燥方法； (9)了解装饰装修工程中所用木材的含水率以及防止木制品变形的一般方法； (10)了解常用木工机械的使用及常见故障原因； (11)了解木工中安全技术操作规程、施工验收规范和质量评定标准
3	操作技能	(1)熟练正确使用常用电动工具和手工工具； (2)能够正确使用水平尺与线坠进行找平、吊线和弹线； (3)能够修、磨、拆、装木工自用工具，会操作常用木工机械； (4)会独立锯料、刨料、打眼、起榫、起槽、裁口等； (5)会安装一般木门窗； (6)会安装一般木门窗套、窗帘盒、固定柜橱、窗台板等； (7)会安装木龙骨、金属龙骨、轻钢龙骨、矿棉板等吊顶； (8)会安装一般门锁、五金配件； (9)会安装木线条、踢脚板、普通木地板

2.1.3　金属工职业技能标准

建筑装饰装修金属工使用机具，对建筑装饰装修的金属制品进行制作和安装的操作人员。例如，五级金属工职业要求见表 2-3。

职业技能五级金属工职业要求　　　　　　　　　　　　　　　　表 2-3

项次	分类	专业知识
1	安全生产知识	(1)掌握工器具的安全使用方法； (2)熟悉劳动防护用品的功用； (3)了解安全生产的基本法律法规
2	理论知识	(1)掌握本工种安全生产操作规程； (2)熟悉自用加工、安装设备、机具、工量器具的使用和保养方法； (3)了解识图的基本知识、看懂本工种的一般产品加工图； (4)了解金属门窗、扶梯、栏杆、轻钢龙骨、吊顶、隔断、百叶的规格、种类和用途； (5)了解金属门窗、扶梯、栏杆等产品的加工、安装方法； (6)了解一般金属材料的焊接、螺接及铆接及切割方法，并熟悉主要材料名称； (7)了解本工种一般产品的加工、安装工艺及工艺操作规程； (8)了解产品构件与墙体连接的基本形式； (9)了解本工种产品加工和安装的现行质量标准及相关材料标准

续表

项次	分类	专业知识
3	操作技能	(1)能够按图纸和样本要求完成产品切割断料、冲钻圆孔、方孔、长腰孔、铣圆孔、长槽； (2)能够在通用钻床上利用压板和专用夹具装夹、校正所需工件，完成钻孔加工； (3)能够按产品加工工艺操作规程完成普通门窗、空调装饰百叶及玻璃等产品的装配、校正； (4)能够按产品安装工艺操作规程完成普通门窗、空调装饰百叶、轻钢龙骨、吊顶、栏杆、扶梯等安装施工，并调整到位； (5)能够正确使用手枪钻、手提切割机、手提砂轮机等电动工具； (6)能够按质量标准对加工和安装后的产品进行自检； (7)会简单的铆、锯、锉、凿钳工操作； (8)会一般金属件的焊接和铆接； (9)会对设备、机具、工量器具进行保养

2.1.4 涂裱工职业技能标准

建筑装饰装修涂裱工使用机具，对建筑表面、内部空间、内部陈设以及室内用品等物体进行装修和装饰的操作人员。例如，五级涂裱工职业要求见表2-4。

职业技能五级涂裱工职业要求 表 2-4

项次	分类	专业知识
1	安全生产知识	(1)掌握工器具的安全使用方法； (2)熟悉劳动防护用品的功用； (3)了解安全生产的基本法律法规
2	理论知识	(1)熟悉涂裱材料的堆放与保管； (2)熟悉一般涂裱材料的配制方法； (3)熟悉涂裱工基本工作内容； (4)熟悉各种物面的基层处理要求； (5)了解建筑装饰识图的基本内容； (6)了解装饰涂裱工基本工作内容； (7)了解常用涂料、壁纸、粘胶剂、玻璃材料； (8)了解涂裱工常用手工工具的使用方法
3	操作技能	(1)能够安全合理地堆放、保管易燃、易碎材料； (2)能够识别常用涂料、壁纸及玻璃材料； (3)能够裁划普通(3~5mm)玻璃条； (4)会正确选用涂饰、裱糊及玻璃手工工具； (5)会配制清油、清胶、化学浆糊(熟胶粉)、油灰及建筑胶水裱糊料； (6)会火喷子(喷灯)操作； (7)会用烧碱水清洗旧油漆饰面，用脱漆剂清除木制品面的旧油漆，用钨钢铲铲刮门窗旧油漆； (8)会木窗抄清油； (9)会在墙面滚涂水性涂料，在墙面粘贴壁纸

2.1.5　幕墙制作工职业技能标准

幕墙制作工是指使用机具，进行幕墙制作及日常维修的操作人员。例如，五级幕墙制作工职业要求见表2-5。

职业技能五级幕墙制作工职业要求　　　　　　　　　　　表 2-5

项次	分类	专业知识
1	安全生产知识	(1)掌握工器具的安全使用方法； (2)熟悉劳动防护用品的功用； (3)了解安全生产的基本法律法规
2	理论知识	(1)掌握本等级工种的制作加工工艺； (2)熟悉幕墙构件的加工制作、包装、运输和存放要求； (3)熟悉注胶工作环境及温度、湿度、清洁度的要求； (4)了解幕墙施工图、加工图、装配图的视图； (5)了解民用建筑基本知识； (6)了解常用幕墙材料的品种、性能和用途； (7)了解密封胶的种类、性能和用途； (8)了解常用幕墙加工设备、机具的操作性能和用途； (9)了解质量验收要求
3	操作技能	(1)能根据施工图设置预埋件； (2)能够铝合金型材、铝合金板块的下料、钻孔、冲切等加工制作； (3)会构件组角、门窗组装、铝板组件等加工制作； (4)会单元式幕墙板块的组装； (5)会使用清洁剂对各种材质被粘贴部位表面进行正确清理； (6)会硅酮结构密封胶注胶操作； (7)会加工设备、打胶机具、设备的使用与维护； (8)会常用手动、电动、气动工具的使用及维护

2.1.6　幕墙安装工职业技能标准

幕墙安装工是指使用机具，对各类幕墙进行安装或维修的操作人员。例如，五级幕墙安装工职业要求见表2-6。

职业技能五级幕墙安装工职业要求　　　　　　　　　　　表 2-6

项次	分类	专业知识
1	安全生产知识	(1)掌握工器具的安全使用方法； (2)熟悉劳动防护用品的功用； (3)了解安全生产的基本法律法规

续表

项次	分类	专业知识
2	理论知识	(1)掌握玻璃、金属及石材板块的运输和存放条件； (2)熟悉幕墙的定义、分类、构造形式； (3)熟悉图纸的分类、基本符号和尺寸标注； (4)熟悉一般幕墙测量放线的方法和步骤； (5)熟悉玻璃、石材、金属面板种类和质量要求； (6)熟悉一般安装施工工艺和质量要求； (7)熟悉常用硅酮结构密封胶和其他密封胶的种类、品牌、性能和用途； (8)熟悉密封材料、低发泡双面胶带、聚乙烯泡沫填充材料、隔热保温材料和防火的要求； (9)熟悉幕墙安装常用机具的种类和用途； (10)熟悉后置埋件种类和要求； (11)熟悉注胶工作环境和表面清洁度的要求； (12)熟悉幕墙安装施工的基本质量要求； (13)熟悉对成品、半成品保护的要求； (14)熟悉高空作业、用电、防火和其他有关安全施工的规定； (15)了解建筑幕墙常用钢材，铝合金型材种类和表面处理种类及要求； (16)了解幕墙安装前主体结构应具备的安装施工必备条件； (17)了解预埋件、连接件、锚固定位要求和安装、防锈要求； (18)了解保温、防腐、防火、防雷的基本要求； (19)了解收集施工资料的基本要求
3	操作技能	(1)能够按幕墙分格尺寸放线，在埋件上标出十字中心线； (2)能够进行连接件、立柱、横梁和开启扇的现场安装； (3)能够对幕墙安装进行密封注胶工艺操作； (4)能够采用清洁剂对各种材料表面进行正确清理； (5)能够对幕墙成品、半成品进行保护； (6)会识土建、幕墙的施工图、结构图和大样图； (7)会检查建筑主体结构质量、立面垂直度，并对主体结构进行表面处理； (8)会复核标高尺寸、预埋件位置； (9)会正确使用常用工具设备； (10)会按照质量要求自检，参与质量检验和质量问题的处理； (11)会及时填写收集施工资料

任务2.2 "1+ X"职业技能等级标准

2.2.1 建筑信息模型职业技能等级标准

（1）建筑信息模型（Building Information Model，Building Information Modeling，

Building Information Management）（BIM）是指在建设工程及设施的规划、设计、施工以及运营维护阶段全寿命周期创建和管理建筑信息的过程，全过程应用三维、实时、动态的模型涵盖了几何信息、空间信息、地理信息、各种建筑组件的性质信息及工料信息。

（2）建筑信息模型技术员是指利用计算机软件进行工程实践过程中的模拟建造，以改进其全过程中工程工序的技术人员。建筑信息模型技术员主要工作：

1）负责项目中建筑、结构、暖通、给水排水、电气专业等 BIM 模型的搭建、复核、维护管理工作。

2）协同其他专业建模，并做碰撞检查。

3）通过室内外渲染、虚拟漫游、建筑动画、虚拟施工周期等，进行建筑信息模型可视化设计。

4）施工管理及后期运维。

（3）建筑信息模型（BIM）职业技能考评分为初级、中级、高级三个级别，分别为 BIM 建模、BIM 专业应用和 BIM 综合应用与管理。BIM 建模考评与 BIM 综合应用考评不区分专业。BIM 专业应用考评分为城乡规划与建筑设计类专业应用、结构工程类专业应用、建筑设备类专业应用、建设工程管理类专业应用四种类型。

建筑信息模型（初级）职业技能标准具体见表 2-7，中级及高级职业技能标准参照《建筑信息模型（BIM）职业技能考评大纲》执行。

建筑信息模型（初级）职业技能等级标准　　　　　　　　　　　表 2-7

职业技能		职业技能等级标准
职业道德		遵纪守法，诚实信用，务实求真，团结协作
基础知识	1. 制图、识图基础知识	(1)掌握建筑类专业制图标准，如图幅、比例、字体、线型样式、线型图案、图形样式表达、尺寸标注要求等； (2)掌握正投影、轴测投影、透视投影的识读与绘制方法； (3)掌握形体平面视图、立面视图、剖视图、断面图、大样图的识读与绘制方法； (4)掌握土木建筑大类各专业图样的识读（例如，建筑施工图、结构施工图、设备施工图等）
	2. BIM 基础知识	(1)掌握建筑信息模型(BIM)的概念； (2)掌握 BIM 的特点与价值； (3)了解 BIM 的发展历史、现状及趋势； (4)了解国内外 BIM 政策与标准； (5)了解 BIM 软件体系； (6)了解 BIM 相关硬件； (7)了解建筑信息模型(BIM)建模精度等级； (8)了解项目文件管理、数据共享与转换； (9)了解 BIM 项目管理流程、协同工作知识与方法
	3. 相关法律法规知识	

职业技能		职业技能等级标准
BIM 职业技能初级：BIM 建模	4.BIM 建模软件及环境	(1)掌握 BIM 建模的软件、硬件环境设置； (2)熟悉参数化设计的概念与方法； (3)熟悉建模流程； (4)熟悉相关 BIM 建模软件功能； (5)了解不同专业的 BIM 建模方式
	5.BIM 建模方法	(1)掌握标高、轴网的创建方法； (2)掌握建筑构件创方法，如建筑柱、墙体及幕墙、门、窗、楼板、屋顶、天花板、楼梯、栏杆、扶手、台阶、坡道等； (3)掌握结构构件创建方法，基础、结构柱、梁、结构墙、结构板等； (4)掌握设备构件创建方法，风管、水管、电缆桥架及其他设备构件等； (5)掌握实体编辑方法，如移动、复制、旋转、偏移、阵列、镜像、删除、创建组、草图编辑等； (6)掌握实体属性定义与参数设置方法； (7)掌握在 BIM 模型生成平、立、剖、三维视图的方法
	6.BIM 标记、标注与注释	(1)掌握标记创建与编辑方法； (2)掌握标注类型及其标注样式的设定方法； (3)掌握注释类型及其注释样式的设定方法
	7.BIM 成果输出	(1)掌握明细表创建方法，如门窗明细表、材料明细表等； (2)掌握图纸创建方法，包括图框、基于模型创建的平、立、剖、三维节点图等； (3)掌握 BIM 模型的浏览、漫游及渲染方法； (4)掌握模型文件管理与数据转换方法

2.2.2 建筑工程识图职业技能等级标准

（1）面向职业岗位（群）

建筑工程识图主要面向建筑施工企业、监理企业、设计单位及其他相关的机构和企事业单位，在技术管理、设计管理、施工管理、商务管理、施工质量审计、工程图设计等岗位，从事施工方案制定、施工图设计、施工组织、工程量计算、施工质量管理及竣工资料编制等工作。

（2）职业技能要求——等级划分

建筑工程识图职业技能分为：初级、中级、高级三个等级，依次递进，高级别涵盖低级别技能要求。

建筑工程识图职业技能的分级、技能内涵、专业领域划分与职业岗位需求深度融合，学习培训过程、内容与职业工作过程高度适应，考核评价定位与国家规范标准紧密衔接，并通过规范与标准应用、基于工作过程的技能体系和专业间协同等要素来考评技能职业素养。

中职在校学生及具有同等学历的社会者应从初级起参加考核，高职在校学生及具有同等学历的社会者可从初级或中级起参加考核，应用型本科在校生及具有同等学历的社会者可从中级或高级起参加考核。

（3）建筑工程识图（初级）职业技能等级标准描述

建筑工程识图（初级）要求掌握建筑投影规则、建筑制图标准，能应用 CAD 绘图软件。以一套小型建筑工程图样为载体，完成建筑专业图的识图和绘图任务，并通过对国家技术规范标准的认识与领会，养成基本的职业素养。主要面向建筑业技能型从业人员。建筑工程识图（初级）职业技能等级标准描述见表 2-8。中级及高级的建筑工程识图职业技能等级要求参照《建筑工程识图职业技能等级标准》（2020 年 2.0 版）。

建筑工程识图职业技能等级要求（初级）　　　　　　表 2-8

工作领域	工作任务	职业技能要求
1. 识图	建筑投影知识应用	（1）掌握投影的基本知识、规则、特征和方法，识读点、线、面、体的三面投影图； （2）能识读剖面图、断面图的基本方法，准确区分和识读剖面图、断面图； （3）能识读常见轴测图的投影、正等测图、斜二测图
	建筑制图标准应用	（1）能应用制图标准，能设置图幅尺寸； （2）能规范应用图线、字体； （3）能规范应用比例、图例符号、定位轴线、尺寸标注等
	建筑平面图、立面图、剖面图识读	（1）能识读小型工程建筑平面图、立面图、剖面图的主要技术信息（平面及空间布局、主要空间控制尺寸、水平及竖向定位）； （2）能识读相关图例及符号等
	建筑设计说明及其他文件识读	（1）能准确识读建筑设计说明； （2）能准确阅读门窗统计表； （3）能准确阅读其他建筑设计文件
2. 绘图	绘图环境设置	（1）能按照绘制图形的类型，设置绘图比例及图形界限； （2）能按照工作任务要求，设置绘图环境相关参数； （3）能按照工作任务要求，设置图层、文字样式、尺寸标注样式； （4）能依据制图标准，绘制图幅与图框线，完成样板文件的创建
	三面投影图绘制	（1）能按照工作任务要求，绘制点、线、面的三面投影图； （2）能按照工作任务要求，绘制基本形体、组合体的三面投影图
	轴测图绘制	能按照给出图形应用 CAD 绘图软件绘制基本形体或组合体轴测图
	建筑平面图、立面图、剖面图绘制	依据制图标准，根据任务要求，能运用 CAD 绘图软件抄绘小型工程建筑平面图、立面图、剖面图
	绘图设备与打印样式设置	（1）能按照工作任务要求对模型空间、图纸（布局）空间进行参数设置； （2）能按照工作任务要求对浮动视口进行参数设置
	虚拟打印输出	能按照工作任务要求对打印样式、打印/绘图仪参数、纸张、打印范围进行设置

知识拓展

绿色答卷——生态文明建设

6 月 5 日是世界环境日，这些年中国绿色发展按下快进键，生态文明建设驶入快车道，美丽中国的绿色答卷正在徐徐展开。

当代建筑装饰行业人员要坚持以人民为中心，坚定走中国式现代化新道路，坚持推动构建人类命运共同体，坚持党的全面领导，持续推进生态文明建设落地见效，做新时代生态文明践行者，努力建设人与自然和谐共生的美丽中国，同时要结合工程实践，提高职业素养，做到绿色施工。

Chapter 03

项目**3**

建筑装饰施工图绘制技能实训

 **教学目标**

1. 知识目标

（1）理解建筑装饰 CAD 的绘图技巧；

（2）熟悉建筑装饰 CAD 软件的基本界面和绘图命令；

（3）掌握建筑室内装饰装修制图标准以及人体工程学常用数据。

2. 能力目标

（1）熟练的工程识图能力；

（2）熟练的软件操作能力；

（3）掌握必要的建筑装饰设计能力。

思维导图

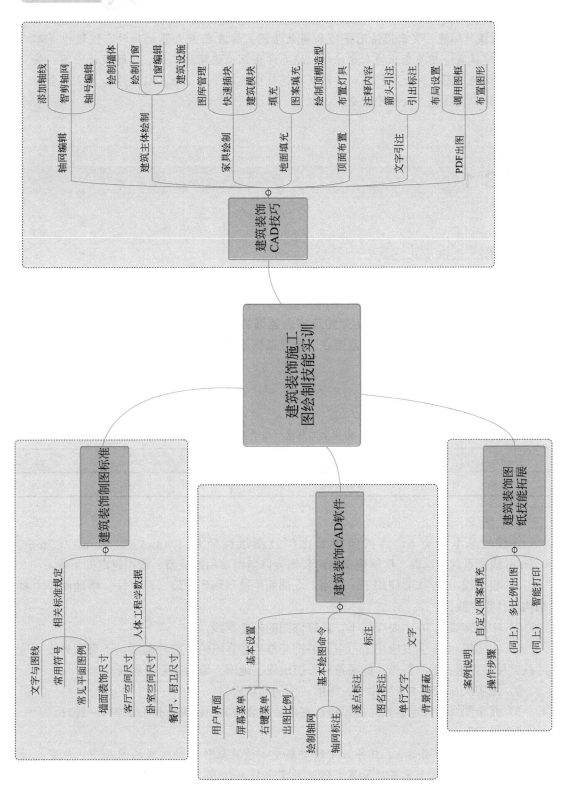

本项目以全国职业院校技能大赛建筑装饰技能赛项的赛题为导向，介绍中望
CAD 的操作环境，突出用绘图技巧来高效绘图。旨在服务大赛的同时，促进中等职
业院校建筑装饰相关专业的人才培养，培养学生正确识读施工图、理解设计意图、将
建筑装饰施工图使用计算机辅助设计软件快速准确地绘制出来，从而培养学生综合的
建筑装饰职业技能，服务于就业。

任务 3.1　建筑装饰制图标准

3.1.1　相关标准规定

房屋建筑室内装饰装修材料的图例画法应符合现行国家标准《房屋建筑制图统一标
准》GB/T 50001—2017 以及《房屋建筑室内装饰装修制图标准》JGJ/T 244—2011 的规
定，本任务针对竞赛中涉及的规范要点、难点做简单介绍。

1. 文字与图线

（1）文字

常用文字种类和高度详见表 3-1。

常用字体高度（单位：mm）　　　　　　　　　　　　表 3-1

文字种类	中文(汉字)	非中文(包括数字、字母等)
字高	3.5、5、7、10	3、4、6、8

（2）图线

图线的基本线宽 b，宜按照图纸比例及图纸性质从 1.4mm、1.0mm、0.7mm、
0.5mm 线宽系列中选取。房屋建筑室内装饰装修制图常用的线型、线宽规定如下：

1）粗实线 1.0b 主要应用于：平面、立剖面中被剖切到的墙、梁、柱、楼地面等主要
结构构件轮廓线。

2）中粗实线 0.7b 主要应用于：装修详图的外轮廓线。

3）中实线 0.5b 主要应用于：室内装饰装修构造详图的一般轮廓线，还有家具线、尺
寸线、尺寸界限、索引符号、标高符号、引出线、地面、墙面高差分界线。

4）细实线 0.25b 主要应用于：图形、图例的填充线。

5）其余图线的规定参见《房屋建筑室内装饰装修制图标准》JGJ/T 244—2011。

【小提示】

在任务 3.2、任务 3.3、任务 3.4 的讲解中，涉及软件自动生成的图层中，线宽也随
之自动生成，理论上无需另外设置。但此处需要特别注意，如国赛要求新建图层，颜色、

线型、线宽，按任务书要求设置即可。

2. 常用符号

（1）立面索引符号

建筑装饰施工图中平面图中出现的立面索引符号又称内视符号，表示室内立面在平面上的位置及立面图所在的图纸编号，如图 3-1 所示。

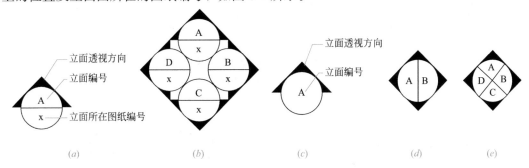

图 3-1　常见的立面索引符号（内视符号）

（2）标高符号

建筑装饰施工图中，设计空间应标注标高，标高符号可采用直角等腰三角形，也可采用涂黑的三角形或者 90°对顶角的圆，标注顶棚标高（可以理解为装饰面离地高）时，也可采用 CH 符号表示，常见的标高符号如图 3-2 所示。

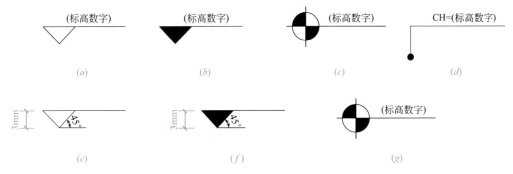

图 3-2　常见的标高符号（标高符号）

3. 常见平面图例

常用的房屋建筑室内装饰装修图例详细参考《房屋建筑室内装饰装修制图标准》JGJ/T 244—2011，下面介绍一些常用或者易混淆的平面图例。

（1）常用家具平面图例

1）单人沙发和躺椅易被学生混淆，请参照图 3-3。

2）单人床和双人床在家具平面的表达上除了宽度不一样，绘制形式上差别如图 3-4 所示。

3）低柜和高柜的平面图例区别，如图 3-5 所示。

4）厨房、卫生间的水槽有单双槽之分，如图 3-6 所示。

（2）常用洁具平面图例

1）大便器有坐式和蹲式之分，如图 3-7 所示。

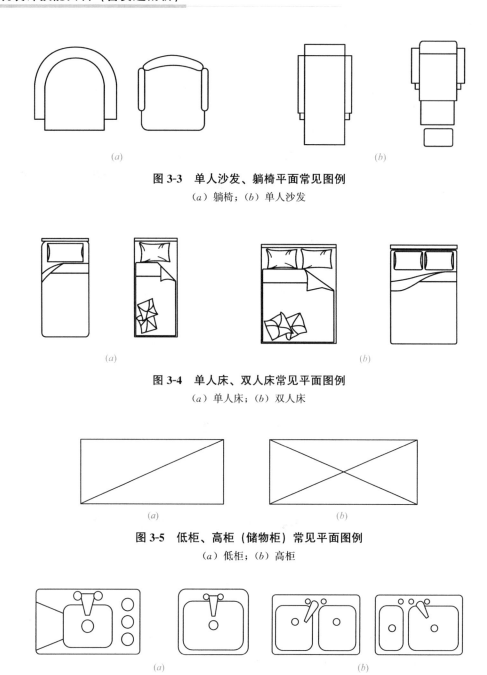

图 3-3　单人沙发、躺椅平面常见图例

（a）躺椅；（b）单人沙发

图 3-4　单人床、双人床常见平面图例

（a）单人床；（b）双人床

图 3-5　低柜、高柜（储物柜）常见平面图例

（a）低柜；（b）高柜

图 3-6　单盆水槽与双盆水槽常见平面图例

（a）单盆水槽；（b）双盆水槽

2）三角形浴缸与转角形淋浴房、长方形浴缸与一字形淋浴房易混淆，如图 3-8 所示。

（3）常用灯光照明平面图例

1）除非给定的施工图有指定图例，否则常用灯具的平面绘制方法，如图 3-9 所示。

2）除非给定的施工图有指定图例，否则常用设备的绘制方法，如图 3-10 所示。

图 3-7　坐式与蹲式大便器常见平面图例

（a）坐式；（b）蹲式

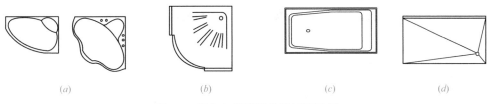

图 3-8　浴缸与淋浴房常见平面图例

（a）三角形浴缸；（b）转角形淋浴房；（c）长方形浴缸；（d）一字形淋浴房

图 3-9　常用灯具名称与平面图例

（a）艺术吊灯；（b）吸顶灯；（c）筒灯；（d）射灯

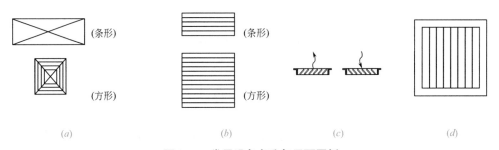

图 3-10　常用设备名称与平面图例

（a）送风口；（b）回风口；（c）侧送风、侧回风；（d）排气扇

3.1.2　人体工程学数据

　　绘制建筑装饰图，除了符合规范，还要符合人体工程学，即室内空间、家具陈设等与人体尺寸的关系。本节介绍竞赛中涉及的常用人体工程学数据。

　　1. 墙面装饰尺寸

　　（1）踢脚线高：80～200mm。

（2）墙裙高：800～1500mm。

（3）挂镜线（挂画）高：1600～1800mm（画中心距地面高度）。

（4）门套线和窗套线宽：50mm、80mm（也有设计更窄或者更宽40mm、120mm）。

2. 客厅空间尺寸

（1）沙发平面尺寸相关规定如下：

1）组合沙发单人座：900mm×900mm。

2）组合沙发双人座：1600mm×900mm。

3）组合沙发三人座：2100mm×900mm。

4）普通沙发可坐深度：男：450mm、女430mm。

5）普通沙发可坐宽度：710mm、女600mm。具体如图3-11所示。

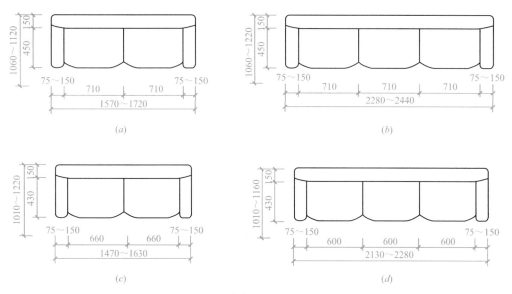

图3-11 双人沙发、三人沙发平面尺寸

（a）双人沙发（男性）；（b）三人沙发（男性）；（c）双人沙发（女性）；（d）三人沙发（女性）

（2）茶几：平面规格约在600mm×1200mm左右，或等比例缩放尺寸，茶几高300～450mm。

（3）走道空间：应该能让两个成年人迎面走过而不至于相撞，通常给每个人留出60cm的宽度。

3. 卧室空间尺寸

（1）床头柜：高为50～70cm；宽为50～80cm；深度为35～45cm。

（2）床的常用尺寸如图3-12所示。

（3）衣柜相关尺寸如下：

1）宽：80～120cm，高：160～200cm，深一般：60～65mm，带推拉门深度：70cm。

2）衣橱平开门宽度：40～60cm。

3）衣架高：170～190cm。

4）衣柜推拉门深度：75～150cm，高度：190～240cm。

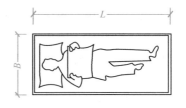

双人床常用尺寸(mm)

	长L	宽B	高H
大	2000	1500	480
中	1920	1350	440
小	1850	1250	420

单人床常用尺寸(mm)

	长L	宽B	高H
大	2000	1000	480
中	1920	900	440
小	1850	800	420

(a)　　　　　　　　　　　　　　　*(b)*

图 3-12　双人床、单人床长宽高

（*a*）双人床；（*b*）单人床

4. 餐厅、厨卫尺寸

（1）餐桌高：750～790mm，餐椅高：420～460mm。

（2）橱柜宽度：550～600mm，高度：820～850mm。

（3）吊柜高：688～720mm（一般取 700mm），吊柜深：320～350mm。

（4）坐便器一般平面尺寸：750mm×350mm；盥洗盆一般平面尺寸：550mm× 410mm；石材台面宽：600mm，淋浴器高：2100mm。

任务 3.2　建筑装饰 CAD 软件

　　计算机辅助设计软件，是进行施工图绘制必不可少的工具，CAD 软件的普及，把我们从手工制图的模式中解放出来，大大地提高了绘图效率。市场上常用的 CAD 软件有很多，例如 AutoCAD、天正 CAD、中望 CAD 等。在国产软件不断兴起的劲头下，我国自主研发的 CAD 绘图软件更加符合国人的绘图需要，在原有的绘图功能模块上，添加了更多更简便的功能，达到事半功倍的绘图效果。软件特点如下：

　　（1）优化界面：采用长扁形浮动对话框，优化界面的安排。

　　（2）全图集成：平面图、立面图、剖面图、3D 模型在一个 DWG 中就可完成。

　　（3）在位编辑：高效直观编辑图面的标注字符。

　　（4）尺寸灵活：编辑门窗时其尺寸标注自动更新，尺寸编辑功能强大。

　　（5）复杂楼梯：支持多种形态复杂楼梯的创建。

　　（6）快速成图：体现在易用性、智能化、参数化和批量化上。

　　（7）自动立剖：依据平面图信息，自动生成立剖图。

　　（8）标准规范：图层和线型符合国家标准。

（9）房产面积：按《房产测量规范》GB/T 17986—2000 自动统计各种房产面积。

（10）图框目录：支持用户和标准图框，自动生成图纸目录。

（11）素材管理：全开放，同模式，易操作，易管理，无限制。

（12）打印输出：提供多比例布图和打印输出的解决方案。

【小提示】

在任务 3.2、任务 3.3、任务 3.4 中涉及的绘图命令和快捷键均加"【】"表示。本任务采用的建筑装饰 CAD 软件是中望建筑 CAD 教育版（以下简称"中望 CAD"）。

3.2.1　基本设置

3.1
建筑CAD
基础知识

1. 用户界面

中望 CAD 的绘图界面如图 3-13 所示，其中常用的包括菜单栏、工具栏、坐标系统图标、状态栏和命令栏，左侧的屏幕菜单和右侧的特性栏在绘制装饰图时应用较为频繁，若能灵活运用，必然能大大地提高绘图速度。

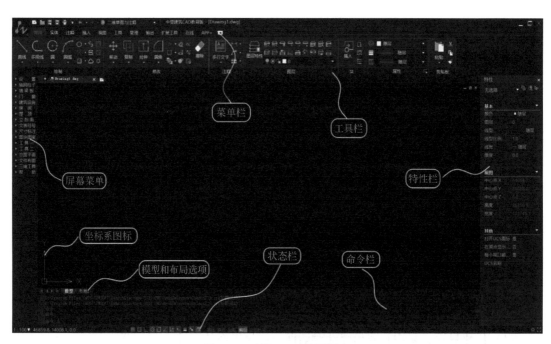

图 3-13　中望 CAD 绘图界面

2. 屏幕菜单

中望 CAD 绘图软件的主要功能都列在软件左侧的屏幕菜单（图 3-13）上，屏幕菜单关闭、开启的快捷键为【Ctrl＋F12】。屏幕菜单绘制的建筑构件自定义对象有高度参数，绘制二维的同时，可切换视角查看三维效果。如图 3-14 所示。

关于屏幕菜单命令的运用，推荐使用快捷方式提升绘图速度，每个命令的快捷键为中文首字母的缩写。例如【绘制轴网】的快捷命令为【HZZW】。

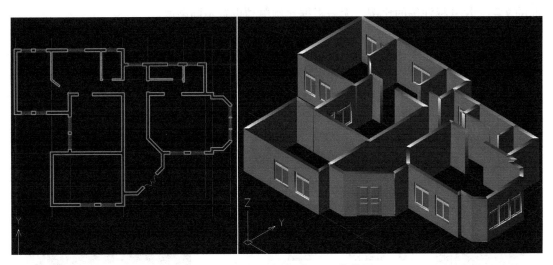

图 3-14　二维建筑图形显示三维效果

【小提示】

使用屏幕菜单中的功能绘制图形，基本可以自动生成图层，无需另行设置。

3. 右键菜单

与常规的 CAD 有所不同，中望 CAD 绘图软件的右键菜单分为三类：

（1）在模型空间空白处，点击鼠标右键，会弹出标准右键菜单，这是绘图任务中最常用的功能，与常规的 CAD 相似，只是标准右键菜单显示的命令不一样。

（2）选定绘图对象后，点击鼠标右键，会弹出与该对象相关的"修改菜单"，如图 3-15 所示。

（3）在布局空间空白处，点击鼠标右键，会弹出"布局菜单"，显示的是出图任务中最常用的功能，如图 3-16 所示。

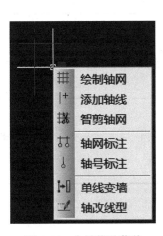

图 3-15　右键修改菜单

图 3-16　布局菜单

4. 出图比例

在绘制建筑装饰施工图之前，根据赛题要求改变【当前比例】，可以控制整个绘图界面的文字、尺寸标注等的比例，无需根据比例单独设置不同高度。

软件默认比例为1∶100，改变当前比例有以下几种方法：

（1）输入屏幕菜单命令【全局设置】即【QJSZ】修改，弹出的对话框如图3-17所示。

（2）输入屏幕菜单命令【当前比例】即【DQBL】修改，输入命令后，根据命令栏的步骤进行改变比例。

（3）点击软件左下角黑三角选择当前比例进行调整，如图3-18所示。

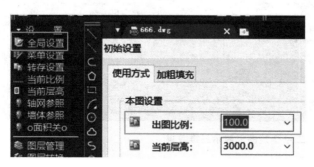

图3-17　全局设置对话框

图3-18　当前比例

（4）屏幕菜单命令【文件布图】-【改变比例】。例如，将当前比例从1∶50改为1∶30。根据命令栏提示：输入新的出图比例30，选择需要改变比例的图元，提供原来的出图比例，最后确定即可。

【小提示】

当前比例改变后，图3-18左下角的比例数据也会随之变化，所有注释系统相关的内容会随着比例改变尺寸，见表3-2。

不同比例的注释系统对比　　　　　　　　　　　　　表3-2

注释内容 绘图比例	尺寸标注	5mm字高的文字	标高标注
1∶100比例	1500	客厅	2.850
1∶50比例	1500	客厅	2.850

3.2.2　基本绘图命令

1. 绘制轴网

屏幕菜单命令：【轴网柱子】-【绘制轴网】即【HZZW】，选择对话框中的"**直线轴网**"

选项卡，如图 3-19 所示。

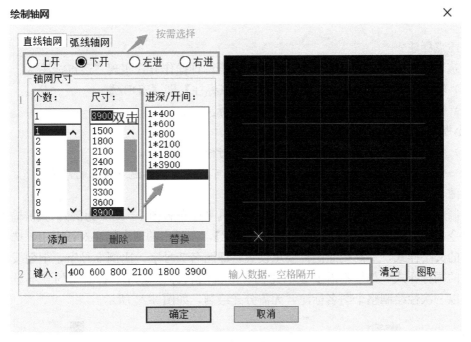

图 3-19　绘制轴网对话框

根据赛题需要，切换上开、下开、左进、右进并输入给定图纸中轴网的相关数据，输入轴网数据的方式有以下两种方式：

（1）在"个数"中选择个数，在"尺寸"下方双击数据生效，适用于开间或进深等间距的轴网。

（2）直接在"键入"栏内输入数据，数据之间用空格隔开，点击"确定"生效。

【小提示】

（1）如果下开间与上开间的数据相同，则不必点取下开间的按钮。左右进深相同时，道理亦同。

（2）输入的尺寸定位以轴网的左下角轴线交点为基准。

（3）输入最后一个开间或进深数据后，仍需加按一个空格，否则最后一个数据无效。

2. 轴网标注

轴网标注包括轴号标注和尺寸标注两个部分，软件自动一次性生成，但二者属于两个不同的自定义对象。虽然在图中是独立存在的两个图元，但是在编辑时又相互关联。

对轴网进行标注的方法具体如下：输入屏幕菜单命令：【轴网柱子】-【轴网标注】即【ZZBZ】，然后对起止轴线进行标注（按照制图规范的轴号顺序从左到右，从下到上的顺序点选），可点选自动双侧标注。

【小提示】

对轴线进行显示、隐藏的切换，可以通过屏幕菜单的【轴线开关】实现，无需手动删除轴线。

3.2.3 标注

1. 逐点标注

建筑装饰图中涉及的细部尺寸可以采用以下两种操作方式实现"逐点标注"：

（1）输入屏幕菜单命令：【尺寸标注】-【逐点标注】即【ZDBZ】。

（2）鼠标右键点击绘图界面，选择"逐点标注"。

【小提示】

（1）标注样式可以通过标注样式管理器进行修改。

（2）使用【剪切】即【TR】的快捷命令即可完成连续的逐点标注的修剪。

2. 图名标注

绘制施工图的图名以及比例（以"一层家具平面布置图 1 : 80"为例），只需输入屏幕菜单命令：【文表符号】-【图名标注】即【TMBZ】，在弹出的图名标注对话框中，选择图名和比例的文字样式，字高按照国标要求设置，即图名 7 号字，比例 6 号字，下划线样式选择默认的国标样式。如果不需要显示比例，可将图名标注窗口中右上角的"不显示"勾选。可以一次性绘制整个图名标注，无需分开绘制，如图 3-20 所示。

图 3-20　图名标注

3.2.4 文字

1. 单行文字

输入屏幕菜单命令：【文表符号】-【单行文字】，可以在弹出的单行文字对话框中修改文字样式、对齐方式、字高等。在文字输入框中输入所需的文字，即可绘制单行文字或字符，如图 3-21 所示。

图 3-21　单行文字对话框

2. 背景屏蔽

填充地面铺装材质，如果存在文字被遮挡现象，需要处理遮挡关系，有以下两种方法：

（1）在单行文字对话框中，勾选"背景屏蔽"选项。此功能可以对文字后的内容进行屏蔽，如图 3-22 所示。此方法的优势是：在移动文字时，遮挡关系随之移动。

图 3-22　背景屏蔽

（2）选中填充，点击鼠标右键，选择"图案加洞"。此方式产生的洞口是真实存在的，移动文字后，洞口依然存在，如图 3-23 所示。

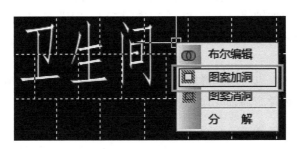

图 3-23　图案加洞

【小提示】

开启单行文字背景屏蔽后，进行打印时，如发现文字周围有一个屏蔽框，只需要在图中随意插入一个图块，鼠标右键点击图块，选择"屏蔽框关"即可，如图 3-24 所示。

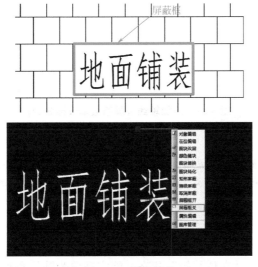

图 3-24　屏蔽框关

任务 3.3 建筑装饰 CAD 技巧

3.3.1 轴网编辑

1. 添加轴线

3.2
轴网设计

绘制轴网后，若存在轴线缺少或者轴线多余的情况，可用以下方法进行修改：

（1）输入屏幕菜单命令【轴网柱子】-【添加轴线】即【TJZX】，鼠标左键单击选择一根参考轴线（所要添加轴线的相邻轴线），根据命令栏提示：所选择的轴线是否作为附加轴线（按照实际需求输入字母"Y"或者"N"），根据鼠标拖动的方向和键入偏移距离创建一根新轴线，同时此轴线可融入到已经存在的轴号系统中，如图 3-25 所示。

（2）在添加轴线时，也可以选择所要添加轴线的相邻轴线，点击鼠标右键，出现和轴线相关的修改菜单，选择添加轴线命令，完成绘制，如图 3-26 所示。

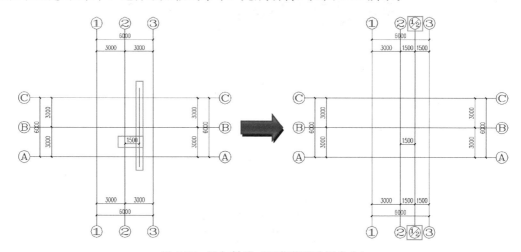

图 3-25 添加轴线（屏幕菜单选择命令）

2. 智剪轴网

单击鼠标左键选中轴网，点击鼠标右键选择"智剪轴网"命令，可以根据已经绘制的墙体对轴网进行智能修剪，如图 3-27 所示，不必根据墙体造型，判断后再输入【TR】命令一根根修剪。

3. 轴号编辑

（1）修改编号

双击轴号，即可进入"在位编辑"状态，能实现单改轴号和重排轴号两个功能。输入新轴号后，如果要关联修改后续的一系列编号，按"回车键"即可实现轴号重排，按

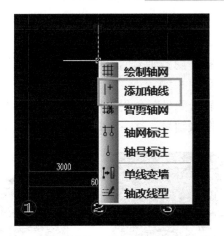

图 3-26　添加轴线（右键修改菜单选择命令）

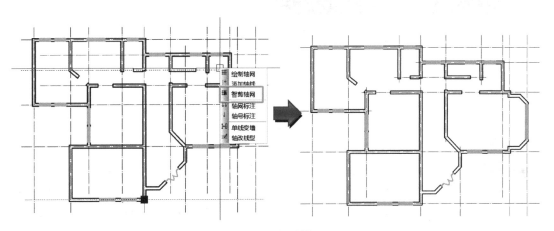

图 3-27　智剪轴网

"ESC 键"则只修改当前编号。

（2）主副变换

将已有的轴号在主轴号和附轴号之间实现切换，并可实现轴号重排。单击鼠标左键选中轴号，点击鼠标右键，选择"主附变换"，根据命令栏提示，选择副号变主或者主号变副，如图 3-28 所示。

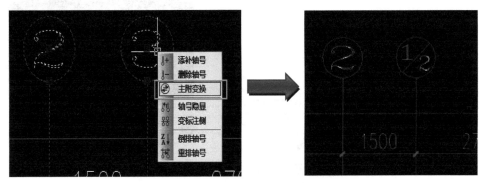

图 3-28　主副变换之主号变副

（3）轴号隐藏或显示

单击鼠标左键选中轴号，点击鼠标右键选择"轴号隐显"，轴号可以在显示和隐藏之间切换，根据命令栏提示选择"隐藏轴号"，框选需要隐藏的轴号。选中轴号后会变成灰色，结束命令后轴号隐藏，如图 3-29 所示。

点选轴号，再次选择"轴号隐显"命令，此时命令栏提示的"显示轴号"命令会变成上一次的反命令，上一次为隐藏轴号，这一次即为显示轴号，以此类推。

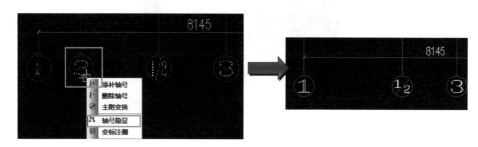

图 3-29　轴号隐藏

3.3.2　建筑主体绘制

1. 绘制墙体

（1）连续布置

输入屏幕菜单命令：【墙梁板】-【创建墙梁】即【CJQL】，出现创建墙梁的浮动对话框，左侧第一个图标🔄为"连续布置"，设置总宽以及墙体的左右宽，且左右宽可以点击切换，墙体材料和类型可以根据图纸给定的信息选择，如图 3-30 所示。

墙体的所有参数都可以在创建之后编辑更改，墙体的宽和高度参数可以根据屏幕菜单【墙梁板】下的命令进行更改或者使用快捷命令【Ctrl＋1】调用特性工具栏进行属性的更改。

（2）矩形布置

创建墙梁的浮动对话框中，左侧第二个图标□为矩形布置，根据给出的矩形，一次性布置由 4 段墙围合的矩形空间（可用于绘制立面图或者设计图），如图 3-31 所示。

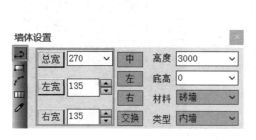

图 3-30　连续布置

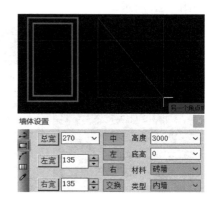

图 3-31　矩形布置

2. 绘制门窗

（1）普通门窗

输入屏幕菜单命令【门窗】即【MC】，可以从门窗参数对话框的门窗库中分别挑选二维和三维的门窗形式，如图 3-32 所示。

3.4
绘制门窗

门窗插入可以自定义编号，也可以选择自动编号，常用的三种门窗插入模式，分别是【垛宽定距插入】【智能插入】【满墙插入】，如图 3-33 所示。

图 3-32　门窗参数

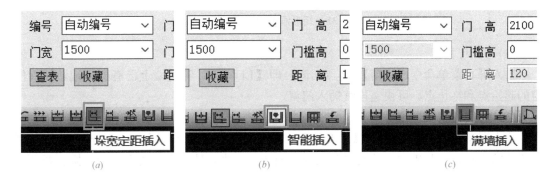

图 3-33　三种常用的门窗插入模式

（a）垛宽定距；（b）智能插入；（c）满墙插入

【小提示】

门窗有时插入不成功，主要有以下两种原因：

1）窗户、窗台、窗檐整体高度超过墙体的高度。

2）同一个门窗编号，但是参数不一致。

（2）凸窗（外飘窗）

在输入屏幕菜单命令【门窗】即【MC】后，在门窗参数对话框中点击 ▣ 进入凸窗的参数设置对话框，如图 3-34 所示。

（3）矩形洞

绘制墙上的矩形洞口，在输入屏幕菜单命令【门窗】即【MC】后，在门窗参数对话框中点击 ▣ 进入矩形洞的参数设置对话框，如图 3-35 所示。

用来表示室内垭口或者洞口，洞口有多种形式，常用的为穿透或者剖到底的洞口形式。

图 3-34　凸窗参数设置对话框

图 3-35　矩形洞参数设置对话框

（4）两点门窗

输入屏幕菜单命令【门窗】-【两点门窗】即【LDMC】，利用墙上已有的标记，捕捉门窗的起始点和终止点，可快速连续插入门窗。

（5）转角窗、带形窗

输入屏幕菜单命令【门窗】-【转角窗】即【ZJC】，然后选择墙体的一个转角，即跨越两段墙的窗户，在弹出的参数设置对话框（图 3-36）中勾选凸窗、楼板是否出挑、两侧是否设置挡板，完成转角窗的绘制，如图 3-37 所示。

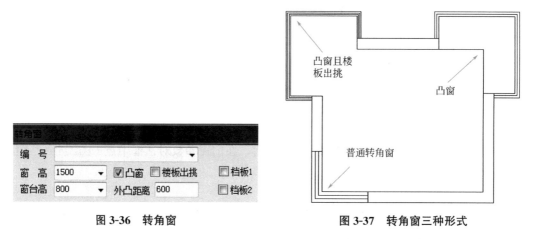

图 3-36　转角窗　　　　　　　　　图 3-37　转角窗三种形式

输入屏幕菜单命令【门窗】-【带形窗】即【DXC】，鼠标左键选择带形窗的起始点、终止点，然后框选经过的墙，完成带形窗的绘制，如图 3-38 所示。

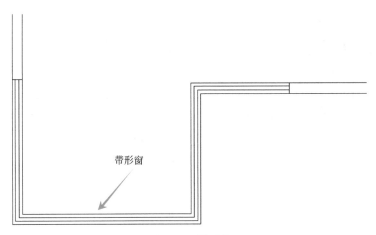

图 3-38　带形窗

3. 门窗编辑

（1）门窗替换

屏幕菜单命令【门窗】中的"门窗替换"功能用于批量修改门窗，包括门窗类型之间的转换。用对话框内的当前参数作为目标参数，替换图中已经插入的门窗。将"替换"按钮按下，对话框右侧出现参数过滤开关。如果不打算改变某一参数，可清除该参数的开关，对话框中该参数按原图保持不变。例如，将门替换为窗，宽度不变，应将宽度开关置空，如图 3-39 所示。

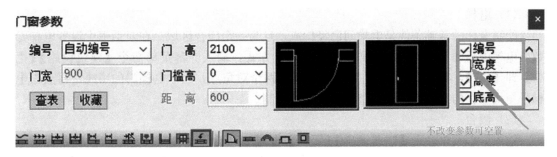

图 3-39　门窗替换

（2）改门窗号

门窗的编号可在创建门窗的时候编入，也可以后期添加。屏幕菜单命令【改门窗号】即【GMCH】可以实现批量添加或者改变编号。鼠标右键选择"改门窗号"，单选或者批量选择门窗，根据任务栏提示，可以选择自动编号、输入新的门窗号，空号则去掉门窗号。

（3）门窗表

软件可以快速生成门窗表。输入屏幕菜单命令：【门窗】-【门窗表】即【MCB】对选中门窗进行统计，并生成门窗表如图 3-40 所示。可以根据命令栏提示选择门窗表头的样式，例如是否含窗高，如图 3-41 所示。

门窗表

类别	设计编号	洞口尺寸(mm)		窗台高 (mm)	樘数	图集名称	页次	选用型号	备注
		宽度	高度						
门		1500	2100	0	1				
窗		1200	1500	600	7				
		900	1500	600	7				
		900	900	600	3				
		1500	1500	600	1				

图 3-40　门窗表

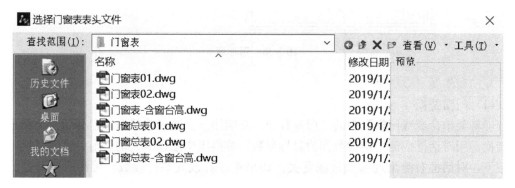

图 3-41　门窗表选表头样式

4. 建筑设施

（1）电梯

绘制电梯的基础条件是电梯间已经构成，且为一个闭合区域。在对话框中设置电梯参数，电梯由轿厢、平衡块和电梯门组成。操作方式：输入屏幕菜单命令【建筑设施】-【电梯】即【DT】，然后单击鼠标左键选择电梯的两个对角点，点取电梯门的墙线，再点击电梯平衡块所在的一侧即可完成整个电梯间的绘制。

（2）阳台

输入屏幕菜单命令【建筑设施】-【阳台】即【YT】，阳台参数设置的对话框中提供了阳台的四种绘制方式，如图 3-42 所示，绘制时的生成方式可以选择向轮廓内或是轮廓外，有梁式和板式两种阳台类型。阳台的栏板可以点击鼠标右键选择"栏板切换"来控制有无，如图 3-43 所示。

图 3-42　阳台参数

图 3-43　栏板切换

3.3.3　家具绘制

软件一共有三种命令可插入图块，分别为屏幕菜单命令【图块图案】中的【图库管理】、【快速插块】以及菜单栏中的【工具】-【工具选项板】的【建筑】中的图块。

3.5
家具布置

【小提示】

由于 0 图层建块有随层性，软件中所有的图块均为 0 图层建块，所以绘制家具前需要建立家具图层。

1. 图库管理

【图库管理】命令除了在屏幕菜单中可以调用外，还可以在绘图界面点击鼠标右键的快捷菜单种进行调用。图库管理的图块无动态块功能，分为建筑、结构、室内三种类型。

（1）平面图块、立面图块调用

1）家具的平面图块和立面图块主要在"通用图库-室内图库"中进行调用，如图 3-44 和图 3-45 所示。

图 3-44　室内家具平面图块调用　　　　　图 3-45　室内家具立面图块调用

2）在绘制平面图时，通常要绘制内饰符号，可以在"通用图库-建筑图库-建筑平面-1 图例符号-常用符号"中进行调用，如图 3-46 所示。

图 3-46　内视符号调用

（2）地面拼花

在图库管理中，"通用图库-室内图库-室内平面-房间-地面拼花"中，提供了地面拼花的模型，如图 3-47 所示。其中的图块，也可以修改参数后拿来使用，具体方法在本项目任务 4（3.4.1 自定义图案填充）中进行说明。

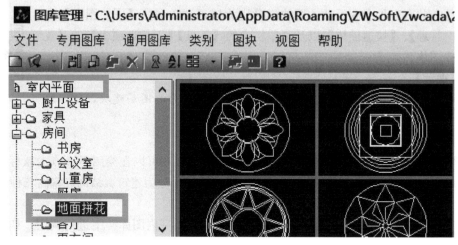

图 3-47　地面拼花图块调用

（3）石膏角线、踢脚线、腰线

绘制立面图时会用到石膏角线、踢脚线、腰线的断面造型。输入屏幕菜单命令【图块图案】-【图库管理】，点击专用图库，选择"轮廓界面"，可以直接调用所需造型，如图 3-48 所示。

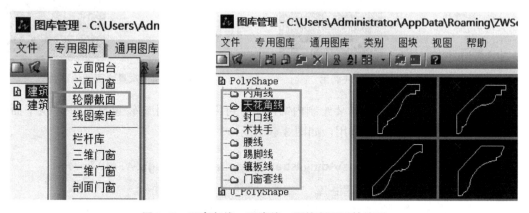

图 3-48　石膏角线、踢脚线、腰线断面图块调用

2. 快速插块

屏幕菜单命令【快速插块】即【KSCK】中的图块均为动态块，不仅可以切换平面图案类型，部分图块还可以调整方向和长度。例如衣柜，拖拽箭头，可以调整衣柜长度。

【快速插块】命令除了在屏幕菜单可以调用外，在绘图界面点击鼠标右键的快捷菜单也可以进行调用，如图 3-49 所示。

3. 建筑模块

在工具栏中找到【工具选项板】，其中的【建筑】模块，可以调用家具图块。

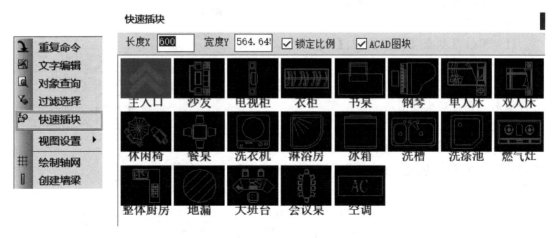

图 3-49　【快速插块】调用家具图块

【小提示】

在图框中有 ⚡ 标志的图，均为动态块，可以切换平立面，如图 3-50 所示。

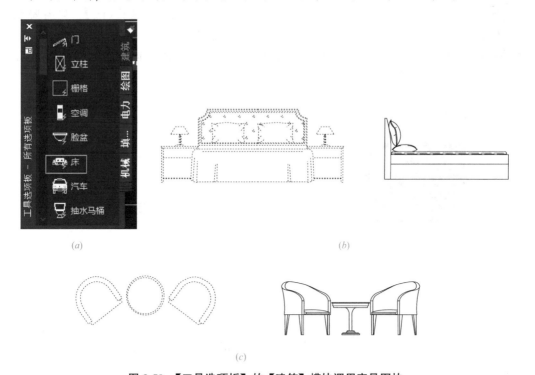

图 3-50　【工具选项板】的【建筑】模块调用家具图块

（a）建筑模块的家具图块；（b）床的正立面和侧立面；（c）休闲椅的正立面和平面投影

3.3.4　地面填充

软件共有两种命令可进行地面填充，分别为常规绘图命令【填充】即【H】和屏幕菜单命令【图块图案】-【图案填充】即【TATC】。

【小提示】

（1）用绘图命令【填充】即【H】命令进行填充，需要根据题目要求新建图层。

（2）用屏幕菜单命令【图案填充】即【TATC】进行填充，会自动生成图层。

1.填充

填充地面砖时，建筑装饰施工图中有明确尺寸参数的，需要精确填充，此时不宜用【图案填充】命令进行填充，而建议使用快捷命令【H】进行填充。例如：地面填充的尺寸为300mm×300mm，输入【H】后，在弹出的对话框中将图案填充类型改为用户定义，勾选双向，间距设为300mm，此方法还可以根据要求调整填充角度，如图3-51所示。

图3-51 填充样式设置

2. 图案填充

3.6
图案填充

输入屏幕菜单命令【图块图案】-【图案填充】即【TATC】，只需要框选所需填充的区域，点击"确定"按钮，此时会弹出图案填充对话框，点击左侧图框，可以选择要填充的样式，双击后，进入到模型空间对图纸进行填充，如图3-52所示。

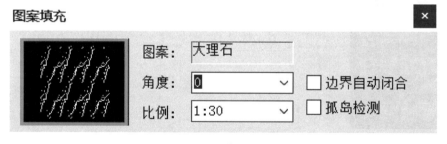

图3-52 图案填充参数设置

3.3.5 顶面布置

顶面造型复杂，绘图难度较大，因此在顶面布置图的绘制过程中，需要理清绘图思路。

本小节以图3-53的门厅顶面为例，剖析抄绘顶面布置图的思路与技巧。

1.绘制顶棚造型

（1）观察顶面的内容

顶面布置图的图线包括轻钢龙骨纸面石膏板造型（含灯带）、石膏线粘贴、灯具，注释内容包括文字注释、标高标注、尺寸标注，如图3-53所示。

（2）新建顶面图层

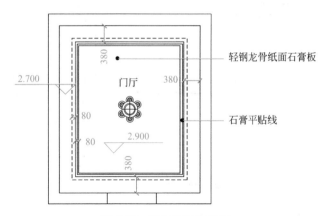

图 3-53　门厅顶面布置图

绘制纸面石膏板造型，已知四个方向均为 380mm 宽石膏板。沿墙线绘制矩形，并向内偏移 380mm，矩形为石膏板造型；若内含灯带，且区间尺寸为 80mm，可向内偏移 80mm，由于灯带是内藏于顶面，用虚线代替即可；向外偏移 80mm 代表石膏线粘贴，如图 3-54 所示（石膏线内部多线条代表石膏线的造型，可根据需要自行绘制）。

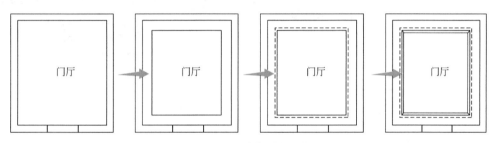

图 3-54　石膏板造型绘制

2. 布置灯具

（1）本案例的装饰吊灯，可以直接在【工具选项版】窗口中调用图块，点击动态块，切换为平面，如图 3-55 所示。

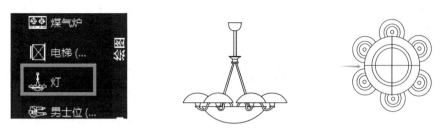

图 3-55　调用灯具图块

（2）要实现居中布置吊灯，需要绘制一根辅助线来确定吊顶的中心，如图 3-56 所示。此外，灯具的尺寸要符合实际尺寸需求，不能随意放大缩小。

3. 注释内容

（1）标高标注：已知门厅轻钢龙骨纸面石膏板吊顶高度为 2900mm 和 2700mm，原顶

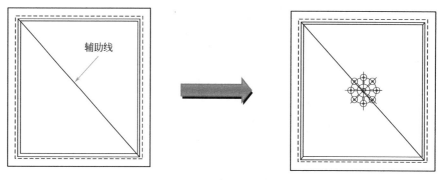

图 3-56　居中放置灯具

高度为 3000mm，如图 3-57 所示。

（2）输入屏幕菜单命令【尺寸标注】-【标高标注】，勾选手工输入，不勾选连续标注，修改字高为"3"，输入需要标注的尺寸即可，如图 3-58 所示。

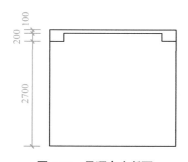

图 3-57　吊顶高度断面

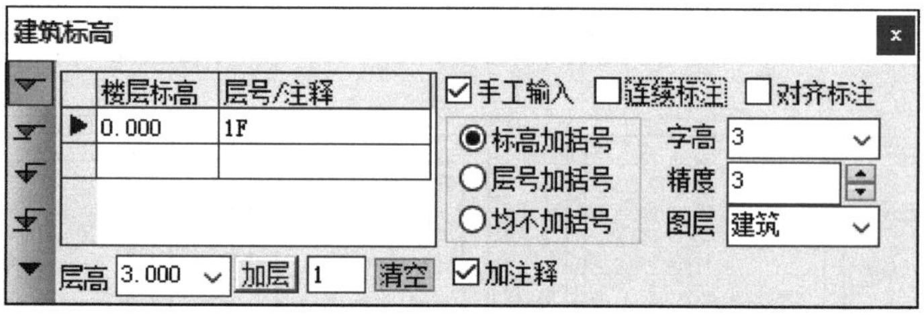

图 3-58　标高标注

（3）尺寸标注、文字引注标识完毕，在 3.2.3 与 3.2.4 小节中已作详细分析，本单元就不再赘述。

3.3.6　文字引注

软件共有两种命令可进行文字引注，分别为屏幕菜单命令【文表符号】-【箭头引注】即【JTYZ】和屏幕菜单命令【文表符号】-【引出标注】即【YCBZ】。

1. 箭头引注

输入屏幕菜单命令【文表符号】-【箭头引注】即【JTYZ】，在箭头文字对话框中，首先修改文字样式、箭头样式等参数，其次在上标文字中输入需要引注的文字内容（下标文字是否需要输入根据图纸要求决定），最后点击屏幕所需标注的位置即可进行文字标注，如图 3-59 所示。

2. 引出标注

输入屏幕菜单命令【文表符号】-【引出标注】即【YCBZ】，在引出标注文字对话框中，首先修改文字样式、箭头样式、字高等参数，其次在上标点文字中输入需要引注的文字内容（根据图纸要求决定下标文字是否需要输入），最后点击屏幕所需标注的位置即可进行文字标注，如图 3-60 所示。

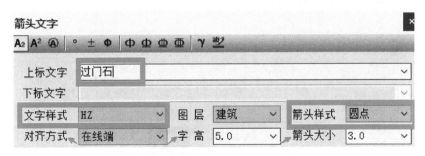

图 3-59　箭头引注参数设置

图 3-60　引出标注参数设置

3.3.7　PDF 出图

由于设备限制，竞赛时不涉及纸质出图，用 PDF 出图来考察用户对出图的掌握情况。PDF 出图的步骤主要包括：布局设置、调用图框、视口设置（布置图形）。

3.7
打印出图

1. 布局设置

布局设置操作步骤看似简单，但实际操作中很容易忽略步骤，具体操作步骤如下：

（1）鼠标左键点击软件左下角"布局 1"选项卡，切换至布局空间，然后右键点击布局 1 选择"页面设置"选项卡，如图 3-61 所示。

（2）进入页面设置管理器后，选择"布局 1"，点击"修改"按钮，如图 3-62 所示。

图 3-61　布局空间设置

图 3-62　页面设置管理器

（3）在弹出的打印设置对话框中，根据图 3-63 进行打印样式设置，设置完成点击"确定"即可。

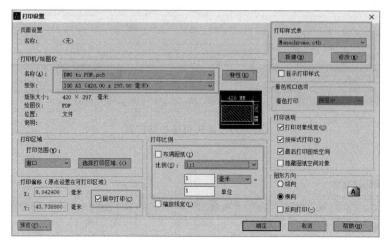

图 3-63　打印设置对话框

（4）点击"特性-设备和文档设置-修改标准图纸尺寸（可打印区域）"，然后选择相同的纸张大小，点击"修改"，如图 3-64 所示。将上、下、左、右的边距都调整为：0，点击"下一步"完成，最后将已经配置好的打印机配置文件取一个好记的名称，并点击"确定"，如图 3-65 所示。

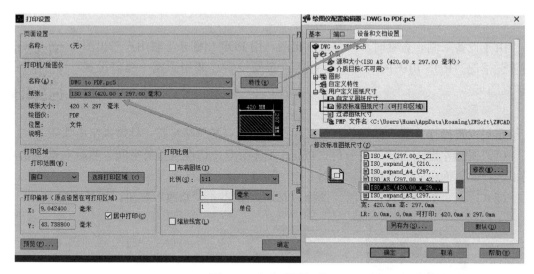

图 3-64　打印区域调整

2. 调用图框

调用图框有以下两种方式：

（1）屏幕菜单命令【文件布图】-【插入图框】。

（2）布局界面下，点击鼠标右键选择"插入图框"（图 3-66）。布局界面中的右键菜单均与出图相关的快捷菜单，出图时可酌情使用。

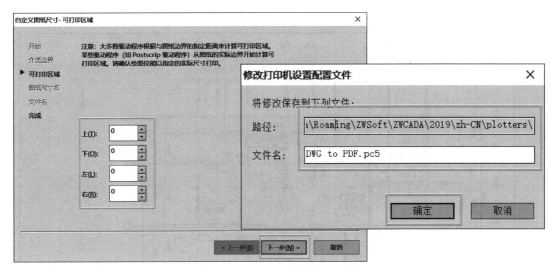

图 3-65　打印区域调整、打印配置保存

图 3-66　布局菜单

【小提示】

在标准图框对话框，图幅选中勾选 A3，不勾选标题栏和会签栏，比例为 1：1，点击"插入"，根据命令栏提示选中图纸空间对齐，图框即放置在布局中。标题栏通常会根据任务书的内容进行绘制，可以使用 PL 多段线的方式与调用的图框统一，标题栏的外框线与分格线为 0.7b 和 0.35b。

3. 布置图形

本软件中关于视口的设置和打印范围的选择可以采用【布置图形】命令实现，如图 3-61 所示，具体操作步骤如下：

（1）点击鼠标右键在布局菜单中选择"布置图形"，如图 3-67 所示。

（2）界面跳转至模型空间，框选需要出图的图形范围。

（3）根据命令栏提示，出图比例为自动获取，预览无误后点击"确定"。

（4）根据命令栏提示选择是否旋转角度，确定后界面跳回至布局空间。

（5）将图形放置在图框内，也可以选择视口进行移动，调整位置。

（6）使用快捷命令【Ctrl＋P】进行"打印预览"，检查无误后点击"确定"，即可生成 PDF 文件（保存时可根据赛题要求重命名）。

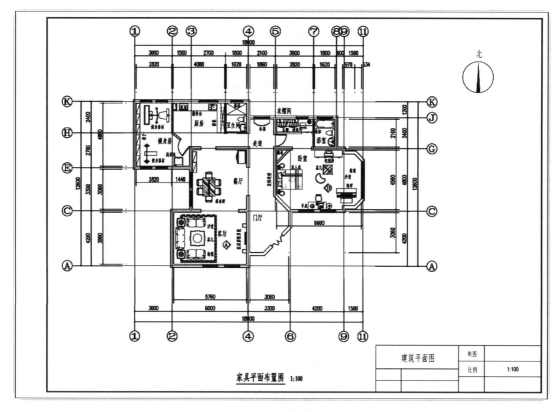

图 3-67　PDF 出单张图纸

任务 3.4　建筑装饰图纸技能拓展

3.4.1　自定义图案填充

1. 案例说明

在建筑装饰施工图绘制过程中，如果遇到一些复杂的地面铺装造型，例如 3-68 所示，且软件中没有配套的填充图案可以直接调用，这时需要绘图者在软件中自定义图案填充样式。

2. 操作步骤

自定义图案填充的操作步骤包括以下几点：

（1）根据地面铺装造型，绘制出填充图案的单个图例，如图 3-69 所示。

（2）运用屏幕菜单命令【图库管理】，点击"新建"图标，如图 3-70 所示。

图 3-68　地面铺装造型

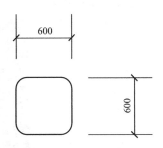

图 3-69　填充图案的单个图元

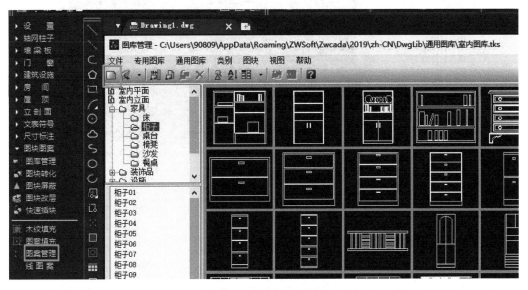

图 3-70　新建填充图案

（3）根据命令栏提示，输入新建图案名称，如图 3-71 所示。

图 3-71　新建图案名称

（4）输入屏幕菜单命令【图案填充】，调用新建的填充图案，依据命令栏提示，指定基点，选择横向间距、竖向间距，即可完成新图案的填充操作，如图 3-72 所示，得到图 3-68 的填充效果。

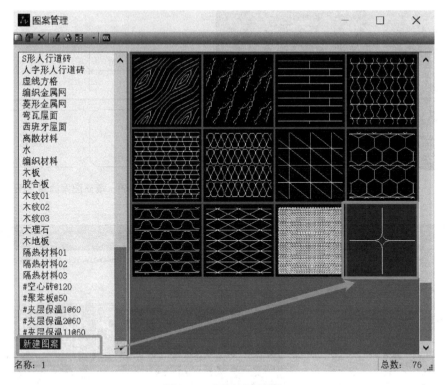

图 3-72　调用新建图案

3.4.2　多比例出图

1. 案例说明

多比例出图的意义：对多个比例不同的图形出图，同时要求出图后所有的文字、标注等注释系统的尺寸大小均保持一致。例如图 3-73 中，两个立面图比例不同，但是注释文字的高度相同。

2. 操作步骤

多比例出图具体操作步骤如下：

（1）点击鼠标右键在布局菜单中选择"布置图形"。

（2）界面跳转至模型空间，框选需要多比例出图的图形范围即第一个图形。

（3）根据命令栏提示，出图比例为自动获取，预览无误后点击"确定"。

（4）根据命令栏提示选择是否旋转角度，确定后界面跳回至布局空间。

（5）将图形放置在图框内，也可以选择视口进行移动，调整位置。

（6）再次重复上一命令，选择其他比例的第二个图形，操作步骤同上。

（7）使用快捷命令【Ctrl＋P】进行"打印预览"，检查多比例出图的注释系统的内容是否大小完全一致，预览确认无误后点击"确定"，即可生成 PDF 文件（保存时可根据赛题要求重命名）。

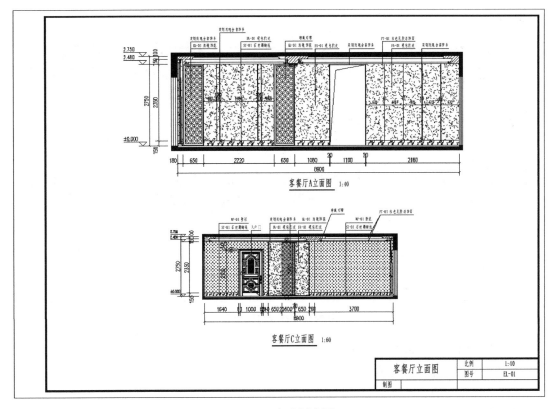

图3-73 多比例出图

【小提示】

（1）多比例出图案例在绘图时均调整了全局比例，使得注释系统是按照比例绘制，如果在绘制的时候没有考虑出图比例，也可以后期作出调整。

（2）保存好的打印设置文件存储在以下默认目录中：如："C：\\ Users \ 计算机名称 \ AppData \ Roaming \ ZWSoft \ ZWCADA \ 2019 \ zh-CN \ plotters"。

若需要在其他计算机上调用该打印样式，可以事先将文件复制一份，在其他计算机上绘图时直接将配置文件放到目录下，无需重新配置。

（3）关于上述地址中"计算机名称"的说明：每台计算机的名称可能不同，这是计算机拥有者自行创建的，可在"控制面板-用户账户-更改账户类型"查看。

3.4.3 智能打印

1. 案例说明

本软件的【智能打印】功能可实现一次性打印整套图纸，提高了出图效率。

2. 操作步骤

智能打印的具体操作步骤如下：

（1）进入智能打印对话框，根据图3-74进行设置，选项主要包括以下几项：

1）选择打印纸张大小，例如 ISO A3（420.00mm×297.00mm）。

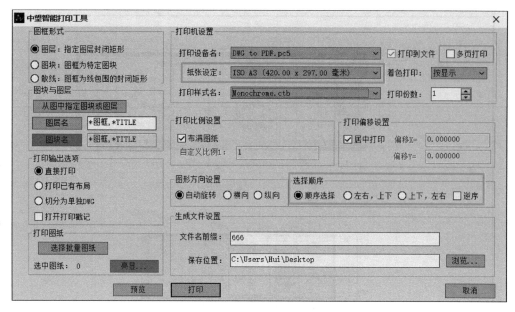

图 3-74　智能打印设置

2）选择出图方式是否为多页。

3）选择图纸打印的顺序。

（2）"打印"确认。

【小提示】

（1）若想实现图纸按页保存成多个独立的单个文件，只需将"多页打印"复选框取消勾选。

（2）若想多页图纸保存成整个文件，则需勾选"多页打印"复选框。

Chapter 04

项目 **4**

装饰抹灰工程技能实训

1. 知识目标

（1）熟悉《建筑装饰装修工程质量验收标准》GB 50210—2018 对抹灰工程的基本规定；

（2）熟悉一般抹灰的基本施工工艺流程；

（3）掌握抹灰材料的性能知识及常用工具的使用方法；

（4）掌握抹灰工程的基本操作技能；

（5）掌握抹灰工程质量评定标准的内容以及常用的质量检测方法。

2. 能力目标

（1）学习抹灰工团结合作、安全生产、文明施工的习惯及其优良的敬业精神；

（2）熟练的抹灰基本工作的能力；

（3）良好的保证抹灰质量的能力。

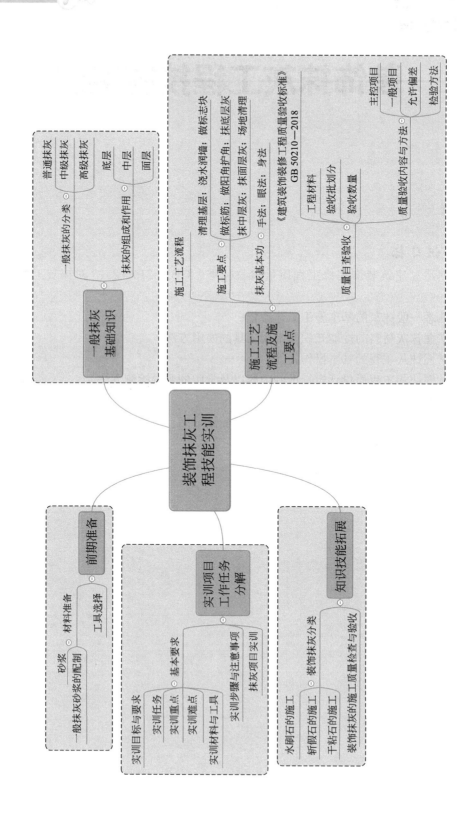

引文

　　抹灰又称粉刷，是用砂浆涂抹或用饰面块材贴铺在房屋建筑墙、顶、地等表面上的一种装饰工程。抹灰的主要作用是保护墙身不受风雨、潮气的侵蚀，提高墙身防潮、隔热、防风化、防腐蚀的能力，增强墙身的耐久性；同时改善室内清洁卫生条件和增加建筑物美观，对浴室、厕所、厨房等受潮的房间，还可保护墙身不受水和潮气的影响。对于一些特殊要求的房间，抹灰还能改善热工、声学、光学的物理性能。

　　抹灰工是土建专业工种中的重要成员之一，专指从事抹灰工程的人员，即将各种砂浆、装饰性水泥砂浆等涂抹在建筑物的墙面、地面、顶棚等表面上的施工人员。

　　抹灰工程是工业与民用建筑装饰装修分部工程中的重要内容之一，也是建筑艺术表现的重要部分之一。抹灰工程按使用材料和装饰效果分为一般抹灰和装饰抹灰。而一般抹灰是抹灰工程中最基本的，在各类建筑中应用非常广泛，本项目实训内容主要介绍一般抹灰的施工。

任务 4.1　一般抹灰基础知识

4.1.1　一般抹灰的分类

　　一般抹灰根据建筑工程等级标准和使用要求通常分为三级：

1. 普通抹灰

　　要求一层底层和一层面层（或者不分层），两遍或一遍成活。抹灰要分层赶平、修整、表面压光，适用于普通仓库、车库、地下室、锅炉房、简易厂房等建筑。

2. 中级抹灰

　　要求一层底层、一层中层和一层面层（或一层底层、一层面层），三遍或两遍成活。抹灰要设置标筋、分层赶平、修整、表面压光，适用于一般住宅、学校、医院、剧院、礼堂、图书馆、商店、招待所、办公楼、工业厂房以及高级建筑的附属工程。

3. 高级抹灰

　　要求一层底层、数层中层和一层面层，多遍成活。抹灰要角棱找方、设置标筋、分层找平、修整、表面压光，适用于高级大会堂、纪念堂、博物馆、展览馆、宾馆、客运楼、饭店和医院等建筑，以及需要进行高级抹灰的建筑。

4.1.2　抹灰的组成和作用

　　为了保证砂浆与基层粘结牢固，表面平整，不产生裂缝，一般要分层操作。抹灰层大致分为底层、中层、面层。有的砖墙抹灰将中层和底层合并为一次操作，仅分底层和面层。各层厚度和使用砂浆品种应视基层材料、部位、质量标准以及各地气候情况而定。分层的做法以砖墙面为例，如图 4-1 所示。

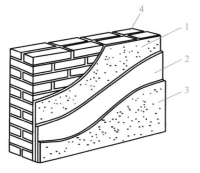

图 4-1　抹灰层的组成

1—底层；2—中层；
3—面层；4—基层

1. 底层

底层主要起抹面与基体粘结和初步找平作用。底层所用材料与施工操作对抹灰质量有很大影响。底层材料因基层不同而有差异。因基层吸水性强，故砂浆稠度应较小，一般为 10～20cm，底层的厚度一般为 5～7mm。

2. 中层

中层主要起保护墙体和找平作用。根据施工质量要求可以一次抹成，亦可分层操作，所用材料基本上与底层相同，但稠度可大一些，一般为 7～8cm，厚度一般为 5～12mm。

3. 面层

面层亦称罩面，主要起装饰作用。面层要求平整、无裂痕、颜色均匀，砂浆稠度为 10cm，厚度一般为 2～5mm。

任务 4.2　前期准备

4.2.1　材料准备

4.1
抹灰
材料

1. 砂浆主要原材料的要求

（1）水泥

抹灰常用的水泥有普通硅酸盐水泥、火山灰质硅酸盐水泥、矿渣硅酸盐水泥和白水泥，水泥的强度等级为 32.5 以上。水泥应分批堆放在有屋盖和木地板的仓库中，并记录好水泥的名称、水泥的强度等级、到达时间和数量。贮存时，由于水泥从空气中吸收水气而结块使强度降低（如，存放 3 个月强度可降低 20%、存放 6 个月降低 30%、存放 1 年就会降低 40%）。因此，水泥不能长期存放，受潮后结块水泥应过筛，经实验检定后才能使用。如图 4-2 所示。

（2）石灰

抹灰用的石灰为块状生石灰经熟化陈伏后淋制成的石灰膏。淋制时必须用孔径不大于 3mm×3mm 的筛过滤，并贮存在沉淀池中。为

图 4-2　水泥

保证过火石灰的充分熟化，以避免后期熟化引起的抹灰层的起鼓和开裂，生石灰的熟化时间，一般应不少于 15d；如用于拌制罩面灰，则应不少于 30d。抹灰用的石灰膏可用优质块状生石灰磨细而成的生石灰粉代替，可省去淋灰作业而直接使用，但为保护抹灰质量，其细度要求能过 4800 孔/cm² 的筛。但用于拌制罩面灰时，生石灰仍要经一定时间的熟化，熟化时间不小于 3d，以避免出现干裂和爆灰。如图 4-3 所示。

图 4-3　石灰

（3）砂

抹灰用砂有河砂、海砂和山砂，按其平均粒径分为粗砂（平均粒径不小于 0.5mm）、中砂（平均粒径为 0.35～0.49mm）、细砂（平均粒径为 0.25～0.34mm）。在使用砂时，应过筛，含泥量不大于 3%。如图 4-4 所示。

（4）水

水一方面与水泥起化学反应，另一方面起润滑作用，使砂浆具有良好的流动性。水的用量应适当，过多或过少都会影响抹灰砂浆的强度。工程用水应选用饮用水源，也可采用干净的河水、湖水或地下水。

图 4-4　砂

2. 一般抹灰砂浆的配制

（1）砂浆配合比

一般抹灰常用砂浆的配合比及应用范围可参考表 4-1。

一般抹灰常用砂浆配合比及应用范围参考表　　　　表 4-1

材料	配合比(体积比)	应用范围
石灰：砂	1：2～1：4	用于砖石墙表面(檐口、勒脚、女儿墙以及潮湿房间的墙除外)
水泥：石灰：砂	1：0.3：3～2：1：6	墙面混合砂浆打底

材料	配合比（体积比）	应用范围
水泥：石灰：砂	1：0.5：1～1：1：4	混凝土顶棚抹混合砂浆打底
水泥：石灰：砂	1：0.5：4～1：3：9	板条顶棚抹灰
石灰：石膏：砂	1：2：2～1：2：4	用于不潮湿房间的线脚及其他装饰工程
石灰：水泥：砂	1：0.5：4.5～1：1：6	用于檐口、勒脚、女儿墙外脚以及比较潮湿处
水泥：砂	1：2.5～1：3	用于浴室、潮湿车间等墙裙、勒脚等或地面基层
水泥：砂	1：1.5～1：2	用于地面、顶棚或墙面面层
水泥：砂	1：0.5～1：1	用于混凝土地面随时压光
水泥：石膏：砂：锯末	1：1：3：5	用于吸声粉刷
水泥：白石子	1：1～1：2.5	用于水磨石（底层用1：2.5水泥砂浆）
水泥：白石子	1：1.5～1：2	用于水刷石
水泥：石子	1：1.25～1：5	用于斩假石
白灰：麻刀	100：2.5（重量比）	用于木板条顶棚底层
白灰膏：麻刀	100：1.3（重量比）	用于木板条顶棚面层（或100kg灰膏加3.8kg纸筋）
纸筋：白灰膏	灰膏0.1m³，纸筋0.36kg	较高级墙面顶棚

（2）砂浆制备

抹灰砂浆的拌制可采用人工拌制或机械搅拌。一般中型以上工程均采用机械拌制。

1）人工拌制

人工拌合抹灰砂浆，应在平整的水泥地面上或铺地钢板上进行，使用工具有铁锹、拉耙等。拌合水泥混合砂浆时，应将水泥和砂干拌均匀，堆成中间凹、四周高的砂堆，再在中间凹处放入石灰膏，边加水边拌合至均匀。拌合水泥砂浆（或水泥石子浆）时，应将水泥和砂（或石子）干拌均匀，再边加水边拌合至均匀。

2）机械搅拌

采用砂浆搅拌机搅拌抹灰砂浆时，每次搅拌时间为1.5～2min。搅拌水泥混合砂浆，应先将水泥与砂干拌均匀后，再加石灰膏和水搅拌至均匀为止。搅拌水泥砂浆（或水泥石子浆），应先将水泥与砂（或石子）干拌均匀后，再加水搅拌至均匀为止。

拌成后的抹灰砂浆，应颜色均匀、干湿一致，砂浆的稠度应达到规定的稠度值。一次搅拌量不宜过多，最好随拌随用。拌好的砂浆堆放时间不宜过久，应控制在水泥初凝前用完。

3）砂浆强度

砂浆在砌体中起着传递压力，保证砌体整体粘结力的作用。在抹灰中则要求砂浆能与基层有牢固的粘结力，在自重及外力作用下不产生起壳和脱落的现象，故砂浆应具有一定的强度。

砂浆的强度以抗压强度为主要指标。测定方法是以立方体试件在规定条件（温度20±3℃，相对湿度90％以上）养护28d，然后进行破坏试验求得极限抗压强度，并以此确定出砂浆的强度等级。目前，常用砌筑砂浆的强度等级有M15、M10、M7.5、M5、M2.5、M1和M0.4等。相应的强度指标见表4-2。

砌筑砂浆强度等级　　　　　　　　　　　　　　　表 4-2

强度等级	抗压极限强度（MPa）	强度等级	抗压极限强度（MPa）
M15	15.0	M2.5	2.5
M10	10.0	M1	1.0
M7.5	7.5	M0.4	0.4
M5	5.0		

4.2.2　工具选择

抹灰工实训常用工机具如图 4-5 所示。

图 4-5　抹灰工实训常用工机具

（a）铁抹子；（b）木抹子；（c）托灰板；（d）靠尺；（e）刮尺；（f）托线板；（g）阴角抹子；
（h）阳角抹子；（i）滚筒；（j）钢丝刷；（k）灰勺；（l）灰桶；（m）筛子；（n）砂浆搅拌机；（o）灰车

（1）铁抹子：用于基层打底和罩面层灰、收光。

（2）木抹子：用于搓平底层灰表面。

（3）托灰板：用于抹灰时承托砂浆。

（4）靠尺：用于抹灰时制作阳角和线角，分方靠尺（横截面为矩形）、一面八字尺和双面八字尺。使用时还需配固定靠尺的钢筋卡子，钢筋卡子常用直径8mm钢筋制作。

（5）刮尺：用于墙面或地面找平刮灰。

（6）托线板：用于挂垂直，板的中间有标准线，附有线坠。

（7）阴角抹子：用于压光阴角，分尖角和小圆角两种。

（8）阳角抹子：用于大墙阳角、柱、梁、窗口、门口等处阳角捋直捋光。

（9）滚筒：用于滚压各种抹灰地面面层。

（10）钢丝刷：用于清刷基层。

（11）灰勺：用于抹灰时舀挖砂浆。

（12）灰桶：用于临时贮存砂浆和灰浆。

（13）筛子：用于筛分砂子，常用筛子的筛孔有10mm、8mm、5mm、3mm、1.5mm、1mm等。

（14）砂浆搅拌机：用于搅拌各种砂浆，常用的有200L和325L。

（15）灰车：用于运输砂浆和灰浆。

任务 4.3　施工工艺流程及施工要点

4.3.1　施工工艺流程

以内墙粉刷为例，一般抹灰操作的工艺流程如图4-6所示。

图4-6　一般抹灰工艺流程图

4.3.2　施工要点

4.2
抹灰的
施工过程

1. 清理基层

（1）清除基层表面的灰尘、油渍、污垢以及砖墙面的余灰等。

（2）对突出墙面的灰浆和墙体应凿平。

（3）对于表面光滑的混凝土面还需将表面凿毛，以保证抹灰层能与其牢固粘结。

"毛化处理"办法，即先将表面尘土、污垢清扫干净，用 10％ 的火碱水将板面的油污刷掉，随即用净水将碱液冲净、晾干，用成品界面剂喷涂表面。

4.3 抹灰施工工艺（含墙面找平）

（4）把前期施工留下的脚手架眼和孔洞填实堵严。

2.浇水润墙

上灰前应对砖墙基层提前浇水湿润，混凝土基层应洒水湿润。

3.做标志块（也称"灰饼"）

（1）上灰前用托线板检查整个墙面的平整度和垂直度情况，根据检查结果确定抹灰厚度（这也叫"找规矩"）。

（2）做标志块：先在 2m 高处（或距顶棚 150～200mm 处）、墙面两近端处（或距阳角或阴角 150～200mm 处），根据已确定的抹灰厚度，用 1：3 水泥砂浆做成约 50mm×50mm 的上部标志块，如图 4-7 所示。先做两端，用托线板做出下部标志块。

图 4-7　墙面平整度和垂直度检查

（3）引准线：在墙面上方和下方的左右两个对应标志块之间，用钉子钉在标志块外侧的墙缝内，以标志块为准，在钉子间拉水平横线，作为抹灰准线，如图 4-8 所示。然后沿线每隔 1.2～1.5m 补做标志块，如图 4-9 所示。

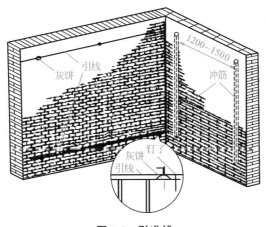

图 4-8　引准线

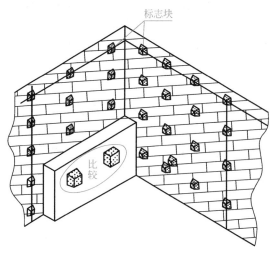

图 4-9　标志块分布图

4. 做标筋（也称"冲筋"）

（1）用于底层抹灰相同的砂浆在上下两个灰饼之间先抹一层砂浆，接着抹二层砂浆，形成宽度为 100mm 左右、厚度比标志块高出 10mm 左右的梯形灰埂。手工抹灰时一般冲竖筋。

（2）做好灰埂后，待其表面收干，以标志块高度为准，用刮尺两头紧贴标志块，上右下左或上左下右的搓动，直到将灰埂搓到与标志块一样平为止，同时要将灰埂的两边用刮尺修成斜面，以便与抹灰面接槎顺平，形成标筋。

5. 做阳角护角

（1）先将阳角用方尺规方，靠门框一边以门框离墙的空隙为准，另一边以墙面标筋厚度为依据。最好在地面上划好准线，按准线用砂浆粘好靠尺，用托线板吊直，方尺找方。

（2）然后在靠尺的另一边墙角分层抹 1∶2 水泥砂浆，与靠尺的外口平齐，如图 4-10（a）所示。

（3）接着把靠尺移动至已抹好护角的一边，用钢筋卡子卡住，用托线板吊直靠尺，把护角的另一面分层抹好，如图 4-10（b）所示。

（4）取下靠尺，待砂浆稍干时，用阳角抹子和水泥素浆捋出护角的小圆角，最后用靠尺沿顺直方向留出预定宽度，将多余砂浆切出 40°斜面，以便抹面时与护角接槎。

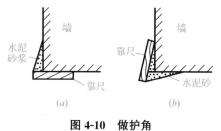

图 4-10　做护角

（a）第一步；（b）第二步

6. 抹底层灰

待标筋砂浆达到一定强度且刮尺操作不至损坏时，即可用铁抹子在两标筋间先薄薄地抹一层底层砂浆与基层粘结，底层砂浆厚度为标筋厚度的 2/3，并用木抹子修补、压实、搓平、搓粗。

7. 抹中层灰

待已抹底层灰凝结后（达到七八成干时，用手指按压不软，但有指印和潮湿感），即可抹中层灰，中层灰砂浆同底层砂浆。抹灰时一般自上而下、自左向右涂抹，其厚度以垫平标筋为准，然后用大刮尺贴标筋刮平，不平处须补抹砂浆，再刮至墙面平直，最后用木抹子搓实。

8. 抹面层灰

待中层灰达到 7～8 成干后，即可抹面层灰。用铁抹子从边角开始，自左向右进行，先竖向薄薄抹一遍，再横向抹第二遍，厚度约为 2～3mm，并压平压光。如果中层灰已干透发白，则应先适度洒水湿润后，再抹面层灰。

9. 场地清理

抹灰完毕，要将粘在门窗框、墙面上的灰浆及落地灰及时清除，打扫干净，并清理交还工具。

4.3.3　抹灰基本功

1. 手法

第一项基本功就是手法，根据不同的基层、部位，灰浆种类、干湿度以及操作抹子的角度、力度等，有拍、揉、搓、抹等动作。

4.4
抹灰的
基本功

手法中最基本的就是打灰。打灰就是把灰板上的灰浆打到抹子上的过程。打灰的时候左手端灰板，板上放灰后，将灰板平端并离胸大约 20～30cm；右手持抹子，抹子底面朝前，从右下方对准灰板上的砂浆迅速向前偏左的方向推出，并向上扬使抹子底面朝上，与抹子接触砂浆的同时，灰板的配合动作应向后下方顺时抽动，这样砂浆就从灰板打到了抹子上，灰板上的砂浆以需用量的不同，可分一次或分多次打起。

除了打灰，翻腕也是抹灰中常用的手法。翻腕就是抹到墙面的右边及抹到门框口的左侧时常采用的动作，也就是将先朝左打上灰的抹子通过翻腕动作反转抹子向右的工作。

2. 眼法

眼法包括眼神和目测水准。

眼神就是指眼随着抹子走，一般情况下，抹子到哪里眼就到哪里。常有小面积填补时，眼睛不看打灰的抹子和灰板，而是目视需要填补灰浆的位置，用目测决定需要的填补量，打灰的量凭手感取得。

目测从开始就应规范训练，经过有意识训练的操作者，能通过目测得到基层、面层的垂直、凹凸不平偏差及含水率的程度，判断的误差很小。

3. 身法

身法是指在抹不同部位时采用的不同上身姿态，一般身法随步法的不同而变化。抹墙、抹顶棚、抹踢脚线和抹地面的身步法各不同，且在各部位的涂抹施工中，身法和步法也不是一成不变，根据需要也要有较频繁的变化。

4.3.4　质量自查验收

1. 工程所选用的材料

其各项性能应符合《建筑装饰装修工程质量验收标准》GB 50210—2018 的规范规定。

2. 验收批划分

（1）相同材料、工艺和施工条件的室外抹灰工程每 $500\sim1000m^2$ 应划为一个检验批，不足 $500m^2$ 也应划为一个检验批。

（2）相同材料、工艺和施工条件的室内抹灰工程每 50 个自然间（大面积房间和走廊按抹灰面积 $30m^2$ 为一间）应划分为一个检验批，不足 50 间也应划分为一个检验批。

3. 验收数量

（1）室内每个检验批应至少抽查 10%，并不得少于 3 间；不足 3 间时应全数检查。

（2）室外每个检验批每 $100m^2$ 应至少抽查一处，每处不得小于 $10m^2$。

4. 一般抹灰工程质量验收内容与检验方法

其中，主控项目检验内容及方法见表 4-3，一般项目检验内容及方法见表 4-4，允许偏差和检验方法见表 4-5。

一般抹灰工程质量验收主控项目检验内容及检验方法   表 4-3

项次	主控项目要求	检验方法
1	抹灰前基层表面的尘土、污垢、油渍等应清除干净，并应洒水润湿	检查施工记录
2	一般抹灰所用材料的品种和性能应符合设计要求。水泥的凝结时间和安定性复验应合格。砂浆的配合比应符合设计要求	检查产品合格证书、进场验收记录、复验报告和施工记录
3	材料质量是保证抹灰工程质量的基础，因此，抹灰工程所用材料如水泥、砂、石灰膏、石膏、有机聚合物等应符合设计要求及国家现行产品标准的规定，并应有出厂合格证；材料进场时应进行现场验收，不合格的材料不得使用在抹灰工程上，对影响抹灰工程质量与安全的主要材料的某些性能如水泥的凝结时间和安定性进行现场抽样复验	观察并检查产品合格证书、进场验收记录、复验报告和施工记录
4	抹灰工程应分层进行。当抹灰总厚度大于或等于 35mm 时，应采取加强措施。不同材料基体交接处表面的抹灰，应采取防止开裂的加强措施，当采用加强网时，加强网与各基体的搭接宽度不应小于 100mm	检查隐蔽工程验收记录和施工记录
5	抹灰厚度过大时，容易产生起鼓、脱落等质量问题；不同材料基体交接处，由于吸水和收缩性不一致，接缝处表面的抹灰层容易开裂，上述情况均应采取加强措施，以切实保证抹灰工程的质量	观察
6	抹灰层与基层之间及各抹灰层之间必须粘结牢固，抹灰层应无脱层、空鼓，面层应无爆灰和裂缝	观察；用小锤轻击检查；检查施工记录
7	抹灰工程的质量关键是粘结牢固，无开裂、空鼓与脱落，如果粘结不牢，出现空鼓、开裂、脱落等缺陷，会降低对墙体保护作用，且影响装饰效果。经调研分析，抹灰层之所以出现开裂、空鼓和脱落等质量问题，主要原因是基体表面清理不干净，如：基体表面尘埃及疏松物、脱模剂和油渍等影响抹灰粘结牢固的物质未彻底清除干净；基体表面光滑，抹灰前未作毛化处理；抹灰前基体表面浇水不透，抹灰后砂浆中的水分很快被基体吸收，使砂浆质量不好，使用不当；一次抹灰过厚、干缩率较大等，都会影响抹灰层与基体的粘结牢固	观察

一般抹灰工程质量验收一般项目检验内容及检验方法 表 4-4

项次	一般项目要求	检验方法
1	一般抹灰工程的表面质量应符合下列规定:普通抹灰表面应光滑、洁净、接槎平整,分格缝应清晰。高级抹灰表面应光滑、洁净、颜色均匀、无抹纹,分格缝和灰线应清晰美观	观察;手摸检查
2	护角、孔洞、槽、盒周围的抹灰表面应整齐、光滑;管道后面的抹灰表面应平整	观察
3	抹灰层的总厚度应符合设计要求;水泥砂浆不得抹在石灰砂浆层上;罩面石膏灰不得抹在水泥砂浆层上	检查施工记录
4	抹灰分格缝的设置应符合设计要求,宽度和深度应均匀,表面应光滑,棱角应整齐	尺量检查
5	有排水要求的部位应做滴水线(槽)。滴水线(槽)应整齐顺直,滴水线应内高外低,滴水槽宽度和深度均不应小于 10mm	尺量检查

一般抹灰工程质量的允许偏差和检验方法 表 4-5

项次	项目	允许偏差(mm)		检验方法
		普通抹灰	高级抹灰	
1	立面垂直度	4	3	用 2m 垂直检测尺检查
2	表面平整度	4	3	用 2m 靠尺和塞尺检查
3	阴阳角方正	4	3	用直角检测尺检查
4	分格条(缝)直线度	4	3	拉 5m 线,不足 5m 拉通线,用钢直尺检查
5	墙裙、勒脚上口直线度	4	3	拉 5m 线,不足 5m 拉通线,用钢直尺检查

注:1. 普通抹灰,本表第 3 项阴角方正可不检查;
　　2. 顶棚抹灰,本表第 2 项表面平整度可不检查,但应平顺。

任务 4.4　实训项目工作任务分解

4.4.1　基本要求

1. 实训目标与要求

(1) 能正确配备砌筑材料和工具,安全文明地组织施工。

(2) 掌握内墙一般抹灰的施工步骤和操作方法。

(3) 了解抹灰工程的质量通病,能分析其原因并提出相应的防治措施和解决办法。

(4) 熟悉抹灰工程检查验收内容,能按照相关标准进行自检和互检。

2. 实训任务

本实训项目是内墙抹灰实训,完成学校抹灰工基地内墙面的抹灰。

3. 实训重点

（1）内墙一般抹灰各层的操作技术。

（2）内墙墙面垂直度、平整度的控制。

（3）抹灰工程的施工组织和质量管理。

4. 实训难点

（1）抹灰厚度的控制。

（2）内墙墙面垂直度、平整度的控制。

5. 实训材料与工具

（1）材料：1∶3 的石灰砂浆。

（2）工具：灰桶、托灰板、铁抹子、木抹子、刮尺等。

4.4.2　实训步骤与注意事项

1. 实训方法与步骤

为了保证抹灰质量，一般抹灰的施工要求"三遍成活"，即一底层、一中层、一面层。工艺流程如图 4-6 所示。

2. 实训注意事项

（1）抹灰表面不应有裂缝、空鼓、爆灰等现象。

（2）墙面应平整、垂直、接槎平整、颜色均匀。

（3）边角平直、清晰、美观、光滑。

（4）水泥砂浆抹灰表面不起泡、不起砂。

（5）施工中根据质量要求，有时中层抹灰可与底层抹灰一起进行，所用材料与底层相同，但应符合每遍厚度要求，且底层抹灰的强度不得低于中层及面层的抹灰强度。

（6）各层抹灰厚度一般应按墙面的平整程度和抹灰的质量、抹灰砂浆的种类和抹灰砂浆的等级而定，每层厚度不宜过厚，涂抹水泥砂浆每遍厚度宜为 5～7mm，涂抹石灰砂浆和混合砂浆每遍厚度宜为 7～9mm。面层抹灰经过赶平压实后的石膏灰厚度不得大于 2mm。

4.4.3　抹灰项目实训

抹灰项目的实训过程，可参照表 4-6 的相关过程执行。

抹灰项目实训工作页

表 4-6

序号	工作任务	知识和技能
1	安全与纪律教育 10 分钟	1. 重申实训现场安全要求； 2. 安全帽、手套、服装、鞋穿戴检查； 3. 重申工具使用安全要求； 4. 点名
2	工具准备 10 分钟	1. 抹子、阳角抹子、托灰板、铁铲、水平尺、刮尺等领用与登记； 2. 灰桶、小车等领用与登记； 3. 分组或个人领用，放置于工位处

续表

序号	工作任务	知识和技能			
3	材料准备 70 分钟	1. 回顾砂需过筛; 2. 回顾砂浆拌制			
4	内墙抹灰项目 (理论知识准备)20 分钟	1. 回顾标志块、标筋制作过程; 2. 回顾阳角护角制作过程			
5	内墙抹灰项目 (实训操作) 135 分钟	1. 教师演示抹灰的手法、眼法、身法; 2. 为了保证质量,做到"三遍成活": (1)抹底层:用铁抹子在两标筋间先薄薄地抹一层 1:3 的石灰砂浆与基层粘结,底层砂浆厚度为标筋厚度的 2/3,并用木抹子修补、压实、搓平、搓粗。 (2)抹中层:待已抹底层灰凝结后,抹中层。一般自上而下、自左向右涂抹,其厚度以垫平标筋为准,然后用大刮尺贴标筋刮平,不平处补抹砂浆,再刮直至墙面平直,最后用木抹子搓实。 (3)抹面层:待中层灰达 7~8 成干后,即可抹面层灰。用铁抹子从边角开始,自左向右进行,先竖向薄薄抹一遍,再横向抹第二遍,厚度约为 2mm,并压平压光			
6	工位清理检查 20 分钟	学生工位清理			
7	教师点评 10 分钟	1. 检查各类完成情况; 2. 清理现场、卫生打扫; 3. 点名、教师点评			
8	评分与小结 15 分钟	分项编号	检测项目	学生自测	教师检测
		1	墙面的平整度、垂直度规范		
		2	墙面分层、厚度合格		
		3	工具放置整齐,场地清理整洁		
		4	安全文明施工		

抹灰项目实训动画演示具体可见二维码。

4.5 装饰抹灰施工

任务 4.5 知识技能拓展

4.5.1 装饰抹灰分类

  装饰抹灰不但有一般抹灰工程同样的功能,而且在材料、工艺、外观上更具有特殊的装饰效果。其特殊之处在于可使建筑物表面光滑、平整、清洁、美观,在满足人们审美需要的同时,还能给予建筑物独特的装饰形式和色彩。其价格稍贵于一般抹灰,是目前一种物美价廉的装饰工程。

  装饰抹灰的种类很多,底层、中层与一般抹灰相同,面层经特殊工艺施工,强化了装饰作用。主要包括水刷石、斩假石、干粘石、假面砖、拉毛与拉条灰,以及机械喷涂、弹涂、滚涂、彩色抹灰等。

1. 水刷石的施工

（1）概念

一种人造石料，制作过程是用水泥、石屑、小石子或颜料等加水拌和，抹在建筑物的表面，半凝固后，用硬毛刷蘸水刷去表面的水泥浆而使石屑或小石子半露，也叫汰石子，如图 4-11 所示。

水刷石饰面是一项传统的施工工艺，它不仅能使墙面具有天然质感，而且色泽庄重美观，饰面坚固耐久、不褪色，也比较耐污染，如图 4-12 所示。

图 4-11　汰石子

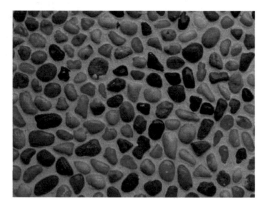

图 4-12　水刷石饰面

（2）工艺流程（图 4-13）

图 4-13　水刷石施工的工艺流程图

1）基层处理

基层要认真将表面杂物清理干净，脚手架孔洞填塞堵严。混凝土墙表面凸出较大的地方要剔平刷净，蜂窝低凹、缺棱掉角处，应先刷一道 108 胶：水＝1：1 的水泥素浆，再用 1：3 水泥砂浆分层修补。混凝土墙表面应根据浇筑时所用的隔离剂种类，采取不同措施进行洗刷。如使用油质隔离剂时应用火碱溶液洗涤，然后用清水冲洗干净。混凝土的光滑表面应进行凿毛处理，使需要抹灰的表面凿斩成为毛糙面，以增加与抹灰层之间的粘结力。

2）找规矩、冲筋

① 基层为砖墙面时，由顶层从上向下弹出垂直线，在墙面和四角弹线找规矩，在窗口的上、下沿，弹水平线，在墙面的阴阳角、柱处弹垂直线，在窗口两侧及柱垛等部位做灰饼，按弹出的准线每隔 1.5m 左右，做一道标筋。

② 基层为混凝土墙面时，抹灰前先刷薄薄的一层素水泥浆（宜掺水重 10％的 108 胶），紧跟着抹 1：0.5：3 的水泥石灰砂浆，表面用木抹子找平，第二天开始洒水湿润养

护墙面。待底层砂浆 6～7 成干时，参照砖墙找规矩的方法。

3）底、中层抹灰

底层抹灰材料配合比等要求，应按设计规定。一般多采用 1∶3 水泥砂浆进行底、中层抹灰，总厚度约为 12mm。

4）水刷石面层施工

① 粘贴分格条。底层或垫层抹好后待砂浆 6～7 成干时，按照设计要求，弹线确定分格条位置，但必须注意横条大小均匀、竖条对称一致。木条断面高度为罩面层的厚度，木条宽度做成梯形里窄外宽，分格条粘贴前要在水中浸透以防抹灰后分格条发生膨胀；粘贴时在分格条上、下用素水泥浆粘结牢固；粘贴后应横平竖直，交接紧密、通顺。

② 抹罩面石子浆。在底层或垫层达到一定强度、分格条粘贴完毕后，视底层的干湿程度酌情浇水湿润，薄薄地均匀刮素水泥浆一道，这是防止空鼓的关键。

5）修整

罩面水泥石粒浆层稍干无水光时，先用铁抹子抹理一遍，将小孔洞压实、挤严。然后用软毛刷蘸水刷去表面灰浆，并用抹子轻轻拍平石粒，再刷一遍再次拍压，如此将水刷石面层分遍拍平压实，使石粒较为紧密且均匀分布。

6）喷水冲刷

冲水是确保水刷石饰面质量的重要环节之一，如冲洗不净会使水刷石表面色泽晦暗或明暗不一。当罩面层凝结（表面略有发黑，手感稍有柔软但不显指痕），用刷子刷扫石粒不掉时，即可开始喷水冲刷。

喷刷分两遍进行，第一遍先用软毛刷蘸水刷掉面层水泥浆露出石粒；第二遍随即用喷浆机或喷雾器将四周相邻部位喷湿，然后由上往下顺序喷水。喷射要均匀，喷头距墙面 100～200mm，将面层表面及石粒间的水泥浆冲出，使石粒露出表面 1/3～1/2 粒径，要清晰可见。冲刷时要做好排水工作，使水不会直接顺墙面流下。

喷刷完成后即可取出分格条，刷光理净分格缝，并用水泥浆勾缝。

7）浇水养护

不少于 7d，在夏季酷热施工时，应该搭设临时遮阳棚，防止水泥早期脱水影响强度，降低粘结力。

2. 斩假石的施工

（1）概念

斩假石又称剁斧石，是一种人造石料，即将掺入石屑及石粉的水泥砂浆，涂抹在建筑物表面，在硬化后，用斩凿的方法使其表面具有纹路样式。

所用施工工具除一般抹灰常用工具外，尚需备有剁斧（斩斧）、花锤（棱点锤）、单刃或多刃斧、钢凿和尖锥等，如图 4-14 所示。

（2）工艺流程（图 4-15）

1）基层处理

首先将凸出墙面的混凝土或砖剔平，对大钢模施工的混凝土墙面应凿毛，并用钢丝刷满刷一遍，再浇水湿润。

如果基层混凝土表面很光滑，亦可采取的"毛化处理"办法，即先将表面尘土、污垢清扫干净，用 10% 的火碱水将板面的油污刷掉，随即用净水将碱液冲净、晾干。然后用

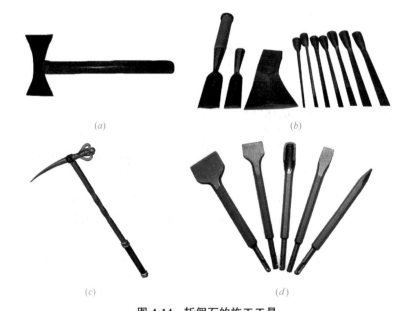

图 4-14　斩假石的施工工具

（a）剁斧；（b）齿斧及钢凿；（c）花锤（棱点锤）；（d）尖锥

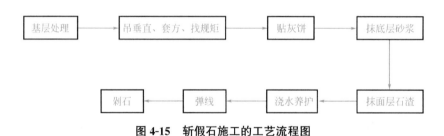

图 4-15　斩假石施工的工艺流程图

1：1 水泥细砂浆内掺用水量 20％的 108 胶喷或用笤帚拌砂浆甩到墙上，甩点要均匀，终凝后浇水养护，直至水泥砂浆疙瘩全部粘到混凝土光面上，并有较高的强度（用手掰不动）为止。

2）吊垂直、套方、找规矩、贴灰饼

根据设计图纸的要求，把设计需要做斩假石的墙面、柱面中心线和四周大角及门窗口角，用线坠吊垂直线，贴灰饼找直。

3）抹底、中层砂浆

结构面提前浇水湿润，先刷一道掺用水量 10％的 108 胶的水泥素浆，紧跟着按事先冲好的筋分层分遍抹 1：3 水泥砂浆，第一遍厚度宜为 5mm，抹后用笤帚扫毛；待第一遍 6～7 成干时，即可抹第二遍，厚度约 6～8mm，并与筋抹平，用抹子压实，刮杠找平、搓毛，墙面阴阳角要垂直方正。

4）抹面层石渣

根据设计图纸的要求在底子灰上弹好分格线，当设计无要求时，也要适当分格。首先将墙、柱、台阶等底子灰浇水湿润，然后用素水泥膏把分格米厘条贴好。待分格条有一定强度后，便可抹层石渣，先抹一层素水泥浆随即抹面层，面层用 1：1.25（体积比）水泥石渣浆，厚度为 10mm 左右；然后用铁抹子横竖反复压几遍直至赶平压实，边角无空隙。随即用软毛刷蘸水把表面水泥浆刷掉，使露出的石渣均匀一致。面层抹完后约隔 24h 浇水养护。

5）剁石

抹好后，常温（15～30℃）约隔 2～3d 可开始试剁，气温较低时（5～15℃）抹好后约隔 4～5d 可开始试剁，如经试剁石子不脱落便可正式剁。为了保证楞角完整无缺，使斩假石有真石效果，可在柱子等边楞处，宜横剁出边条或留出 15～20mm 的边条不剁。为保证剁纹垂直和平行，可在分格内划垂直控制线，或在台阶上划平行垂直线，控制剁纹，保持与边线平行。剁石时用力要一致，垂直于大面，顺着一个方向剁，以保持剁纹均匀。一般剁石的深度以石渣剁掉 1/3 比较适宜，使剁成的假石成品美观大方。

3. 干粘石的施工

（1）概念

干粘石是将彩色石粒直接粘在砂浆层上的一种装饰抹灰做法。干粘石通过采用彩色和黑白石粒掺合作骨料，使抹灰饰面具有天然石料质地朴实、凝重或色彩优雅的特点。干粘石的石粒，也可用彩色瓷粒及石屑所取代，使装饰抹灰饰面更趋丰富。

（2）工艺流程（图 4-16）

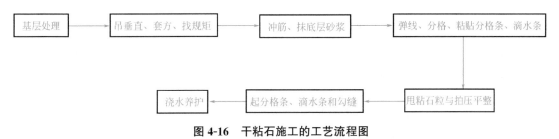

图 4-16　干粘石施工的工艺流程图

1）底、中层抹灰

可采用 1∶3 水泥砂浆抹底层和中层灰，总厚度 10～14mm，抹灰表面保持平整、粗糙，并注意养护。

2）粘贴分格条、抹粘结层砂浆

根据中层抹灰的干燥程度洒水湿润，刷水泥浆结合层一道（水灰比 0.40～0.50）。按设计要求弹线分格，用水泥浆粘贴分格条，干粘石抹灰饰面的分格缝宽度一般不小于 20mm；小面积抹灰只起线型装饰作用时，其缝宽尺寸可适当略减。

粘结层砂浆可采用聚合物水泥砂浆，其稠度不大于 8cm，铺抹厚度根据所用石粒的粒径而定，一般为 4～6mm。要求涂抹平整，不显抹痕；按分格大小，一次抹一格或数格，避免在格内留槎。

3）甩粘石粒与拍压平整

待粘结层砂浆干湿适宜时，即进行甩粘石粒。一手拿盛料盘，内盛洗净晾干的石粒（干粘石多采用"小八厘"石渣，即平均粒径约为 4mm 的石渣，过 4mm 筛去除粉末杂质），另一手持木拍，用拍铲起石粒反手往墙面粘结层砂浆上甩。甩射面要大，平稳有力。先甩粘四周易干部位，后甩粘中部，要使石粒均匀地嵌入粘结层砂浆中。如发现石粒分布不匀或过于稀疏，可以用手及抹子直接补粘。

在粘结砂浆表面均匀地粘嵌上一层石粒后，用抹子或橡胶滚轻手拍、压一遍，使石粒埋入砂浆的深度不小于1/2粒径，拍压后石粒应平整坚实。等候10～15min，待灰浆稍干时，再做第二次拍平，用力稍强，但仍以轻力拍压和不挤出灰浆为宜。如有石粒下坠、不均匀、外露尖角太多或面层不平等不合格现象，应再一次补粘石粒和拍压。但应注意，先后的粘石操作不要超过45min，即在水泥初凝前结束。

4）起分格条及勾缝

干粘石饰面达到表面平整、石粒饱满时，即可起出分格条，起条时不要碰动石粒。取出分格条后，随手清理分格缝并用水泥浆予以勾抹修整，使分格缝达到顺直、清晰、宽窄一致的效果。

4.5.2 装饰抹灰的施工质量检查与验收

1. 材料选用

其各项性能应符合《建筑装饰装修工程质量验收标准》GB 50210—2018 的规范规定。

2. 验收批划分

（1）相同材料、工艺和施工条件的室外抹灰工程每 500～1000m² 应划为一个检验批，不足 500m² 也应划为一个检验批。

（2）相同材料、工艺和施工条件的室内抹灰工程每 50 个自然间（大面积房间和走廊按抹灰面积 30m² 为一间）应划分为一个检验批，不足 50 间也应划分为一个检验批。

3. 验收数量

（1）室内每个检验批应至少抽查 10%，并不得少于 3 间；不足 3 间时应全数检查。

（2）室外每个检验批每 100m² 应至少抽查一处，每处不得小于 10m²。

4. 装饰抹灰工程质量验收检验内容及方法

其中，主控项目检验内容及方法见表4-7，一般项目检验内容及方法见表4-8，允许偏差和检验方法见表4-9。

装饰抹灰工程质量验收主控项目检验内容及检验方法　　　表 4-7

项次	主控项目要求	检验方法
1	抹灰前基层表面的尘土、污垢、油渍等应清除干净，并应洒水润湿	检查施工记录
2	装饰抹灰工程所用材料的品种和性能应符合设计要求。水泥的凝结时间和安定性复验应合格。砂浆的配合比应符合设计要求	检查产品合格证书、进场验收记录、复验报告和施工记录
3	抹灰工程应分层进行。当抹灰总厚度大于或等于 35mm 时，应采取加强措施。不同材料基体交接处表面的抹灰，应采取防止开裂的加强措施，当采用加强网时，加强网与各基体的搭接宽度不应小于 100mm	检查隐蔽工程验收记录和施工记录
4	各抹灰层之间及抹灰层与基体之间必须粘结牢固，抹灰层应无脱层、空鼓和裂缝	观察；用小锤轻击检查；检查施工记录

装饰抹灰工程质量验收一般项目检验内容及检验方法　　　　表 4-8

项次	一般项目要求	检验方法
1	装饰抹灰工程的表面质量应符合下列规定： 1.水刷石表面应石粒清晰、分布均匀、紧密平整、色泽一致、应无掉粒和接槎痕迹。 2.斩假石表面剁纹应均匀顺直、深浅一致、应无漏剁处；阳角处应横剁并留出宽窄一致的不剁边条，棱角应无损坏。 3.干粘石表面应色泽一致、不露浆、不漏粘，石粒应粘结牢固、分布均匀，阳角处应无明显黑边	观察；手摸检查
2	装饰抹灰分格条(缝)的设置应符合设计要求，宽度和深度应均匀，表面应平整光滑，棱角应整齐	观察
3	有排水要求的部位应做滴水线(槽)。滴水线(槽)应整齐顺直，滴水线应内高外低，滴水槽的宽度和深度均不应小于 10mm	观察；尺量检查

装饰抹灰的允许偏差和检验方法　　　　表 4-9

项次	项目	允许偏差（mm）			检验方法
		水刷石	斩假石	干粘石	
1	立面垂直	5	4	5	用 2m 垂直检测尺检查
2	表面平度	3	3	5	用 2m 靠尺和塞尺检查
3	阴阳角方正	3	3	4	用直角测尺检查
4	分格条(缝)直线度	3	3	3	拉 5m 线，不足 5m 拉通线，用钢直尺检查
5	墙裙、勒脚上口直线度	3	3	—	拉 5m 线，不足 5m 拉通线，用钢直尺检查

Chapter 05

项目5

吊顶工程技能实训

教学目标

1. 知识目标

（1）掌握吊顶的基本构造组成；

（2）理解轻钢龙骨纸面石膏板吊顶和集成吊顶的工艺流程和要点；

（3）学习吊顶工程的质量验收标准。

2. 能力目标

（1）把握吊顶工程基本知识的能力；

（2）严格保证施工质量的能力；

（3）良好的沟通能力。

思维导图

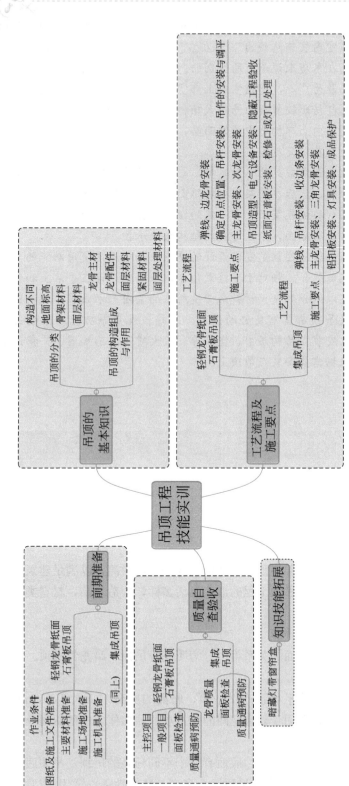

引文

在现代建筑中，为提高建筑物的使用功能，吊顶是室内装饰的重要组成部分，其投资比重大约占室内装饰总额的30%左右。顶棚、天花板、吊顶虽然都表示室内上部空间构造，但是在本质来说是有所区别的。

顶棚的含义最为广泛，是指室内上部空间的面层与结构层的总和，既包括简单的直接式顶棚，也包括比较复杂的悬吊式顶棚，甚至包括整个屋顶构造，如采光屋顶。

天花板是指室内上部构造中的饰面层，而不反映有无骨架结构，如楼板底面抹灰装饰也可以称为天花或天花板。

吊顶是顶棚装饰中常见的一种类型，全称为悬吊式顶棚。先在结构层（楼板或屋面）下部悬吊骨架，然后在骨架上安装饰面板的一种顶棚构造形式。装饰面层不仅与建筑物的结构层（楼板或屋面）有一定的距离，并且顶棚的饰面层与骨架的重量要通过吊杆传递给楼板或屋面，依靠建筑物结构层来承担。

因此，吊顶的设计往往是室内设计的重点，既要满足使用功能的要求，又要考虑技术与艺术的完美结合。相对于直接式顶棚，吊顶的设计在手法上和形式上更具有较大的灵活性，可以结合灯光、材料来营造所需的室内艺术效果，反映出适合设计的风格，而且大多数吊顶都具有良好的保温、隔热、吸声等功能。除照明、给水排水管道、煤气管道需安装在结构层中，空调管、灭火喷淋、感知器、广播设备等管线及其装置，均可以根据需要安装在吊顶上。

任务 5.1 吊顶的基本知识

5.1.1 吊顶的分类

吊顶的特点是采用骨架使顶棚与楼板拉开一定的距离，以满足建筑敷设各种设备或管道等多方面的使用功能。吊顶工程的形式灵活多样，构造复杂，材料类型繁多，常见的几种分类如下：

1. 按吊顶的构造不同分类

按照龙骨与吊顶的底面的关系可以分为明龙骨吊顶、暗龙骨吊顶。

2. 按吊顶的地面标高分类

（1）一级吊顶：又称平吊顶或吊平顶，底面的标高差不大于200mm的平面状吊顶。整体性好，施工简便，适用于较大空间的公共场所，如住宅中的厨房及卫生间、多媒体教室、候车大厅、商场等。

（2）二级吊顶：因造型需要，底面有2个不同标高的吊顶，吊顶底面结合处形成一个台阶。标高差大于200mm。二级吊顶灵活多变，装饰性强，适用于门厅、餐厅、会议室、住宅的客厅。

（3）多级吊顶：吊顶底面由不少于 3 个的不同标高组成，且相邻高相差 200mm 以上。多级吊顶造型复杂，豪华多样，适用于装饰档次较高的公共建筑或室内空间较高的建筑装饰，例如报告厅、舞台等。

3. 按吊顶的骨架材料分类

（1）轻钢龙骨吊顶：优点是防火性能好，龙骨规格、配件规格标准，施工速度快，装配化程度高。缺点是适用于大面积的吊顶部位，不易塑造复杂造型。

（2）木龙骨吊顶：木龙骨吊顶加工容易、施工便捷，很容易制作各种造型，常用于吊顶局部装饰部位，但防火性能差，不适用于大面积的吊顶工程。因此在施工中应做防火、防腐处理。

（3）铝合金龙骨：铝合金龙骨通常配合活动面板制作吊顶，优点是装配化程度高、不宜锈蚀，缺点是刚度较差易变形，由于活动面板的规格受限，房间难以凑成整版影响美观。另外，铝合金龙骨吊顶属于明龙骨造型，与暗龙骨相比缺乏美观，一般应用于对装饰要求不高的会议室、走廊、卫生间、厨房等。

4. 按吊顶的面层材料分类

包括纸面石膏板、水泥板、矿棉板、金属板（主要有铝合金板、彩钢板）、铝塑板、木板（主要指胶合板）、玻璃、纤维板、格栅等。

5.1.2   吊顶的构造组成与作用

吊顶通过一定的吊挂件将顶棚骨架与面层悬吊在楼板下，通常由龙骨主材、龙骨配件和饰面层三部分构造组成。考虑到应用的广泛性以及行业的装配式发展，本节以轻钢龙骨纸面石膏板吊顶为例介绍常用吊顶的构造组成与作用。轻钢龙骨纸面石膏板吊顶所需要材料包括：轻钢龙骨主材、轻钢龙骨配件、面层材料、紧固材料、面层处理材料等。

1. 轻钢龙骨主材

吊顶的龙骨主材是吊顶中承上启下的构件，它与吊杆连接，并为面层板提供安装节点。龙骨主材主要包括主龙骨、次龙骨和格栅、次格栅、小格栅所形成的网架体系。龙骨主材（又称骨架）主要有以下几种材料：木龙骨、轻钢龙骨、铝合金龙骨等。

轻钢龙骨主材包括轻钢承载龙骨（又称主龙骨）、次龙骨（又称副龙骨）、边龙骨、收边龙骨。具体作用和安装位置如下：

（1）承载龙骨：吊顶骨架中主要受力构件。

（2）T 形主龙骨：T 形吊顶骨架的主要受力构件。

（3）H 形龙骨：H 形吊顶骨架中固定饰面板的构件。

（4）V 形直卡式承载龙骨：V 形吊顶骨架的主要受力构件。

（5）L 形直卡式承载龙骨：L 形吊顶骨架的主要受力构件。

（6）覆面龙骨：吊顶骨架中固定饰面板的构件。

（7）T 形次龙骨：T 形吊顶骨架中起横撑作用的构件。

（8）L 形收边龙骨：U 形、C 形、V 形或 L 形吊顶龙骨中与墙体相连的构件。

（9）L 形边龙骨：T 形或 H 形吊顶龙骨中与墙体相连的构件。

轻钢龙骨按断面形状可分为 U 形、C 形、T 形、H 形、L 形等几种类型，如图 5-1～图 5-4 所示；按荷载类型分为 U60 系列、U50 系列、U38 系列等几类。

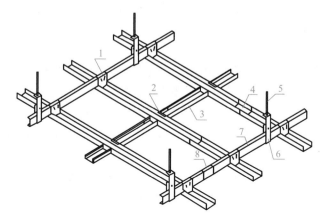

图 5-1　U 形、C 形龙骨吊顶示意

1—挂件；2—挂插件；3—覆面龙骨；4—覆面龙骨连接件；5—吊杆；6—吊件；7—承载龙骨；8—承载龙骨连接件

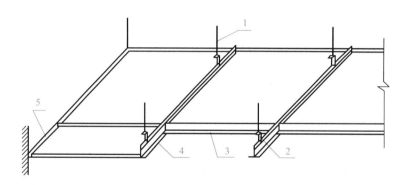

图 5-2　T 形龙骨吊顶示意

1—吊杆；2—吊件；3—次龙骨；4—主龙骨；5—边龙骨

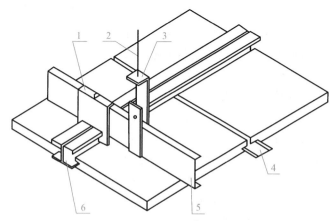

图 5-3　H 形龙骨吊顶示意

1—挂件；2—吊杆；3—吊件；4—插片；5—承载龙骨；6—H 形龙骨

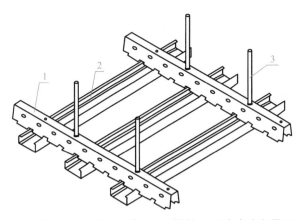

图 5-4　V 形直卡式龙骨吊顶示意（L 形替换 V 形直卡式龙骨吊顶示意）

1—承载龙骨；2—覆面龙骨；3—吊件

2. 轻钢龙骨配件

龙骨的配件包括吊杆以及其他连接件。其中，吊杆在上部的屋面板或者楼板与下部的龙骨骨架之间起连接作用。主要材料有圆钢、小型角铁及钢筋，多使用钢筋（轻型用直径 6～8mm 的钢筋、重型用直径 10mm 的钢筋）。吊杆与上部结构构件的连接，目前常用的是木楔、膨胀螺栓或端部带有膨胀螺栓的吊杆，使用时直接将端部的膨胀螺栓打入楼板里。

轻钢龙骨配件包括吊杆、承载龙骨（又称主龙骨）连接件、覆面龙骨连接件、插接连接件、吊件等。具体作用和安装位置如下：

（1）吊杆：吊件和建筑结构的连接件。

（2）龙骨连接件：龙骨加长的连接件。

（3）吊件：龙骨和吊杆间的连接件。

（4）挂件：承载龙骨垂直相接的连接件。

（5）插片：H 形吊顶龙骨中起横撑作用的构件。

3. 面层材料

常用的面层材料有：纸面石膏板、装饰纤维石膏板、水泥 PC 板、硅钙板、矿棉吸声板、铝合金扣板、塑料 PVC 板、浮雕板、胶合板、实木板、钙塑凹凸板、铝压缝条和塑料牙缝条等，施工时按要求选用。面层材料主要起装饰室内空间、吸声、反射等功能。其中纸面石膏板的常用规格和应用特点见表 5-1。

纸面石膏板常用尺寸规格　　　　　　表 5-1

面板材料	面板名称	常规尺寸(mm)			应用	特点
		长度	宽度	厚度		
纸面石膏板	普通纸面石膏板	2400、2700、3000	1200、1220	9.5、12、15	使用率最高	施工操作简便，整体性好
	防潮纸面石膏板	1800～4200	600～1250	6～25	室外、厕所（配合涂料使用效果更佳）	
	防火纸面石膏板				有消防要求的场所（如档案室、娱乐等公共场所）	

4. 紧固材料

安装龙骨的紧固件采用镀锌制品，包括膨胀螺栓、螺母、自攻螺钉等、花篮螺钉、射钉等。

5. 面层处理材料

常用的面层处理材料防锈漆、板缝腻子、板缝胶带。

任务 5.2 前期准备

考虑到吊顶品种繁多、施工工艺复杂多变，本任务主要介绍轻钢龙骨纸面石膏板吊顶、集成吊顶前期准备的要点。

5.2.1 轻钢龙骨纸面石膏板吊顶

轻钢龙骨纸面石膏板吊顶，是以轻钢龙骨为吊顶的基本骨架，配上纸面石膏板作为罩面板组合而成的新型顶棚体系。由于具备设置灵活、方便拆装、质量轻、强度高、防火性能佳能等多种优点，广泛应用于公共建筑及商业建筑的顶棚。构造组成包括吊杆、龙骨和石膏板面层。施工前需要准备的前期工作包括以下几个部分：

1. 作业条件

（1）当墙柱为砖砌体时，按顶棚标高预埋防腐木砖，间距 900～1200mm，柱每边应埋设两块以上。

（2）对于上人吊顶，可以按照以下方法预埋铁件（此项是否需要可根据实际情况而定）：

1）在浇灌楼板时，在吊点位置预埋铁件，可采用 150mm×150mm×6mm 的钢板焊接 4ϕ8 锚爪，锚爪在板内锚固长度不小于 200mm。

2）在现浇楼板时预埋 6mm、8mm、10mm 的短钢筋，要求间距为 900～1200mm，外露部分不小于 150mm。

（3）确保墙面、地面的湿作业已作完，屋面防水施工完成。

（4）顶棚中各种管线及设备已安装并通过验收。确定好灯位、通风口及各种明露孔口位置。

2. 图纸及施工文件准备

（1）研读设计图纸，结合深化图纸进行现场复核，检查图纸是否完整、合理，尤其是注意各灯具电气点位图的准确性并熟悉产品性能，发现问题及时与深化设计人员沟通。

（2）掌握施工文件的内容要点：材料的品种、规格、燃烧性能等级，预埋件和连接件的规格、数量、防腐处理以及环保要求，轻钢龙骨纸面石膏板的施工要求、安装顺序及收口、收头方式等。

（3）制定施工方案，重点注明施工中需要注意的事项，包括：技术要点、质量要求、安全文明施工、成品保护等。

3. 主要材料准备

（1）各种吊顶材料应有产品合格证书、性能检测报告、进场验收记录等，尤其是各种零配件，确保材料配套齐全。

（2）轻钢龙骨吊顶常用 U 形、T 形龙骨以及配件，主龙骨必须满足刚度、强度要求。所有龙骨的规格、厚度及其配件应符合《建筑用轻钢龙骨》GB/T 11981—2008 的规定，不得扭曲、变形。

（3）基层板材料中是否有腐朽、弯曲、脱胶、变色及加工不合格的部分，若有应剔除。

（4）木基层涂刷的防火涂料在进场前应检查合格证、检验报告，并进行现场见证取样送检，待合格后方可使用。

（5）对人造木板的甲醛含量经现场见证取样复验合格。

（6）安装龙骨的紧固件是否按照要求采用了镀锌制品。

（7）吊顶内填充的隔声、隔热材料的品种和铺设厚度应符合设计要求，并应有防散落措施。

4. 施工场地准备

（1）龙骨安装前，应按照设计要求对房间净高、洞口标高和吊顶内管道、设备及其支架的标高进行交接检验，办理相关手续。

（2）检查设备管道安装完成情况，如有交叉作业，应进行合理安排。

（3）水平基准线，如 0.5m 线或 1.0m 线等，经过仪器复验，其误差应在允许误差以内。

（4）如需要使用胶粘剂，需要检查室内温度，不宜低于 5℃。

（5）房间的吊顶、地面分项工程基本完成，并符合设计要求。地面的湿作业工作须结束，且湿度应符合要求。吊顶封板已经完成，如未完成，需要确定吊顶完成面线。

5. 施工机具准备

（1）电（气）动工具：冲击钻、电锤、电动螺钉枪、手提电动切割机、无齿锯、电动除锈机、手提电钻、手提电动砂轮机、型材切割机、射钉枪、气钉枪、电焊机、电锯（或手锯）、手提电刨（或手刨）、气泵、修边机、开孔机、打胶枪。

（2）测量器具：激光水准仪、垂直投线仪、铝合金靠尺、钢直尺、水平尺、钢卷尺、方尺、直角检测尺、垂直检测尺、测距仪、塞尺。

（3）辅助工具：美工刀、胶钳、螺丝刀、锤子、扳手、墨斗、尼龙绳、吊坠、水平管。

（4）操作平台架子或液压升降台已通过安全验收。

5.2.2　集成吊顶

集成吊顶是厨房、卫生间、客厅等区域的常见装修形式，简单的说就是将吊顶与电气组合在一起，将取暖、照明、换气模块化结合为一体，比起普通吊顶，集成吊顶具有安装简单、布置灵活、维修方便等诸多优点，成为卫生间、厨房吊顶的主流。

1. 作业条件

（1）安装完顶棚内的各种管线及设备，确定好灯位、通风口及各种照明孔口的位置。

（2）顶棚罩面板安装前，应作完墙、地湿作业工程项目。

（3）搭好顶棚施工操作平台架子。

（4）轻钢骨架顶棚在大面积施工前，应做样板间，对顶棚的起拱度、灯槽、窗帘盒、通风口进行构造处理，经审查合格后再大面积施工。

2. 图纸及施工文件准备

（1）实地测量，确定房间管道的分布、房间的高度、房间设施的位置及通风窗的位置等。

（2）仔细听取项目施工技术负责人（或设计师）所做的图纸及技术交底，对已批准的设计图纸及深化图纸进行研读，检查图纸的完整性、合理性，熟悉产品的性能和要求。对深化图纸进行现场复核，发现问题及时反馈给深化设计人员。

（3）根据房间的大小、形状绘制出房间的平面草图。

（4）了解设计和深化图纸应包含的内容：材料的品种、规格、颜色和性能，预埋件和连接件的数量、规格、位置、防腐、防锈处理以及环保要求，集成吊顶的生产加工要求、安装顺序及收口收头方式等。

（5）施工交底，熟悉施工中需要注意的事项，包括技术要点、质量要求、安全文明施工、成品保护等。

3. 主要材料准备

（1）产品的部件、五金配件、辅料等应对照图纸和有关质量标准进行检查，确认有无缺失、损坏和质量缺陷等，外露的五金配件外观应与设计提供的样板进行比对。常用吊顶材料如图 5-5 所示。

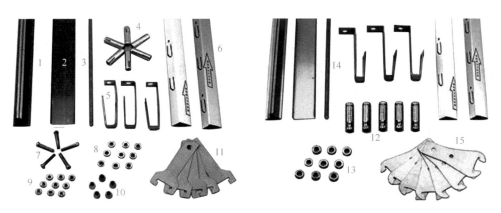

图 5-5　常用吊顶材料

1—三角龙骨；2—主龙骨；3—6mm 丝杆；4—膨胀管；5—大吊；6—收边条；7—大吊螺栓；

8—大吊螺母；9—丝杆螺母；10—膨胀头；11—三角挂片；12—膨胀管；13—膨胀螺栓；

14—8mm 丝杆；15—烤漆三角挂片

（2）吊顶使用的材料相关数据必须达到国家标准的规定。常用配件见表 5-2。

名　称	用途描述	备　注
全丝吊杆	用膨胀螺栓直立于天花板上的长度在 30cm 左右的,用于吊挂主龙骨的螺杆	—
主龙骨	用于吊挂副龙骨的轻钢龙骨	U 形钢条,长度为 3m 一根
主龙骨吊钩	用于连接主龙骨和全丝螺杆的连接件	—
主龙骨接头	防止长度不够,连接两根龙骨延续长度的接头	—
三角龙骨	用于扣铝扣板的三角形的夹铁,同时用于主机安装的托件	—
三角龙骨接头	防止长度不够,连接两根副龙骨延续长度的接头	—
三角吊件	用于副龙骨与主龙骨的连接件	—
收边条	用于遮盖铝扣板和墙体缝隙	一般采用铝合金材料

4. 施工场地准备

（1）天花板的预处理,确定吊顶的安装高度,中间夹层大于 300mm,用水平管在 4 个墙角划线,并用墨斗弹出水平线。

（2）确定通风窗的位置,在墙上用电锤打出直径 100mm 的圆形孔。

（3）墙、柱面装饰基本完成,且验收合格。

（4）石材、瓷砖等饰面砖（板）的墙、地面应在完工后,不影响前道工序质量时,再进行吊顶施工。

（5）电线预埋,可设置照明线路为 2 条,取暖器的线路为 5 条,为了能正常使用,可多预埋 1～2 条。

（6）吊顶内的管道、设备的安装及管道的试水试压应完成验收并合格,不得有漏水、漏电情况。

5. 施工机具准备

冲击钻、无齿锯、钢锯、射钉枪、刨子、螺丝刀、吊线锤、角尺、锤子、水平尺、白线、墨斗等。

任务 5.3　工艺流程及施工要点

5.3.1　轻钢龙骨纸面石膏板吊顶

1. 工艺流程

轻钢龙骨纸面石膏板吊顶的工艺流程如图 5-6 所示。

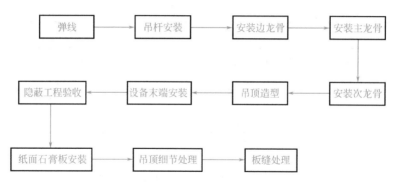

图 5-6　轻钢龙骨纸面石膏板吊顶工艺流程

2. 施工要点

5.1
轻钢龙骨
纸面石膏
板吊顶

轻钢龙骨纸面石膏板安装构造如图 5-7 所示。

（1）弹线

弹线要求清晰、位置正确，主要包括水平标高线、吊顶造型位置线、吊挂点布置线和大中型灯位线。

1）在墙柱面上确定吊顶水平标高线

① 用水平仪，在室内墙面离地高 500mm 处弹设水平基准线。

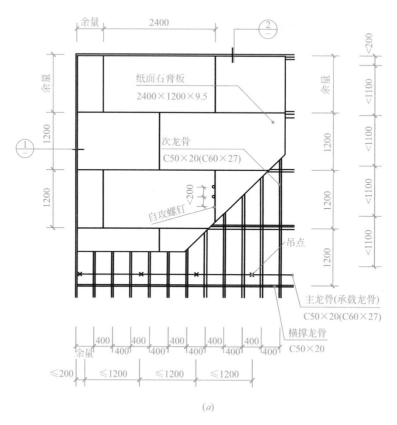

(a)

图 5-7　轻钢龙骨纸面石膏板吊顶构造（1）

（a）平面布置图

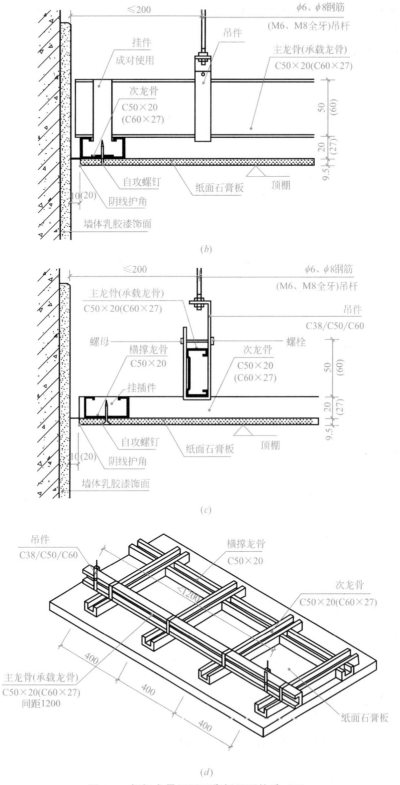

图 5-7　轻钢龙骨纸面石膏板吊顶构造（2）

（b）①号节点构造详图；（c）②号节点构造详图；（d）三维构造图

② 根据水平基准线，按照设计吊顶标高在墙面和柱面上用尺量取吊顶标高基准点画线，在墙体四周弹设吊顶水平标高线。

③ 根据石膏板的厚度再确定次龙骨的下皮标准线，后续吊顶龙骨的调平以该标准线为基准。

【小提示】

① 吊顶为高低叠级造型，则相应叠级处高、低吊顶的标高均应标出。

② 一个房间的基准高度点只用一个，各面墙的高度线测点共用。

③ 沿墙四周用墨线弹设一道吊顶四周的水平线，其偏差不能大于 3mm。

2）在地面上确定造型位置线

① 用找点法找出吊顶造型边框有关点或特征点。

② 用垂直投线仪将各点反到顶面，在顶面连线弹出造型线。

【小提示】

① 对于较规则的建筑空间，其吊顶造型位置可先在一个墙面量出竖向距离，以此画出其他墙面的水平线，即得吊顶位置外框线，而后逐步找出各局部的造型框架线。

② 对于不规则的空间画吊顶造型线，宜采用找点法，即根据施工图纸测出造型边缘距墙面的距离，从墙面和顶棚基层进行引测，找出吊顶造型边框的有关基本点或特征点，将各点连线，形成吊顶造型框架线。

3）在楼板底弹设主龙骨以及吊点的位置线

① 根据主龙骨的布置图，在楼板底确定主龙骨中心线位置控制点，在顶面弹出主龙骨中心线。

② 在主龙骨上弹出吊点位置线，依据设计或标准图确定吊点间距。吊点位置线应测量准确，不可遗漏。

【小提示】

① 双层轻钢 U 形、T 形龙骨骨架吊杆间距不大于 1200mm，单层骨架吊杆间距为 800～1500mm。

② 吊杆距主龙骨端部的距离，不得大于 300mm，否则应增设吊杆。

③ 平顶天花，吊点均匀布置即可。叠级吊顶，注意分层交界处吊点间距。较大灯具检修口增设吊点。

4）弹设灯具、电扇、喷淋头等电气设备位置和吊顶检修口的控制线

弹线完毕，须确保所有线条清晰、没有遗漏，且位置标注准确。

（2）边龙骨安装

1）边龙骨可以采用轻钢龙骨或木龙骨，本案例采用轻钢龙骨。

2）将 U 形龙骨安装在四周的墙上，下边缘与标准线平齐。

3）用射钉或膨胀螺栓把边龙骨固定在墙上，两点间距 600mm，龙骨两端各留 50mm。

4）安装好的边龙骨（即沿墙龙骨），可以作为后续安装主龙骨的搁置点或起始固定点。

（3）确定吊点位置（如顶棚已有预留吊筋可省去此道工序）

1）按设计要求确定主（承载）龙骨吊点间距和位置，当设计无要求时吊顶横、竖向

间距一般为 900～1200mm（具体按吊顶荷载确定）。与主龙骨平行方向吊点位置必须在一条直线上。

2）为避免暗藏灯具、管道等设备与主龙骨、吊杆相撞，可预先在地面画线、排序，确定各物件的位置后再进行吊顶施工。排序时注意第一根及最后一根主龙骨与墙侧向间距不大于 200mm。第一吊点及最后吊点距主龙骨端头不大于 300mm。

（4）吊杆安装

1）通常楼板没有设置预埋铁件（例如不上人吊顶），则根据设计要求在吊点位置用电锤钻眼，按照以下方法选用不同吊杆材料安装膨胀螺栓和吊杆：

① 用 M8 或 M10 膨胀螺栓将 L 25×3 或 L 30×3 角铁固定在楼板底面上。注意：钻孔深度不小于 60mm，打孔直径比螺栓直径大 2～3mm。

② 用直径大于 5mm 的高强射钉将角铁或钢板固定在楼板底面上。

③ 根据设计要求选择吊杆的规格，通常选用 $\phi 8$ 或 $\phi 10$ 镀锌通丝吊杆，直接用膨胀螺栓将吊杆或将端部带有膨胀螺栓的吊杆打入楼板。

④ 不上人吊顶选用 $\phi 6$ 镀锌通丝吊杆或 $\phi 8$ 镀锌铁丝（适用于弹簧吊件）。

2）吊件安装应通直，长度按吊顶高度切割适中，上端与顶棚固定。

3）当吊杆与灯槽、空调、电缆等设备相遇时，应在石膏板安装前调整吊点构造或位置并增设吊杆。

4）如遇大口径风管，则应另装钢支架固定吊杆，以保证间距不大于 1.2m，并增强吊顶基层整体稳定性和抗变形能力。

5）根据吊顶标高和楼板底标高，确定吊杆长度。

6）当吊杆长度大于 1.5m 时，应设置反支撑。

7）吊顶工程中的预埋件、金属吊杆及自攻螺钉都应进行防锈处理。

（5）吊件的安装与调平

1）根据主龙骨规格型号选择配套专用吊件，当主龙骨平吊时用弹簧吊件；当主龙骨竖吊时用垂直吊件。吊件与吊杆应安装牢固，并按吊顶高度上下调整至合适位置。

2）垂直吊件应相邻对向安装，防止同向安装导致龙骨受力倾斜。

（6）主（承载）龙骨安装

1）根据主龙骨标高位置，对角拉水平标准线，主龙骨安装调平以该线为基准。

2）利用主龙骨吊件将主龙骨固定在吊杆上，安装连接吊杆与主龙骨的吊挂件有以下两种方法：

① 在主龙骨上安装吊挂件，分档位置根据吊杆在主龙骨长度方向上的间距来定。

② 在吊杆上通过上下两个螺母在设计标高处安装主吊件。

③ 检修洞口的附加主龙骨应独立悬吊固定。

3）用垂直吊挂件（主连接件）将主龙骨与吊杆连接，并用主龙骨螺栓固定。注意要拧紧螺母或用钳子夹紧箍住龙骨防止龙骨摆动。

① 上人吊顶：将主龙骨穿过主吊件并用穿芯丝固定。

② 不上人吊顶：用一个专用的吊挂件卡在龙骨的槽中。

③ 当主龙骨平吊时，将弹簧吊件卡入 C 形主龙骨槽内并左右转动，使吊件移至合适位置并与龙骨充分接触。

④ 当主龙骨竖吊时，则将主龙骨放入垂直吊件 U 形槽内，左右移至合适位置，再用横穿螺栓固定夹紧。

4）主龙骨长度不够时，应用专用接长件连接或焊接（点焊）。例如用铝合金或镀金钢板作为连接件，并将表面冲成倒刺与主龙骨方孔相连。连接处要增设吊点，接头和吊杆方向要错开。

5）主龙骨一般沿房间短向布置安装，主龙骨间距一般控制在 900～1000mm，端部与墙之间距离控制在 300mm 以内。

6）连接件应错位安装，相邻两个吊挂的方向相反，相邻两个主龙骨正反安装。

7）主龙骨基本安装完毕后，应根据吊顶标高线再一次调节吊件，找平下皮（包括必要的起拱量），主龙骨中部起拱高度做如下规定：

① 房间面积在 50m² 以内时，起拱高度为房间短向跨度的 1‰～3‰。

② 房间面积超过 50m² 时，起拱高度为房间短向跨度的 3‰～5‰。

8）根据现场吊顶的尺寸，严格控制每根主龙骨的标高。随时拉线检查龙骨的平整度，不得有悬挑过长的龙骨。

9）遇到大面积房间需每隔 12m 在主龙骨上焊接横卧大龙骨一道，以加强稳定性及吊顶整体性。

10）主龙骨的排布与空调送风口、灯具、消防烟感应器、喷淋头、检修口、广播喇叭、监测等设备末端的位置须错开，不应切断主龙骨。当必须切断主龙骨时，一定要有加强和补救措施，如增加转换层、加强龙骨等。

11）可按拉线调整标高和平直、起拱度。

12）调平主龙骨。根据标高位置线使龙骨就位，主龙骨与吊件安装就位后以一个房间为单位进行调整平直。调整方法可用 6cm×6cm 方木按主龙骨间距钉铁钉，然后横放在主龙骨上，用铁钉卡住各主龙骨，使其按规定间隔临时固定。方木两端要顶到墙或梁，再按十字或对角拉线，用螺栓调平。

13）重型灯具、电扇、风道等和有强烈震动荷载的设备，严禁安装在吊顶龙骨上。

（7）次（覆面）龙骨（又称副龙骨）安装

1）次龙骨应紧贴主龙骨垂直安装，用专用挂件连接。每个连接点挂件应双向互扣成对或相邻的挂件应对向使用，以保证主次龙骨连接牢固，受力均衡。

2）固定面板的次龙骨采用 U 形龙骨，间距应准确、平均，一般按石膏板的尺寸模数（一般不大于 600mm，南方潮湿地区，间距宜选用 300mm）确定，以保证石膏板两端正好落在次龙骨上，石膏板的长边应该垂直于次龙骨铺板。

3）石膏板长边接缝处应增加背衬横撑龙骨，一般用水平件（支托）将横撑龙骨两端固定在次龙骨上。

4）在边龙骨上弹出覆面龙骨的中心线；根据设计龙骨间距，结合面板规格，龙骨的安装间距考虑板缝，板缝宽度一般为 5～8mm。

如覆面龙骨间距是 400mm×600mm，纸面石膏板规格是 1200mm×2400mm，板缝宽度是 6mm，次龙骨的间距分别是 400mm、400mm、400mm、400mm、400mm、406mm。横撑龙骨的间距分别是 600mm、606mm。

5）根据弹线的位置，从一端依次安装到另一端。

6）当吊顶长度不小于 1.2m 或与建筑结构伸缩缝时，必须设置石膏板伸缩缝。

7）用连接件将次龙骨与主龙骨固定（多利用次龙骨吊件挂在主龙骨上），相邻固定次龙骨的两个连接件方向相反。

8）次龙骨安装完后保证底面与顶面标准线在同一水平面，次龙骨长度不够时，使用专用连接插件接长，并用螺钉固定。

9）用平面插接件将横撑龙骨安装在次龙骨上，插接件用钳子夹紧。

10）如果有高低跨，常规做法是先安装高跨部分，再安装低跨部分。

11）对于检修孔、上人孔、通风口、灯带、灯箱等部位，在安装龙骨的同时，应将尺寸及位置按设计要求留出，将封边横撑龙骨安装完毕。

12）根据龙骨的标高控制线使龙骨就位，龙骨的安装与调平应同时进行。

13）龙骨安装完成后，检查吊杆与龙骨的间距以及水平度、连接位置，准确无误后将所有吊挂件、连接件拧紧、夹牢，检查验收，填写隐蔽验收记录。

14）次龙骨与边龙骨的固定一般采用将次龙骨端部剪断或劈开与沿墙龙骨固定。

（8）吊顶造型

1）复杂吊顶（如回光灯槽等）需要采用木夹板造型，木夹板按照设计选用阻燃型木夹板或普通木夹板，普通木夹板按照设计要求涂刷防火涂料。

2）轻钢龙骨吊顶由于构配件型号和造型的限制，不宜制作吊顶的复杂造型，因此许多吊顶造型复杂的特殊部位要用木龙骨。

（9）电气设备安装

重量不大于 1kg 的筒灯、石英射灯、烟感器等设施可直接安装在轻钢龙骨石膏板吊顶饰面板上；重量不大于 3kg 的灯具等设施应安装在龙骨上，并固定可靠；重量超过 3kg 的灯具、吊扇或有震颤的设施应直接吊挂在建筑物承重结构上。

（10）隐蔽工程验收

1）吊顶内管道、设备的安装及水管试压。

2）木基层板及木龙骨的防火、防腐。

3）吊杆的安装。

4）龙骨的安装。

5）填充材料的设置。

（11）纸面石膏板安装

轻钢龙骨吊顶的罩面板常有明装、暗装、半隐装三种安装方式。明装是指罩面板直接搁置在 T 形龙骨两翼上，纵横 T 形龙骨均外露；暗装是指罩面板安装后骨架不外露；半隐装是指罩面板安装后外露部分骨架。此处仅针对暗装方式的施工要点进行介绍。

1）石膏板安装前，各种电缆管线、灯架、管道等设备均应施工完毕并调试，经检验合格后方可进行石膏板安装。

2）纸面石膏板是轻钢龙骨吊顶饰面材料中最常用的饰面板，根据使用功能的不同，纸面石膏板分为普通纸面石膏板、耐潮纸面石膏板、耐水纸面石膏板、耐火纸面石膏板和耐火耐水纸面石膏板。

3）吊顶用的纸面石膏板，常用的厚度有 9.5mm 和 12mm，在南方潮湿地区或潮湿季节施工建议选用不小于 12mm 厚的石膏板。

4）安装方式：根据龙骨的断面、饰面板边的处理及板材的类型，常分为 3 种固定方式。

① 用自攻螺钉和专用工具将石膏板（包括基层板和饰面板）固定在次龙骨上。

② 用胶粘剂将石膏板（指饰面板）粘到龙骨上。

③ 将石膏板（指饰面板）加工成企口暗缝的形式，龙骨的两条肢插入暗缝内，不用针或胶，靠两条肢将板支撑住。

④ 需要注意的是，在安装时严禁先用电钻钻孔后用螺丝刀固定的做法。

5）安装纸面石膏板前在板面弹出龙骨的中心线。

6）石膏板安装时应正面（有字的一面为反面）朝外，纸面石膏板的长边（即包封边）应沿纵向次龙骨方向铺设。

7）纸面石膏板常用烤漆或镀锌自攻螺钉固定在次龙骨或横撑龙骨上。

8）自攻螺钉与纸面石膏板边距离规定如下：

① 距离板的包封边以 10～15mm 为宜，切割边以 15～20mm 为宜。

② 板中间的螺钉间距以 150～170mm 为宜，板四周螺钉间距 150～200mm。

③ 螺钉应与板面垂直且埋入石膏板内 0.5～1mm，并不使纸面损坏。

9）为了防止面板接缝开裂，相邻纸面石膏板之间留 5～8mm 宽的缝隙。

10）安装双层石膏板时，面层板与基层板的接缝应错开，不允许在同一个龙骨上接缝。

11）纸面石膏板与龙骨固定，一般由两人托起从顶棚的一角开始固定，向中间延伸，先固定板的中部再逐渐向板的四周固定。不得多点同时作业，以免产生内应力，铺设不平。

12）造型部分转角处，纸面石膏板用 L 形，增加强度和整体性，防止变形。

（12）检修孔或灯口的处理

1）检修孔或灯口周边必须有龙骨予以加强，承载较重时背衬龙骨还必须与承载龙骨或顶棚相连，检修孔盖要用配套专用工具开启。石膏板应事先在检修孔或灯口位置使用专用工具开孔，严禁用斧、锤等钝器凿击敲砸。

2）切忌板安装完毕后挖灯槽、检修孔的做法，开孔作业截裁次龙骨时，注意对纸面石膏板的影响。

3）吊顶上的风口、灯具、烟感探头、喷淋洒头等设备末端，可在纸面石膏板就位后安装，也可留出周围石膏板，待上述设备安装好后再安装。石膏板面上开孔，应先画出开孔位置。

4）较大的孔洞的做法与检修孔做法相同，并与相关设备配合施工。

5.3.2 集成吊顶

1. 工艺流程

集成吊顶的工艺流程如图 5-8 所示。

集成吊顶施工安装各部位示意图如图 5-9 所示。

图 5-8　集成吊顶工艺流程

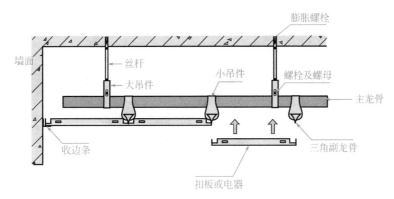

图 5-9　集成吊顶施工安装各部位示意

2. 施工要点

（1）弹线

1）确定安装标高线

根据室内墙上 0.5m 水平基准线，用尺量至顶棚的设计标高划线、放线。若室内 0.5m 水平基准线未弹通线或通线偏差较大时，可采用一条塑料透明软管灌满水后，将软管的一端水平面对准墙面上的高度线，再将软管另一端头水平面，在同侧墙面找出另一点，当软管内水平面静止时，画上该点的水平面位置，再将这两点连线，即得吊顶高度水平线。用同样方法在其他墙面做出高度水平线。操作时应注意，一个房间的基准高度点只用一个，各面墙的高度线测点共用。沿墙四周弹一道墨线，这条线便是吊顶四周的水平线，其偏差不能大于 3mm。

2）确定造型位置线

对于较规则的建筑空间，造型位置可先在一个墙面量出竖向距离，以此画出其他墙面的水平线，即得吊顶位置外框线，而后逐步找出各局部的造型框架线。对于不规则的空间画吊顶造型线，宜采用找点法，即根据施工图纸测出造型边缘距墙面的距离，从墙面和顶棚基层进行引测，找出吊顶造型边框的有关基本点或特征点，将各点连线，形成吊顶造型框架线。

3）确定吊点位置

双层轻钢 U 形、T 形龙骨骨架吊点间距不大于 1200mm，单层骨架吊顶吊点间距为 800～1500mm（视罩面板材料密度、厚度、强度、刚度等性能而定）。对于平顶天花板，在顶棚上均匀排布。对于有叠层造型的吊顶，应注意在分层交界处吊点布置，较大的灯具及检修口位置也应该有吊点来吊挂。

（2）吊杆安装

用冲击电钻在标记的吊杆固定点位置上钻孔，孔径大小根据吊杆和膨胀螺栓的大小确定，深度不小于 60mm。吊杆宜采用全丝吊杆，吊杆和膨胀螺栓的表面要进行防腐、防锈处理。在安装前根据吊顶设计标高计算吊杆加工的长度，可以预先订制，如图 5-10 所示。吊杆安装完成后应对牢固度进行检查。

图 5-10　吊杆安装

（3）收边条安装

根据标记好的吊顶完成面线，确定收边条的安装位置，收边条下边缘与吊顶完成面平齐。收边条下料时，按照实际长度加 1mm。精裁时，两端用钢锯、剪刀或切割机割成 45°。试装收边条时，将对角缝隙控制在最小范围（对角缝隙和错位不能超过 0.2mm，必要时用锉刀调整切割的角度）。

按墙面材质不同，选用不同的收边条固定方式；如墙面为混凝土，可以采用射钉直接固定；如果墙面为砌体、抹灰、瓷砖等墙面，可以采用钻孔加塑料膨胀管和粗牙自攻螺钉固定。固定间距不大于 300mm，端头处不大于 50mm。收边条安装过程中要随时检查平面平整度，发现偏差要及时调整，如图 5-11 所示。

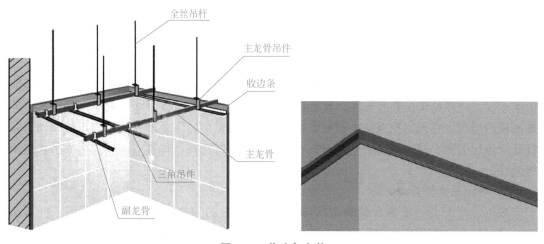

图 5-11　收边条安装

（4）主龙骨安装

主龙骨通过主龙骨吊挂件连接到吊杆上，拧紧螺母，螺母应设置垫圈。主龙骨沿房间的长方向安装，对于大面积集成吊顶，$50m^2$ 以下时应考虑按房间跨度 $1\%\sim3\%$ 起拱，$50m^2$ 及以上时应考虑按房间跨度的 $3\%\sim5\%$ 起拱。主龙骨、主龙骨吊挂件应相邻对向安装，相邻主龙骨接缝处要错位。如果选用的主龙骨需要加长，应采用龙骨接长件接长。主龙骨安装完成后，要对主龙骨进行调直，保证主龙骨顺直并平行。主龙骨的高度应按完成面要求通过吊挂件进行调节。灯具和其他设备末端要用独立的吊杆、吊件固定在结构层上，不要直接挂在龙骨上。主龙骨安装过程中要随时检查主龙骨的整体平整度，发现偏差要及时调整。

上人吊顶的悬挂，要用一个吊环将龙骨箍住，用钳夹紧，既要挂住龙骨，同时也要阻止龙骨摆动；不上人吊顶悬挂，要用一个专用的吊挂件卡在龙骨的槽中，使之达到悬挂的目的。轻钢大龙骨一般选用连接件接长，也可以焊接，但宜点焊。连接件可用铝合金，亦可用镀锌钢板，须将表面冲成倒刺，与主龙骨方孔相连，可以焊接，但宜点焊，连接件应错位安装。当观众厅、礼堂、展厅、餐厅等大面积房间采用此类吊顶时，需每隔 $12m$ 在大龙骨上部焊接横卧大龙骨一道，以加强大龙骨侧向稳定性及吊顶整体性，如图 5-12 所示。

根据标高控制线使龙骨就位。待主龙骨与吊件及吊杆安装就位以后，以一个房间为单位进行调整平直。调平时按房间的十字和对角拉线，以水平线调整主龙骨的平直，对于由 T 形龙骨装配的轻型吊顶，主龙骨基本就位后，可暂不调平，待安装横撑龙骨后再行调平调正。当较大面积的吊顶主龙骨调平时，应注意其中间部分应略有起拱，起拱高度一般不小于房间短向跨度的 $1/300\sim1/200$。

图 5-12 主龙骨安装示意图

（5）三角龙骨安装

三角龙骨是整个集成吊顶的脊梁，选择适合优质的集成吊顶龙骨及轻钢龙骨至关重要。配合正确、高效地安装，可保证整个集成吊顶的安全、美观。如图 5-13 所示。

在主龙骨上合理的划分吊件的安装位置。三角龙骨的间距以集成吊顶板材的模数为依据确定，墙边第一条三角龙骨的距离要比该模数大 5mm，根据现场准确裁切三角龙骨的长度。安装时尺寸必须精确，先安装三角龙骨吊件，三角龙骨底面

图 5-13 三角龙骨安装示意

要比收边条高出 3.5～4mm。安装过程中随时检查安装平面平整度，发现问题及时调整。

（6）铝扣板安装

安装铝扣板需戴手套。先撕掉铝扣板四边覆膜，可以从主龙骨上开始安装，再逐块装

图 5-14　铝扣板安装示意

配到墙边，拼缝间隙保持一致，扣板的四个角对齐。将所有修边角线条上的卡位拉了成 60°，再开始第一根龙骨的铝扣板装配，到最后两块时，应量出实际尺寸，如需切割，应切割好再装配，切割面应卡在卡位片与修边角线条面中间，必要时，把卡位片拉成 90°。铝扣板与修边角线条应保持平整（注：出现不平整现象时，应用木块固定好）。铝扣板安装完后，需用布把板面全部擦拭干净，不得有污物及手印等。如图 5-14 所示。

（7）灯具安装

1）换气扇的安装——开通风孔

① 首先确定墙壁上通风孔的位置（应避免与燃气热水器、排气管接入同一烟道，以防危险气体渗入浴室），通风孔应在吊顶上方略低于换气扇主机出风口，并在该位置开一个 $\phi105$mm 的圆孔。

② 通风管长度一般为 1.5m，在安装换气扇时，需考虑换气扇主机安装位置至通风孔的距离。风管必须走直线。

③ 安装通风管时，将 $\phi100$mm 风管的一端伸入墙孔内，并接好百叶窗，通风管与通风孔的空隙用填充料填封，将通风管伸进室内的一端拉出，确定好换气扇位置，用钻头在三角龙骨上打孔，使用 4×30mm 的自攻螺钉固定好主机，然后将通风管套在换气扇主机的出风口上，用包箍扎紧，最后按照端子接线标志接好线。如图 5-15 所示。

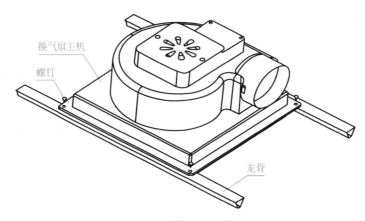

图 5-15　换风扇安装图

2）灯暖主机的安装

以单灯暖支架安装为例，如图 5-16 所示。

① 取暖器主机应安装在浴缸或淋浴器正上方。

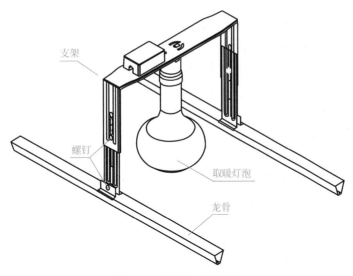

图 5-16　灯暖主机安装图

② 先拧松支架两侧的固定夹螺钉，让它分开扣在三角龙骨上，确定好位置将螺钉拧紧。

③ 再将升降杆螺钉拧松，把高度调好将螺钉拧紧。

【小提示】

3 副支架的安装方法与 1 副支架的安装方法是相同的。

灯暖支架应按面板圆孔的圆心距离固定好位置，灯暖支架接线方法根据端子标志接线。

3）风暖主机的安装

风暖主机支架的安装方法与灯暖支架的安装方法相同，如图 5-17 所示。

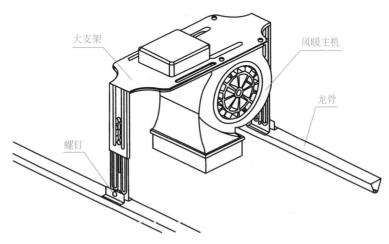

图 5-17　风暖主机安装图

例如，单风暖主机的支架安装双暖流主机是灯暖支架和风暖支架的组合体，支架的安装方法与单灯暖、单风暖支架安装方法相同，风暖主机接线方法按所贴标识图进行。

4）安装检测

① 模板四个对角是否平整，整体平整度要保持一致。

② 模板的拉丝条纹要走向一致。

③ 模板之间的拼缝要求没有间隙且保持一条直线。

④ 四周模板与收边条的结合处无缝隙。

⑤ 主机通电、试用、断开正常。

⑥ 开关灵活，各功能键符合实际功能。

（8）成品保护

1）安装好的成品或半成品不得随意拆动，提前做好水、电、通风、设备等安装作业的隐蔽验收工作。龙骨及集成饰面安装时，应注意保护顶棚内装好的各种管线、设备的吊杆等。

2）搬、拆架子或人字梯时，要注意不要碰撞已完成的墙面饰面，架子与人字梯脚应做好护角，防止划伤、压伤地面。

3）安装过程中，不可以直接站在主龙骨或扣板上。

任务 5.4　质量自查验收

5.4.1　轻钢龙骨纸面石膏板吊顶

1. 主控项目检查（表 5-3）

轻钢龙骨纸面石膏板吊顶主控项目检查要求及方法　　　　表 5-3

检查项目	检查方法	要求
吊顶标高、尺寸、起拱和造型	观察；尺量检查	应符合设计要求
饰面材料的材质、品种、规格、图案和颜色	观察；检查产品合格证书、性能检测报告、进场验收记录和复验报告	应符合设计要求
暗龙骨吊顶工程的吊杆、龙骨和饰面材料	观察；手扳检查，检查隐蔽工程验收记录和施工记录	安装牢固
吊杆、龙骨的材质、规格、安装间距及连接方式	观察；尺量检查，检查产品合格证书、性能检测报告、进场验收记录和隐蔽工程验收记录	应符合设计要求
吊杆、龙骨表面	观察；检查产品合格证书、性能检测报告、进场验收记录和隐蔽工程验收记录	金属的应经过防腐处理，木质的应进行防腐、防火处理
石膏板的接缝	观察	应按其施工工艺标准进行板缝防裂处理

吊顶龙骨在安装完毕后应进行吊顶中间验收并做记录。主要检查的项目包括以下几

点，详见表 5-4：

（1）龙骨是否有扭曲变形。

（2）检查吊点拉结力是否有松动。

（3）吊挂件、接长件永久连接牢固程度。

轻钢龙骨纸面石膏板吊顶龙骨骨架的允许偏差和检验方法　　表 5-4

项目	允许偏差（mm）	检验方法
龙骨间距	≤2	用钢直尺检查
龙骨平直度	≤2	用 2m 靠尺和塞尺检查
起拱高度	±10	拉线尺量检查
龙骨四周水平	±5	用尺量或水准仪检查

2. 一般项目（表 5-5、表 5-6）

轻钢龙骨纸面石膏板吊顶一般项目检查要求及方法　　表 5-5

检查项目	检查方法	要求
饰面材料表面	观察；尺量检查	应洁净、色泽一致，不得有翘曲、裂缝及缺损。压条应平直、宽窄一致
饰面板上的灯具、烟感器、喷淋头、风口箅子等设备的位置	观察	应合理、美观，与饰面板的交接应吻合、严密
吊杆、龙骨的接缝	检查隐蔽工程验收记录和施工记录	金属的应均匀一致，角缝应吻合，表面应平整，无翘曲、锤印。木质龙骨应顺直，无劈裂、变形
吊顶内填充吸声材料的品种和铺设厚度	检查隐蔽工程验收记录和施工记录	符合设计要求，并应有防散落措施

轻钢龙骨纸面石膏板吊顶压条的允许偏差和检验方法　　表 5-6

项目	允许偏差（mm）	检验方法
压条平直度	3	拉 5m 通线，用钢直尺检查
压条间距	2	尺量检查

3. 面板检查

暗龙骨吊顶工程纸面石膏板安装的允许偏差和检验方法应符合表 5-7 的规定。

纸面石膏板安装的允许偏差和检验方法　　表 5-7

项目		允许偏差（mm）	检验方法
表面平整度	暗装	≤3	用 2m 靠尺和楔形塞尺检查
	明装	—	
接缝平直度		≤3	拉 5mm 线，用钢直尺检查
接缝高低差	暗装	≤1	用钢直尺和塞尺检查
	明装	—	
顶棚四周水平		±5	用尺量或水准仪检查

4. 质量通病预防

轻钢龙骨纸面石膏板吊顶安装过程中存在以下质量通病的防止措施：

（1）轻钢龙骨吊顶基层转角处采取硬连接的措施：次龙安装完成后，在转角处裁割 L 形 0.5mm 镀锌铁皮加固，或在转角上口增加 50mm 龙骨斜撑。

（2）为了保证影响吊顶的牢固度与稳定性，尽可能地减少面层开裂的隐患，在大面积龙骨安装完，应放置一段时间，等应力完全释放后进行封板，并且吊顶隐蔽工程应在封板前全部完成，减少封板后上顶施工。

（3）轻钢龙骨吊顶的主龙骨、主龙大吊及次龙挂钩必须正反安装，同时注意大吊穿心螺栓必须拧紧，主、副龙骨的卡件必须卡紧。

（4）在防火卷帘或检修口边缘，次龙挂钩与主龙可采用铆钉加固连接，或者采用主龙两侧同时安装次龙挂钩，以保证主、次龙骨连接的稳定性。

（5）主龙骨的接头须用专用接长件连接（或主龙骨交错搭接 150mm，或采用零星龙骨边角料连接）进行锚固处理，注意主龙骨连接件两边各用 2 个铆钉固定，并在主龙骨端头 300mm 处增加吊筋，以保证吊顶质量。

（6）大面积轻钢龙骨吊顶施工前，应对主龙骨进行预排，相邻两排主龙骨接头应错开。

（7）吊顶边龙骨采用 U 形边龙骨或铝角条，连接处用螺钉或钉固定。

（8）吊顶造型或灯槽等垂直方向的基层板应优先采用龙骨或方管，以满足防火等级要求。

5.4.2 集成吊顶

1. 龙骨质量

（1）吊顶的标高、尺寸、起拱和造型符合设计规定。

（2）吊顶的龙骨、吊杆、饰面材料安装牢固。

（3）吊顶的吊杆、龙骨规格、材质、安装间距及连接方式符合设计要求。

2. 面板检查

（1）表面应平整，不得有污染、折裂、缺棱掉角或锤伤等缺陷，接缝应均匀一致。

（2）扣板施工，平整顺直，板面不得有污染、划痕、损伤，收口线接缝应严密。

（3）板上灯具、烟感器、喷淋头、风口算子等电气设备的位置合理、美观，与饰面板的交接应吻合、严密。

集成顶工程安装的允许偏差和检验方法应符合表 5-8 的规定。

集成吊顶安装的允许偏差和检验方法 表 5-8

项目	允许偏差（mm）	检验方法
表面平整度	2	2m 靠尺和塞尺
接缝直线度	1.5	拉 5m 线（不足 5m 拉通线），钢直尺检查
接缝高低差	1	钢直尺和塞尺

3. 质量通病预防（表 5-9）

常见集成吊顶质量通病及预防措施　　　　　　　　　　表 5-9

序号	质量通病	通病图片	预防措施
1	主龙骨端头吊点距主龙骨边端大于 300mm		主龙骨吊点靠近端头距离大于 300mm 时增加一根吊杆
2	收边条对缝间隙过大		边角处采用同一根收边条切割制作。切割时严格按 45°放线切割
3	主龙骨、吊挂安装错误		相邻主龙骨及其吊挂件要对向安装
4	收边条与扣板接缝处翘起		收边条处扣板采取加固措施

续表

序号	质量通病	通病图片	预防措施
5	扣板接缝歪斜		安装时拉通线

5.2
铝扣板
吊顶施工
工艺

5.3
装配式吊顶
部品施工

集成吊顶的材质多为铝扣板，具体的实训请参照铝扣板吊顶施工工艺的动画演示二维码。此外，随着吊顶技术的提升，装配式吊顶部品得到了广泛的应用，可以极大地提升施工效率，具体的实训请参照装配式吊顶部品施工的动画演示二维码。

任务 5.5　知识技能拓展

本部分的知识技能拓展仅仅介绍暗藏灯带窗帘盒，其他类型的窗帘盒请参照本教材项目 12 "12.4　窗帘盒制作与安装" 执行。

暗藏灯带窗帘盒的工艺说明，如图 5-18 所示：

（1）龙骨吊件与钢架转换层焊接固定，连接处满焊，刷防锈漆三遍。

（2）50mm 主龙骨间距 900mm，50mm 次龙骨间距 300mm，次龙骨横撑间距 600mm。

（3）18mm 细木工板刷防火涂料三遍，与吸顶吊件采用 35mm 自攻螺钉固定。

（4）用自攻螺钉与龙骨间固定 9.5mm 厚纸面石膏板。

（5）满批耐水腻子三遍。

（6）乳胶漆涂料饰面。

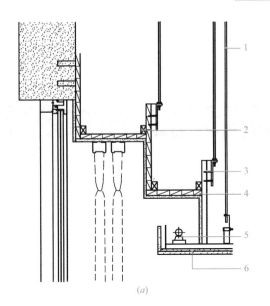

(a)

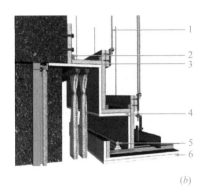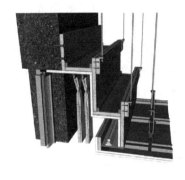

(b)

图 5-18 暗藏灯带窗帘盒图

(a) 节点构造图；(b) 三维示意

1—ϕ8 丝杆，M8 膨胀螺栓固定。50 主龙@900，50 副龙@300×600 系列轻钢龙骨吊顶；2—木方（刷防火涂料）；3—18mm 细木工板（刷防火涂料）；4—单层 9.5mm 石膏板（满批腻子三遍，乳胶漆三遍）；5—暗藏灯带；6—双层 9.5mm 石膏板（满批腻子三遍，乳胶漆三遍）

项目6

Chapter 06

轻质隔墙工程技能实训

教学目标

1. 知识目标

(1) 了解轻质隔墙的分类和组成；

(2) 熟练识读轻质隔墙工程施工图；

(3) 掌握轻钢龙骨石膏板隔墙的施工工艺流程；

(4) 掌握轻钢龙骨石膏板隔墙的施工机具和施工方法；

(5) 掌握轻钢龙骨石膏板隔墙工程施工规范和质量验收标准。

2. 能力目标

(1) 熟练完成轻质隔墙工程技能能力；

(2) 正确的识图与施工能力。

思维导图

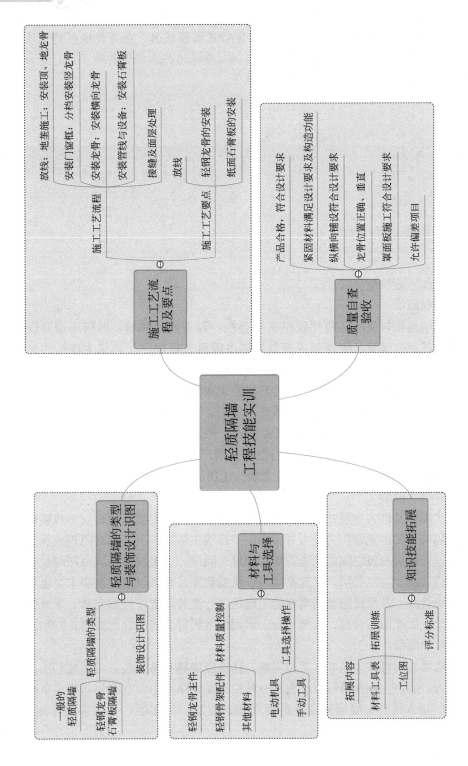

轻质隔墙就是分割建筑物内部空间的墙体。轻质隔墙一般不承重，材料自重轻，重量比黏土实心砖墙轻5～9倍，即使墙体砌筑在楼板上，也符合楼板的设计承载要求。市场上轻质隔墙材料的种类很多，根据轻质隔墙按材料和构造不同，分为板材式隔墙、骨架式隔墙、移动隔墙、玻璃隔墙等。

任务6.1　轻质隔墙的类型与装饰设计识图

6.1.1　轻质隔墙的类型

1. 一般的轻质隔墙

（1）板材隔墙

板材隔墙是指轻质的条板用胶粘剂拼合在一起形成的隔墙。即指不需要设置隔墙龙骨，由隔墙板材自承重，将预制或现制的隔墙板材直接固定于建筑主体结构上的隔墙工程。由于板材隔墙是用轻质材料制成的大型板材，施工中直接拼装而不依赖骨架，因此它具有自重轻、墙身薄、拆装方便、节能环保施工速度快、工业化程度高的特点。多采用条板，如加气混凝土条板、石膏条板、碳化石灰板、石膏珍珠岩板以及各种复合板。条板厚度大多为60～100mm，宽度为600～1000mm，长度略小于房间净高。安装时，条板下部先用一对对口木楔顶紧，然后再用细石混凝土堵严，板缝用粘结砂浆或胶粘剂进行粘结，并用胶泥刮缝，平整后再做表面装修。如图6-1所示。

（2）骨架式隔墙

骨架式隔墙又称为立筋式隔墙，是指在隔墙龙骨两侧安装墙面板材形成墙体的轻质隔墙。这类隔墙主要由龙骨作为受力骨架固定于建筑主体结构上。当对隔声或保温要求较高时，可通过在两层面板之间的龙骨骨架层中填充隔声、保温材料，或可同时设置3或4层面板，形成2或3层空气层，以提高隔声、保温效果。根据设备安装要求，也可在骨架层中安装设备管线。骨架式隔墙均需在施工现场进行组装，常以轻钢龙骨、木龙骨、石膏龙骨等为骨架，以纸面石膏板、人造木板、水泥纤维板等为墙面板，如图6-2所示。

（3）移动隔墙

移动隔墙又叫可移动隔断、轨道隔断。移动隔墙具有易安装、可重复利用、可工业化生产、防火、隔声、环保等特点。它是一种根据需要随时把大空间分割成小空间或把小空间连成大空间、具有一般墙体功能的活动墙，能起一厅多能，一房多用作用，如图6-3所示。

（4）玻璃隔墙

玻璃隔墙材料为玻璃砖、玻璃板，不仅能实现传统的空间分隔的功能，而且还有采

图 6-1　板材隔墙

图 6-2　骨架式隔墙

图 6-3　移动隔墙

光、隔声、防火、环保、易安装方面的优点。玻璃隔墙可重复利用、可批量生产等特点上明显优于传统隔墙。如图 6-4 所示。

(a)　　　　　　　　　　　(b)　　　　　　　　　　　(c)

图 6-4　玻璃隔墙

(a) 有框玻璃隔墙；(b) 无框玻璃隔墙；(c) 玻璃砖隔墙

2. 轻钢龙骨石膏板隔墙

以轻钢龙骨石膏板隔墙为例重点介绍一下轻质隔墙工程技能实训。

轻钢龙骨石膏板隔墙就是典型的骨架隔墙。轻钢龙骨隔墙具有重量轻、强度较高、耐火性好、通用性强且安装简易的特性，有适应防震、防尘、隔声、吸声、恒温等功效，同时还具有工期短、施工简便、不易变形等优点。轻钢龙骨石膏板隔墙特点：

（1）干作业，施工方便、快捷、安全，按需组合，灵活划分空间，同时易拆除。可有效地节约人工，加快施工进度。

（2）节能环保、政策支持。石膏板的生产能耗很低，在正规的年产 2000 万 m² 的生产线上，每平方米双面单层石膏板隔墙，其生产能耗不超过 3kg 标准煤，而每平方米单砖黏土砖墙的生产能耗是 4～12kg 标准煤（实心黏土砖自 2000 年已逐步限时禁止使用）。轻钢龙骨纸面石膏板将是新型墙体材料中最具发展潜力的产品之一，也是取代实心黏土砖最理想、最经济的墙体材料之一。

（3）重量轻、强度能满足使用要求。石膏板的厚度一般为 9.5～15mm，自重只有 6～12kg/m²。两张纸面石膏板中间夹轻钢龙骨就是很好的隔墙，该墙体重量为 23kg/m²，仅为普通砖墙的 1/10 左右。用纸面石膏板作为内墙材料，其强度也能满足要求，厚度

12mm 的纸面石膏板纵向断裂载荷可达 500N 以上。

（4）经济合理、减少浪费。较之于普通砖混类的二次结构墙，它避免了因水电预留预埋造成的剔凿，避免了因面层装饰做法而进行的抹灰找平作业，不仅降低了造价，缩短了工期，而且节约资源，避免浪费。

6.1.2　装饰设计识图（构造图）

轻钢龙骨纸面石膏板隔墙所用的材料包括薄壁轻钢龙骨、纸面石膏板和填充材料等。其中，薄壁轻钢龙骨是以镀锌钢带或薄钢板轧制而成，薄壁轻钢龙骨按材料可分为镀锌钢带龙骨和薄壁冷轧退火卷带龙骨。

（1）按用途分，一般有沿顶龙骨、沿地龙骨、竖向龙骨、加强龙骨、通贯横撑龙骨和配件。

（2）按形状来分，装配式轻钢龙骨的断面形式主要有 C 形、T 形、L 形、U 形等，它具有强度大、不易变形、通用性强、耐火性好、安装简便等优点。其中 C 形轻钢龙骨用配套连接件互相连接，可以组装成墙体骨架，骨架两侧覆以纸面石膏板则可组成轻钢龙骨纸面石膏板隔墙墙体。如图 6-5 所示。

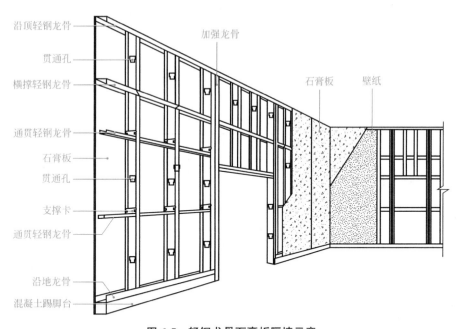

图 6-5　轻钢龙骨石膏板隔墙示意

任务6.2　材料与工具选择

轻钢龙骨、配件和罩面板均应符合现行国家标准和行业标准的规定。当装饰材料进场检验，发现不符合设计要求及室内环保污染控制规范的有关规定时，严禁使用。

6.2.1 材料质量控制

1. 轻钢龙骨主件

沿顶龙骨、沿地龙骨、加强龙骨、竖向龙骨、横撑龙骨应符合设计要求。具体见表 6-1、图 6-6 所示。

轻钢龙骨型号规格对照表（单位：mm）　　　　　　　　表 6-1

系列	名称	断面	实际尺寸		应用范围
			$A \times B$	厚度	
标准隔墙系列	横龙骨（U 形龙骨）		50×40	0.6	墙体和建筑结构的连接构件
			75×40	0.6/0.8	
			100×40	0.6/0.8	
			150×40	0.7/1.0	
	竖龙骨（C 形龙骨）		48.5×50	0.6/0.8	墙体的主要受力构件
			73.5×50	0.6/0.7/0.8/1.0	
			98.5×50	0.6/0.7/0.8/1.0	
			148.5×50	0.6/0.7/0.8/1.0	
	通贯龙骨		38×12	1.0/1.2	竖龙骨的中间连接构件
家装隔墙系列	横龙骨（U 形龙骨）		50×32	0.5	适用于高度≤3000 家庭装修的小开间隔墙
			75×32	0.5	
			75×35	0.55	
	竖龙骨（C 形龙骨）		47.5×38/35	0.5	
			72.5×38/35	0.5	
			73.5×45	0.55	
	通贯龙骨		38×12	0.8	
隔声墙系列	Z 形隔声龙骨		73.5×50	0.6	对隔声要求较高的高档场所与 C 形龙骨安装方法相同
	减振龙骨		65×15	0.6	可以增加墙体隔声量，与竖龙骨连接后再与石膏板连接的构件

续表

系列	名称	断面	实际尺寸		应用范围
			$A×B$	厚度	
井道墙系列	CH 形龙骨		64×42	0.8/1.0	电梯井及管道井墙专用的竖龙骨
			75×42	0.8/1.0	
			92×42	0.8/1.0	
			100×42	0.8/1.0	
			146×42	0.8/1.0	
	不等边龙骨		67×50/25	0.6/0.8	电梯井及管道井墙专用的横龙骨
			78×50/25	0.6/0.8	
			95×50/25	0.6/0.8	
			103×50/25	0.6/0.8	
			149×50/25	0.6/0.8	
	E 形竖龙骨		64×30×20	0.8/1.0	电梯井及管道井墙专用的端头竖龙骨
			75×30×20	0.8/1.0	
			92×30×20	0.8/1.0	
			100×30×20	0.8/1.0	
			146×30×20	0.8/1.0	
	平行接头（连接钢带）		2400×62	0.6	可作为横撑龙骨使用便于石膏板错缝安装

图 6-6　轻钢龙骨主件

2. 轻钢骨架配件

支撑卡、卡托、角托、连接件、固定件、护墙龙骨和压条等附件应符合设计要求。见表 6-2。

轻钢龙骨配件表　　　　　　　　　　　　表 6-2

名称	图示	用途	名称	图示	用途
自攻螺钉		M3.5×25（单层石膏板固定）	U形固定夹	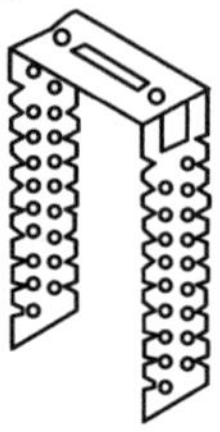	用于贴面墙系统：将覆面龙骨与墙面连接并固定；用于吊顶墙系统：吸顶吊件
		M3.5×35（双层石膏板固定）	支撑卡	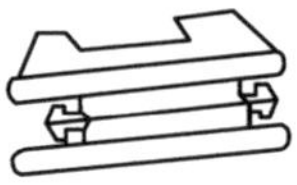	辅助支撑竖龙骨开口面，竖龙骨与通贯龙骨的连接卡件，提高竖龙骨抗变形能力
		M3.5×50（三层石膏板固定）	卡托	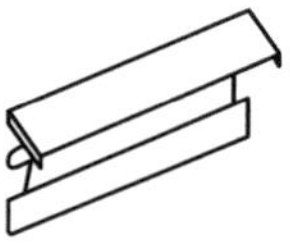	竖龙骨开口面与C形横撑龙骨之间的连接件
		M3.5×60（三层石膏板固定）	角托	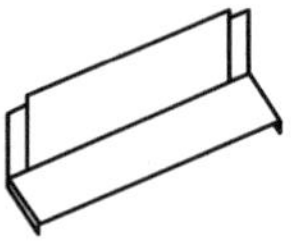	竖龙骨背面与C形横撑龙骨之间的连接件
拉铆钉	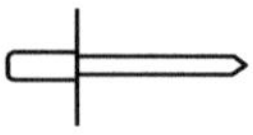	用于龙骨与龙骨之间的连接及固定	石膏板金属包边	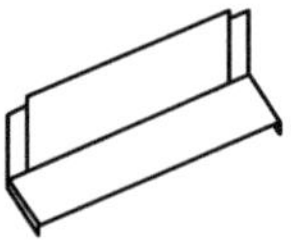	用于暴露在外的石膏板切割边的边缘修饰
伸缩缝条		用于大面积隔墙、吊顶的伸缩缝处理	嵌缝带或（玻纤网格带）	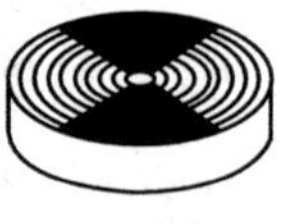	用于石膏板的接缝处理

3. 其他材料

（1）紧固材料：膨胀螺栓、拉铆钉、镀锌自攻螺钉、木螺钉和粘贴嵌缝材，应符合设计要求。如图 6-7 所示。

（2）罩面板应表面平整、边缘整齐、不应有污垢、裂纹、缺角、翘曲。如图 6-8 所示。

（3）填充材料：应符合设计要求选用。如图 6-9 所示。

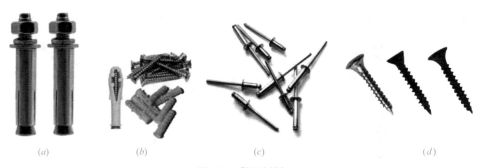

图 6-7　紧固材料

（a）膨胀螺栓；（b）膨胀塞；（c）拉铆钉；（d）自攻螺钉

图 6-8　罩面板—纸面石膏板

（a）　　　　　　　　　　　　　　　　　（b）

图 6-9　填充材料

（a）岩棉；（b）挤塑板

6.2.2　工具选择操作

轻质隔墙工程的工具主要分为电动机具和手动工具，见表 6-3。

主要工具表　　　　　　　　　　　　　　　　表 6-3

1	电动马刀锯		10	钳子		19	美工防护尺	
2	电动无齿锯		11	扳手		20	直尺	
3	手枪钻		12	龙骨剪		21	卷尺	
4	电锤		13	龙骨钳		22	角尺	
5	链带螺钉枪		14	美工刀		23	内外直角检测尺	
6	电起子		15	三脚锉刨		24	塞尺	
7	激光投线仪		16	托线板		25	靠尺、水平尺	
8	拉铆枪		17	线坠		26	铅笔	
9	手动马刀锯		18	墨斗		27	记号笔	

（1）电动机具：电锯、手电钻、冲击电锤、电动马刀锯、电动无齿锯、电锤等。

（2）手动工具：拉铆枪、手锯、钳子、螺丝刀、扳手、线坠、靠尺、钢尺等。

任务 6.3　施工工艺流程及要点

6.3.1　施工工艺流程

轻钢龙骨石膏板隔墙施工工艺流程如图 6-10 所示。主要的过程如下：

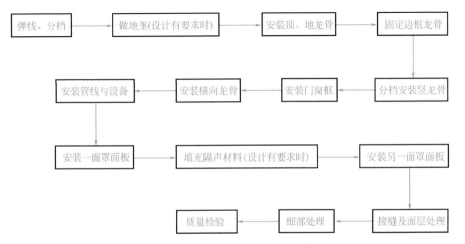

图 6-10　轻钢龙骨石膏板隔墙施工工艺流程

1. 放线

根据设计施工图，在地面上确定地垄的位置线、门窗洞口边框线和墙顶龙骨位置边线。

2. 地垄施工

当设计有要求时，按设计要求作豆石混凝土地垄。作地垄应支模，豆石混凝土应浇捣密实。

3. 安装顶、地龙骨

按墙顶龙骨位置边线，安装顶龙骨和地龙骨。安装时一般安装使用射钉或金属膨胀螺栓固定于主体结构，其固定间距不大于 600mm。如图 6-11 和图 6-12 所示。

4. 安装门窗框

门窗框边缘安加强龙骨，加强龙骨采用对扣轻钢竖龙骨。

5. 分档安装竖龙骨

按门窗的位置进行竖龙骨分档，龙骨内侧的净高度减短 15mm，以便于竖龙骨在沿地或沿顶龙骨之间滑动。由于纸面石膏板宽度一般为 1200mm，竖龙骨的间距，一般采用 600mm

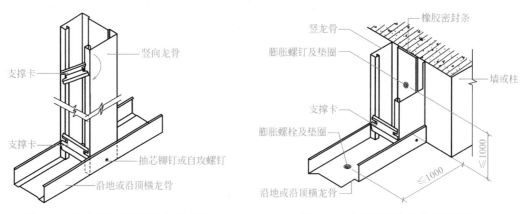

图 6-11　沿地或沿顶龙骨与竖骨连接　　　　图 6-12　边框龙骨和主体结构连接

或 400mm，如需使用 900mm 宽度的纸面石膏板时，则竖龙骨间距一般为 450mm。隔墙竖龙骨邻靠柱、墙边的第一档龙骨间距应减去 25mm，当分档存在不足模数板块时，应避开门窗框边第一块板的位置，使破边石膏板不在靠近门窗洞框处。如图 6-13 所示。

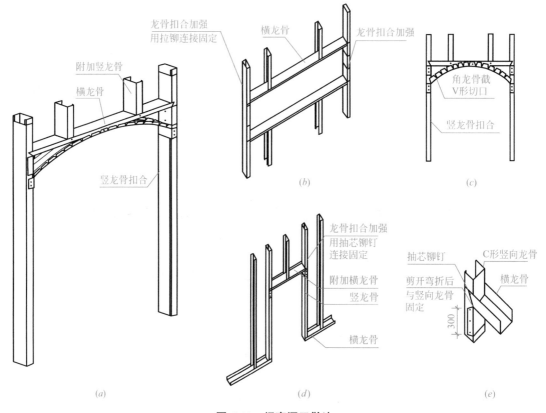

图 6-13　门窗洞口做法

（a）拱门龙骨示意图；（b）窗框附加龙骨构造轴测图；（c）拱形门立面示意；

（d）门框附加龙骨构造轴测图；（e）门楣做法

6. 安装龙骨

按分档位置安装竖龙骨，竖龙骨上下两端插入沿地龙骨及沿顶龙骨，调整垂直及定位准确后，用抽芯铆钉固定；靠墙、柱边龙骨用射钉或膨胀螺钉与墙、柱固定，钉距为 1000mm。

7. 安装横向龙骨

根据设计要求布置横向贯通式龙骨，高度小于 3m 应不少于一道；3～5m 之间设两道；大于 5m 时设三道横向龙骨。使用支撑卡式横向龙骨时，卡距（即横向龙骨间距）一般为 400～600mm。如图 6-14 所示。

8. 安装管线与设备

安装墙体内水、电管线和设备时，应避免切断横、竖向龙骨，同时避免在沿墙下段设置管线。如图 6-15 所示。

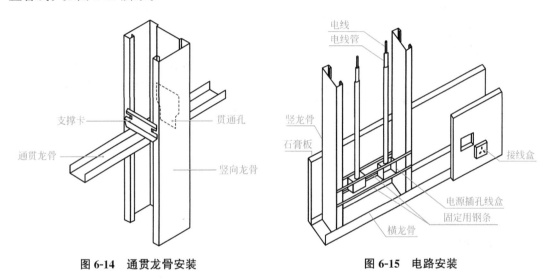

图 6-14　通贯龙骨安装　　　　　图 6-15　电路安装

9. 安装石膏板

（1）石膏板安装前检查龙骨的安装质量；门、窗框位置及加固是否符合设计及构造要求；龙骨间距是否符合石膏板的宽度模数，并办理隐检手续。水电设备需要系统试验合格后办理交接手续。

（2）安装一侧的纸面石膏板，从门口处开始，无门洞口的墙体由墙的一端开始，石膏板一般用自攻螺钉固定，板边钉距为 200mm，板中间距为 300mm，螺钉距石膏板边缘的距离不得小于 10mm，也不得大于 16mm。自攻螺钉固定时，纸面石膏板必须与龙骨紧靠。

（3）安装墙体内防火、隔声、防潮填充材料，与另一侧石膏板同时进行安装填入，填充材料应铺满、铺平。

（4）安装墙体另一侧石膏板：安装方法同第一侧石膏板，接缝处应与第一侧面板板缝错开，拼缝不得放在同一根龙骨上。

（5）双层石膏板墙面安装：第二层板的固定方法与第一层相同，但第二层的接缝应与第一层错开，不能与第一层的接缝落在同一根龙骨上。如图 6-16 所示。

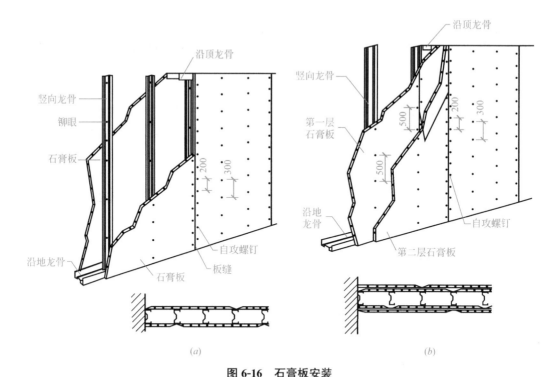

图 6-16　石膏板安装

（a）单层石膏板隔墙构造；（b）双层石膏板隔墙构造

10. 接缝及面层处理

纸面石膏板墙接缝做法有三种形式，即平缝、凹缝和压条缝。一般做平缝较多，可按以下程序处理：

（1）刮嵌缝腻子：纸面石膏板安装时，其接缝处应适当留缝（一般 3～6mm），并必须坡口与坡口相接。接缝内浮土清除干净后，刷一道 50% 浓度的 108 胶水溶液，固定石膏板螺母进行防腐处理，然后用小刮刀把腻子嵌入板缝，与板面填实刮平。

（2）粘贴接缝带：嵌缝腻子凝固后粘贴接缝带。先在接缝上薄刮一层稠度较稀的胶状腻子，厚度一般为 1mm，比接缝带略宽，然后粘贴接缝带，并用中开刀沿接缝带自上而下一个方向刮平压实，使多余的腻子从接缝的网空中挤出来，使接缝带粘贴牢固。待腻子干透后，检查嵌缝处是否有裂纹产生，如产生裂纹要分析原因，并重新嵌缝。

（3）刮腻子：详见"项目 4—任务 4.3.2 装饰抹灰工程的施工要点"。

6.3.2　施工工艺要点

1. 墙位放线要点

应符合设计要求，沿地、墙、顶弹出隔墙的中心线和宽度线，宽度线应与隔墙厚度一致，弹线应清晰，位置应准确。

2. 轻钢龙骨的安装要点

应符合下列规定：

（1）应按弹线位置固定沿地、沿顶龙骨及边框龙骨，龙骨的边线应与弹线重合。龙骨的端部应安装牢固，龙骨与基体的固定点间距应不大于1m。

（2）安装竖向龙骨应垂直，龙骨间距应符合设计要求。潮湿房间和钢板网抹灰墙，龙骨间距不宜大于400mm。

（3）安装支撑龙骨时，应先将支撑卡安装在竖向龙骨的开口方向，卡距宜为400～600mm，距龙骨两端的距离宜为20～25mm。

（4）安装贯通系列龙骨时，低于3m的隔墙安装一道，3～5m隔墙安装两道。

（5）饰面板横向接缝处不在沿地、沿顶龙骨上时，应加横撑龙骨固定。

（6）门窗或特殊接点处安装附加龙骨应符合设计要求。

3. 纸面石膏板的安装要点

应符合下列规定：

（1）石膏板宜竖向铺设，长边接缝应安装在竖龙骨上。

（2）龙骨两侧的石膏板及龙骨一侧的双层板的接缝应错开，不得在同一根龙骨上接缝。

（3）轻钢龙骨应用自攻螺钉固定，木龙骨应用木螺钉固定。沿石膏板周边钉间距不得大于200mm，板中钉间距不得大于300mm，螺钉与板边距离应为10～15mm。

（4）安装石膏板时，应从板的中部向板的四边固定。钉头略埋入板内，但不得损坏纸面，钉眼应进行防锈处理。

（5）石膏板的接缝应按设计要求进行板缝处理。石膏板与周围墙或柱应留有3mm的槽口，以便进行防开裂处理。

任务 6.4　质量自查验收

轻钢龙骨石膏板隔墙施工的质量检验及现场措施应包括以下几个方面：

（1）轻钢龙骨、石膏罩面板必须有产品合格证，其品种、型号、规格应符合设计要求。检查方法：检查产品合格证，并对照图纸检查。

（2）轻钢龙骨使用的紧固材料，应满足设计要求及构造功能。安装轻钢骨架应保证刚度，不得弯曲变形。骨架与基体结构的连接应牢固，无松动现象。检查方法：用手推拉和观察检查。

（3）墙体构造及纸面石膏的纵横向铺设应符合设计要求，安装必须牢固。纸面石膏板不得受潮、翘曲变形、缺棱掉角，无脱层、折裂，厚度应一致。检查方法：用手推晃和观察检查。

（4）轻钢骨架沿顶、沿地龙骨应位置正确、相对垂直。竖向龙骨应分档准确、定位正直，无变形，按规定留有伸缩量（一般竖向龙骨长度比净空短30mm），钉固间距应符合要求。检查方法：观察检查。

（5）罩面板表面平整、洁净，无锤印，钉固间距、钉位应符合设计要求。检查方法：观察检查。

（6）罩面板接缝形式应符合设计要求，接缝和压条宽窄一致，平缝应表面平整，无裂纹。检查方法：观察检查。

（7）允许偏差项目：详见表6-4。

允许偏差表 表6-4

项次	项目	允许偏差(mm)		检验方法
		纸面石膏板	人造木板、水泥纤维板	
1	立面垂直度	3	4	用2m靠尺和塞尺检查
2	表面平整度	4	3	用2m靠尺和塞尺检查
3	阴阳角方正	5	3	用直角检测尺检查
4	接缝直线度	—	3	拉5m线，不足5m拉通线，用钢直尺检查
5	压条直线度	—	3	拉5m线，不足5m拉通线，用钢直尺检查
6	接缝高低差	1	1	用钢直尺和塞尺检查

任务6.5 知识技能拓展

6.5.1 拓展训练

1.拓展内容

以一次模拟比赛为案例，进行轻钢龙骨石膏板隔墙知识技能拓展训练：

（1）本赛项为团体竞赛，在指定场地进行，由2名选手完成规定任务，选手按照建筑装饰施工工艺要求及装饰施工质量验收基本规定，借助轻型装饰施工机具，团队协作完成房屋室内轻钢龙骨纸面石膏板隔墙工程实际操作任务。

（2）竞赛采用团队比赛形式，每支参赛队确定1名选手作为组长，负责竞赛现场抽签、操作分工、确认赛场提供的建筑装饰材料是否齐全、有无损坏等，并负责联系裁判员。参赛队选手可在本队竞赛区域内活动、讨论，但必须接受裁判员管理和监督，不得干扰和影响其他参赛队。

（3）竞赛采用过程评分和结果评分相结合方式。过程评分针对竞赛过程中参赛选手的操作过程、职业素养进行评判；结果评分针对参赛选手完成的成果进行评判成绩评定。

"轻钢龙骨石膏板隔墙操作"竞赛是以教育部颁布的《中等职业学校重点建设专业教学指导方案（建筑装饰专业）》和国家职业标准规定的知识和技能要求为基础，注重考核基本技能，体现标准程序，结合生产实际，考核职业综合能力，并对技能人才培养起到示范指导作用。

2. 材料工具表（表 6-5）

	材料工具表		表 6-5
序号	相关工具及材料	单位	数量
	劳保用品		
1	工作帽	顶	2
2	工作服	套	2
3	工作鞋	双	2
4	防尘镜	副	2
5	工作手套和防切割手套(切割板材、龙骨时须带防切割手套)	双	若干
6	口罩	个	2
7	毛巾	条	2
8	隔声耳罩或耳包	个	若干
	工具		
1	绘图画线工具(铅笔、记号笔等)	支	不限
2	钢直尺(约 600mm)	个	若干
3	卷尺(3m 以上)	个	若干
4	角尺	个	若干
5	内外直角检测尺(指针式)	个	若干
6	拐尺(20cm×30cm)	个	若干
7	塞尺	个	若干
8	靠尺(2m)	个	若干
9	水平尺(电子数字数显,60cm、90cm、2m)	个	若干
10	激光投线仪	台	若干
11	线坠	个	若干
12	墨线盒或粉线包	个	若干
13	钳子(胶钳、尖嘴钳、老虎钳、扳钳等)	个	若干
14	航空剪(又称龙骨剪。剪切龙骨使用)	个	若干
15	龙骨钳	个	若干
16	拉铆枪	个	若干
17	美工刀	把	不限
18	磨石/砂纸/三脚锉刨	个	若干
19	美工防护尺(切割板材时,须使用)	把	1～2
20	手动马刀锯	把	1～2
21	电动马刀锯(充电式)	把	1～2

续表

序号	相关工具及材料	单位	数量
22	电动无齿锯（锯片直径＜400mm）	把	1～2
23	起子机（充电式）	把	1～2
24	链带螺钉枪（充电式，选手自备链钉）	把	1～2
25	手枪钻	把	1～2
26	电锤	把	1
27	拉铆枪	把	1～2
28	扳手	个	2
29	托线板	个	2
材料			
1	耐火纸面石膏板（1200mm×2400mm×9.5mm）	张	适量
2	轻钢龙骨竖龙骨（75mm轻钢隔墙龙骨 3m/根）	根	适量
3	轻钢龙骨天地龙骨（75mm轻钢隔墙龙骨 3m/根）	根	适量
4	穿心龙骨（38mm轻钢隔墙龙骨 3m/根）	根	适量
5	轻钢龙骨配件（包括支撑卡、卡托、角托、连接件、固定件等）	个	适量
6	挤塑板（隔声材料、50mm厚）	m²	适量
7	紧固材料（包括膨胀螺栓 M6×30mm 搭配 φ6mm 钻头、自攻螺钉等）	个	若干
8	多功能接线板	个	1
9	垃圾桶	个	1
10	扫把	把	1
11	塑料簸箕	个	1

3. 工位图

（1）工位效果图（图 6-17～图 6-19）

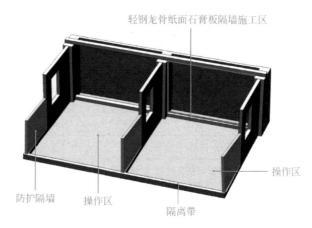

图 6-17　工位模拟图

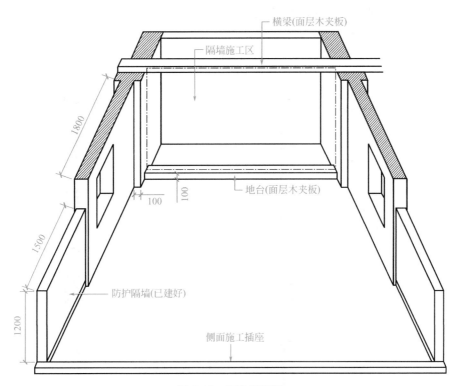

图 6-18 工位透视图

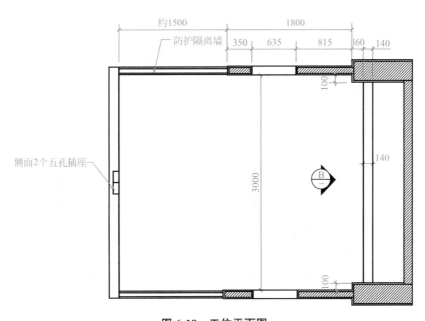

图 6-19 工位平面图

1）施工区开间内空尺寸：长 3.0m，进深 3.6m。

2）隔墙和镶贴区墙体墙面设置水管、开关或插座，位置待定。

3）施工区隔离带设置施工用电插座。

4）施工区墙面误差控制在允许范围内。

（2）比赛施工图（图 6-20）

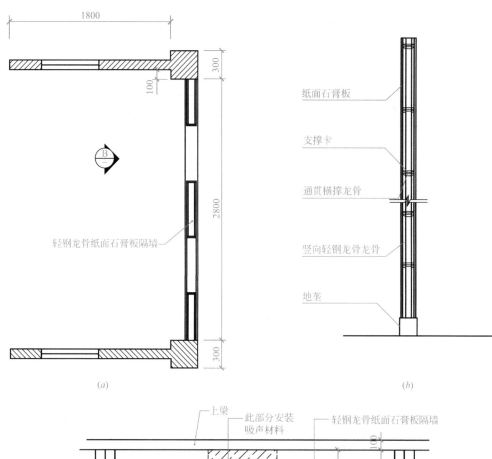

纸面石膏板

支撑卡

通贯横撑龙骨

竖向轻钢龙骨龙骨

地垄

轻钢龙骨纸面石膏板隔墙

（a）   （b）

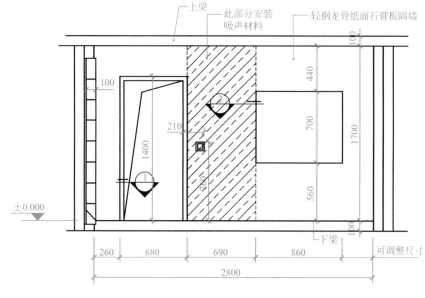

图 6-20　比赛施工图（1）

（a）平面图；（b）B 立面剖面图；（c）B 立面图

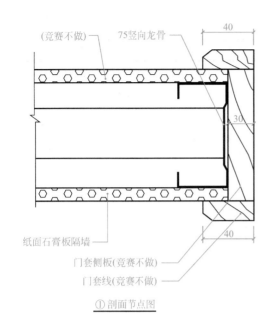
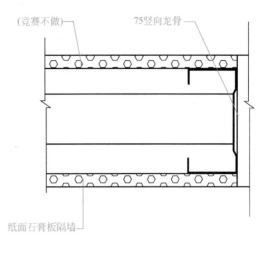

① 剖面节点图   ② 剖面节点图

(d)

图 6-20 比赛施工图（2）
（d）详图

6.5.2 评分标准

"轻钢龙骨石膏板隔墙操作"竞赛环节，满分 100 分，评分标准见表 6-6。

轻钢龙骨石膏板隔墙操作技能评分标准   表 6-6

考核内容		要求/允许误差	配分	检查方法	评分标准
轻钢龙骨纸面石膏板隔墙(80分)	施工工艺流程	施工过程符合操作规程	10	过程评分	不符合操作规程 1 处，扣 1 分，扣完为止
	测量放线	按照要求弹线	10	过程评分	没按照要求放线不得分，不正确每处扣 1 分
	龙骨安装符合要求	龙骨安装顺序符合要求，摆放正确	5	过程评分	安装顺序不正确每处扣 1 分，扣完为止
		龙骨间距符合设计要求	5	尺量全面检查	不正确每处扣 1 分，扣完为止
		龙骨安装牢固，固定点间距符合要求	6	过程检查	不正确每处扣 0.5 分，扣完为止
	保温板安装	安装牢固，符合设计要求	4	过程检查	不正确每处扣 1 分，扣完为止
	面板安装	面板安装正确固定间距符合设计要求和规范要求	10	观察、尺量全面检查	1. 安装不正确每处扣 0.5 分 2. 板缝不符合要求每处扣 1 分 3. 固定间距大于规定要求每处扣 0.1 分 4. 扣完为止

续表

考核内容		要求/允许误差	配分	检查方法	评分标准
轻钢龙骨纸面石膏板隔墙(80分)	尺寸正确	墙长度、宽(高)度、洞口尺寸各2处,(图纸所标注尺寸)±5mm	10	尺量全面检查	每超1mm,扣1分,扣完为止
	立面垂直度	检查墙面3处,取最大值,允许误差3mm	5	2m靠尺,楔形塞尺	每超1mm,扣1分,扣完为止
	表面平整度	检查墙面3处,取最大值,允许误差3mm	5	2m靠尺,楔形塞尺	每超1mm,扣1分,扣完为止
	阴阳角方正	检查墙面3处,取最大值,允许误差3mm	5	直角尺检查,楔形塞尺	每超1mm,扣1分,扣完为止
	接缝高低差	检查墙面3处,取最大值,允许误差1.0mm	5	钢直尺、楔形塞尺	每点不合格,扣0.5分
安全文明施工(20分)		正确使用和佩戴劳保用品安全文明操作	20	过程观察	1.不正确扣1分 2.发现不安全不文明因素1项扣1分,最多扣3分 3.工完后料不净,场不清扣1分
损耗材料(扣分)		过程和结果检查		过程观察,选手签字(工位号)	出现额外增加材料现象扣2分 按材料损耗酌情扣1~2分
提前完成(加分)		结果检查		过程观察,选手签字(工位号)	提前完成、立场,监考确认,每提前5分钟加1分,最高加5分

项目7

饰面板工程技能实训

Chapter 07

教学目标

1. 知识目标

(1) 了解木饰面板安装的基本构造知识;

(2) 了解石板干挂的基本构造知识;

(3) 掌握木饰面板安装施工步骤与质量控制标准;

(4) 掌握石板干挂的施工步骤与质量控制标准。

2. 能力目标

(1) 掌握不同饰面板施工准备及施工管理的能力;

(2) 掌握饰面板质量控制的能力。

思维导图

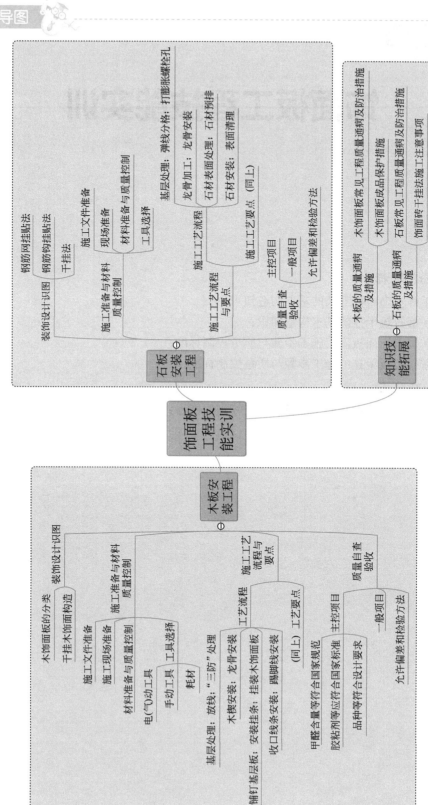

饰面板工程是在建筑物主体结构、围护结构及其他构件的表面，用安装的构造方式将各种饰面板对墙面、柱面等进行装饰装修。通常指内墙饰面板安装工程和高度不大于24m、抗震设防烈度不大于8度的外墙饰面板安装工程的石板安装、陶瓷板安装、木板安装、金属板安装和塑料板安装等分项工程。

　　饰面板安装方法分为粘贴法和干挂法，应根据不同的基层、工艺要求、环境条件等选择相应的安装方式。本项目主要针对木板和石板进行分析。

任务 7.1　木板安装工程

7.1.1　装饰设计识图

1. 木饰面板的分类

　　木饰面板，全称装饰单板贴面胶合板，它是将天然木材或科技木刨切成一定厚度的薄片，粘附于胶合板表面，然后热压而成的一种用于室内装修或家具制造的表面材料。

　　常见的木饰面板分为人造薄木饰面板和天然木质单板饰面板。人造薄木贴面与天然木质单板贴面的外观区别在于前者的纹理基本为通直纹理或图案有规则，而后者为天然木质花纹，纹理图案自然，变异性比较大、无规则。人造薄木贴面既具有了木材的优美花纹，又达到了充分利用木材资源，降低了成本的优势，广受欢迎。本任务重点讲述常规木饰面板工程的施工实训。

2. 干挂木饰面构造

　　干挂木饰面构造比较简单，但因基体的不同，安装大致又分为两种。当基体为砖墙体时，其基本构造为：轻质砖墙体—龙骨卡件—基层板（阻燃处理）—木挂条（阻燃处理）—成品木饰面；当基体为轻钢龙骨隔墙时，其基本构造为：隔声棉—基层板（阻燃处理）—木挂条（阻燃处理）—成品木饰面，如图7-1～图7-4所示。

7.1.2　施工准备与材料质量控制

1. 施工文件准备

　　（1）认真听取项目施工技术负责人（或设计师）所做的图纸及技术交底，对已批准的设计图纸及深化图纸进行研读，检查设计及深化图纸的完整性、合理性，确定木饰面安装顺序并编号，熟悉产品的性能和要求。对图纸进行现场复核，发现问题及时反馈给深化设计人员。

　　（2）了解图纸应包含的内容：材料的品种、规格、颜色和性能，木龙骨、木饰面板的

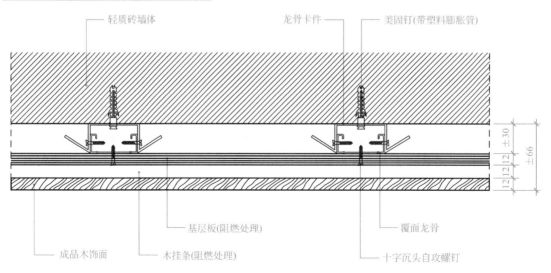

图 7-1　砖墙干挂木饰面横剖面图

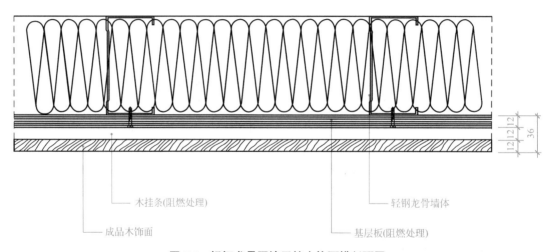

图 7-2　轻钢龙骨隔墙干挂木饰面横剖面图

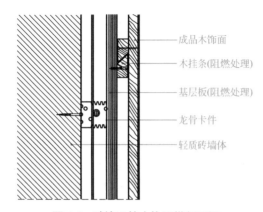

图 7-3　砖墙干挂木饰面纵剖面图

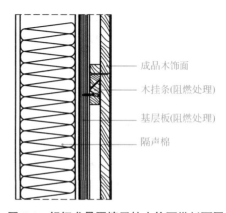

图 7-4　轻钢龙骨隔墙干挂木饰面纵剖面图

燃烧性能等级，预埋件和连接件的数量、规格、位置、防腐处理以及环保要求，木饰面板的生产加工要求、安装顺序及收口收头方式等。

（3）安装施工前已熟悉施工方案并已接受施工交底，熟悉施工中需要注意的事项，包括技术要点、质量要求、安全文明施工、成品保护等。

2. 施工现场准备

（1）弹水平基准线，如 0.5m 线或 1.0m 线，经过仪器检测，其误差应在允许范围以内。

（2）基层墙面的抹灰工程已按设计要求完成。检查墙面的平整度、垂直度，其平整度误差不大于 3mm，垂直度误差不大于 3mm。

（3）经仪器检测，基层含水率不大于 8%。如为外墙内面、卫生间隔墙背面等经常受潮墙面，须在安装前做防潮隔离层，木楔、木龙骨等应做防腐加强处理。

（4）如有需要使用胶粘剂，需要检查室内温度，保证不宜低于 5℃。

（5）房间的吊顶、地面分项工程基本完成，并符合设计要求。地面的湿作业工作必须结束，且湿度符合要求。吊顶封板已经完成，如未完成，需要确定吊顶完成面线并按此施工。

（6）水电、设备及其管线已敷设完毕，隐蔽验收已完成。

（7）墙面基层为轻钢龙骨或木龙骨基层，墙面基层封板应完成，且应在基层板上弹出龙骨的位置线。木饰面采用干挂施工，龙骨间距大于挂条间距或者与挂条间距的模数不统一的，应在挂条安装位置及对应部位补强加固。

（8）墙面为空心砖或轻质砖墙体时，检查其柱、梁能否满足木饰面基层龙骨安装要求，否则应做基层加固。

（9）墙面为普通砖或强度较高的实心砖时，采用锚栓法固定，锚栓应尽量避开砖缝等薄弱部位。

（10）施工现场具备临时用电条件。

3. 材料准备与质量控制

（1）木饰面安装前材料报验应合格，甲醛等有害物质含量经现场见证取样复验合格。

（2）木基层涂刷的防火涂料进场时应有合格证、检验报告，进行现场见证取样送检，合格后方可使用。基层板材料中是否有腐朽、弯曲、脱胶、变色及加工不合格的部分，若有应剔除。

（3）木饰面漆面的品种、类型、颜色及成品后外观效果应符合设计要，对照设计提供的色板无明显色差，相邻木饰面之间无明显色差。

（4）成品木饰面表面平整、边缘整齐，无污垢、裂纹、缺角、翘曲、起皮等表观缺陷。

（5）产品的部件、五金配件、辅料等应对照设计图纸、深化图纸和有关质量标准进行检查，确认有无缺失、损坏和质量缺陷等，外露的五金配件外观应与设计提供的样板进行比对，不合格的产品不得安装。

（6）在白蚁等虫害高发地区，木饰面的背光面是否做好了防虫处理。

（7）预埋（或后置埋入）的木楔、木砖、木龙骨含水率经仪器测定，应符合当地含水率要求，规格符合设计要求，节疤、缺陷数量符合规范要求，并进行了防腐、防火、防虫的"三防"处理。

4. 工具选择

（1）电（气）动工具：电动圆锯、电动线锯机、冲击钻、电动螺丝刀、小型型材切割机、手持式修边机、空气压缩机、气动钉枪、手持式低压防爆灯、红外线激光仪等。

（2）手动工具：锯、刨、锤、钢直尺、钢卷尺、直角尺、2m靠尺、墨斗等。

（3）耗材：自攻螺钉、直枪钉、麻花钻头、细齿锯片、批头、美工刀、铅笔、美纹纸、木饰面专用保护膜、护角板等。如图7-5所示。

图 7-5　部分工具照片展示

（a）电动圆锯；（b）电动线锯机；（c）气动钉枪；（d）红外线激光仪；（e）电动螺丝刀；

（f）锯；（g）刨；（h）钢直尺；（i）护角板

7.1.3　施工工艺流程与要点

1. 施工工艺流程

干挂木饰板的施工工艺流程如图7-6所示。

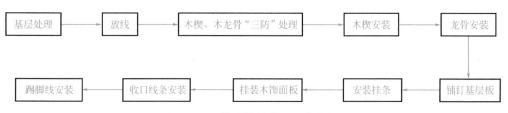

图 7-6　干挂木饰板施工工艺流程

2. 施工工艺要点

（1）基层处理

检查水平基准线是否已按要求标记好，误差在允许误差以内；基层含水率符合要求；基层表面平整度、垂直度、牢固度符合安装要求；吊顶、地面分项工程的进度符合安装要求，水电、设备及其管线的敷设已完成，并完成了隐蔽验收。

（2）放线

根据深化图纸和现场的轴线、水平基准线等尺寸，确定基层龙骨的分格尺寸。先将施工作业面按 300～400mm 均匀分格龙骨的中心位置，然后用墨斗弹线，完成后进行复查。放线时应尽量避开墙面管线、砌块砖墙的砖缝等处。

（3）木楔、木龙骨"三防"处理

木楔、木龙骨等应在安装前进行"三防"处理。木楔、木龙骨防腐处理通常选用常温浸渍法。如采用涂刷法，防腐涂料宜均匀满刷在木楔、木龙骨上。防火涂料采用涂刷法，每平方米的用量不宜低于 500g，应至少涂刷 3 遍。防虫处理有喷洒法、浸渍法、涂刷法等方法。施工人员进行"三防"处理时须注意戴好个人防护用具，接触眼睛、皮肤等部位或误食误服，应立即用大量清水冲洗，并及时就医。所有木制品做"三防"处理后，经晾干符合要求后方可使用。

（4）木楔安装

在龙骨中心线交叉位置用冲击钻钻直径 14～16mm、深 30～50mm 的孔，将大于钻头直径 2～5mm、长 50～80mm 经过防腐处理的木楔植入，安装过程中随时用 2m 靠尺或红外线激光仪检查平整度和垂直度，并进行调整，达到质量要求。

（5）龙骨安装（通常情况下，采用 30mm×30mm 的方木）

1）制作木骨架：根据设计要求，先确定墙面分格尺寸位置，再根据分格尺寸，加工凹槽榫，在地面拼装，制成木龙骨架。

2）固定木骨架：将制作好的木骨架立于墙面上，当调整平整度、垂直度达到要求后，用自攻螺钉将其固定在木楔上。如遇墙面阴阳角转角处，必须加钉竖向木龙骨。

（6）铺钉基层板

基层板在安装前应在背面开卸力槽，用自攻螺钉固定在龙骨上，钉距 100mm 左右，且布钉均匀。安装过程中随时用 2m 靠尺检查平整度和垂直度。封板前应进行隐蔽验收。木饰面安装前应先在基层板上弹线，对于块状木饰面的安装要拉通线，保证木饰面的接缝直线度。

（7）安装挂条

采用经过"三防"处理的 12mm 胶合板正、反裁口，两片挂条中的一条按间距 300～400mm，用自攻螺钉沿木龙骨方向固定，钉距 100mm 左右。挂装时先预紧并校核木制品的安装位置后，再逐个紧固到位。安装完成后，用手扳检查挂条安装的牢固度，确定无问题后再进行下一步施工。

（8）挂装木饰面板

在木饰面的背面按安装位置弹线，将两片挂条中的一条临时固定在木饰面背面，进行试装。调整挂条位置至合适的尺寸后，刷白乳胶（聚醋酸乙烯酯乳液胶粘剂），用自攻螺钉固定在木饰面背面板上。自攻螺钉的长度应按照挂条和木饰面的厚度确定，且钉入木饰面的深度不应超过木饰面厚度的 2/3。木饰面安装前应对照设计图纸和深化图纸，对安装位置和安装条件进行验收确认，确认无误后再进行安装。木饰面板安装前应对材料进行验收，保证木饰面无质量缺陷、色差等问题。安装过程中要执行"三检"制度，发现问题及时调整。木饰面连续安装长度超过 6m 或遇伸缩缝位置时，须设置插条或者预留工艺收口槽。木饰面安装时应参照水平基准线，保证工艺槽的贯通。

（9）收口线条安装

收口线条可以按现场实际尺寸定尺加工，也可以现场裁切。现场裁切时收口线条接缝处应采取加固措施或斜坡压槎处理，转角处要做接榫或者背后加固处理。用自攻螺钉或白乳胶将小木方牢固固定在安装面上，试装线条确认尺寸、位置等后，在线条背面的槽口内均匀的薄涂一层白乳胶，将线条紧压在小木方上。保证收口线条与墙面贴紧、缝隙均匀。

（10）踢脚线安装

踢脚线可以按现场实际尺寸进行定尺加工，也可以现场裁切。现场裁切时，踢脚线接缝处应做接榫或斜坡压槎处理，90°转角处要做成 45°斜角接槎。将踢脚线挂条牢固固定在基层板上，进行踢脚线试装。试装无误后，在踢脚线挂条插槽内均匀薄涂一层白乳胶，将踢脚线紧压在挂条上，保证与墙面贴紧，上口平直。

7.1.4　质量自查验收

1. 主控项目

（1）板材甲醛含量、含水率、翘曲度及吸水膨胀率应符合国家有关装饰装修材料验收规范。

（2）木饰面所采用的胶粘剂、涂料等应符合《民用建筑工程室内环境污染控制规范（2013 年版）》GB 50325—2010、《室内装饰装修材料 胶粘剂中有害物质限量》GB 18583—2008、《室内装饰装修材料 水性木器涂料中有害物质限量》GB 24410—2009 的规定。

（3）饰面板的品种、颜色、规格和性能应符合设计要求，木龙骨、木饰面板的燃烧性等级应符合设计要求。

（4）饰面板安装工程连接件的数量、规格、位置、连接方法和防腐处理必须符合设计要求，饰面板安装必须牢固。

2. 一般项目

（1）饰面板表面应平整、洁净、色泽一致，无裂痕和缺损。

（2）饰面板嵌缝应密实、平直，宽度和深度应符合设计要求，嵌填材料色泽一致。

（3）饰面板边缘应整齐。

（4）安装时不得有少钉、漏钉和透钉的现象。

（5）各种配件安装应严密、平整、牢固；结合处应无崩槎、松动现象。

3. 木饰面板安装允许偏差和检验方法

木饰面板安装允许偏差和检验方法应符合相关规定，见表 7-1。

饰面砖粘贴的允许偏差和检验方法 表 7-1

项目	允许偏差（mm）	检验方法
立面垂直度	1.5	2m 靠尺和塞尺
表面平整度	1	2m 靠尺和塞尺
阴阳角方正	1.5	直角检查尺
接缝直线度	1	拉 5m 线（不足 5m 拉通线）、钢直尺检查
接缝宽度	1	钢直尺
接缝高低差	1	钢直尺和塞尺

任务7.2 石板安装工程

7.2.1 装饰设计识图

　　干挂法是目前墙面大规格饰面板材装饰中一种常用的施工工艺。该方法以金属挂件将饰面板直接吊挂于墙面或钢架上，不需再灌浆粘贴。相比于传统的湿贴法施工工艺，干挂法具有更高的安全性，同时也避免了因水泥砂浆中水分渗出造成的返碱、返锈等质量通病。干挂法施工的成品化施工水平更高，容易实现装饰施工产业化。本任务以室内混凝土墙面干挂花岗岩饰面板为例，介绍饰面板干挂施工。

　　大规格饰面板（边长 500~2000mm）通常采用"挂"的方式。因施工要求与施工工艺的不同，饰面板的干挂又分为钢筋网挂贴法、钢筋钩挂贴法、干挂法。

1. 钢筋网挂贴法

　　外墙饰面板传统钢筋网挂贴法又称钢筋网挂贴湿作业法。这种构造做法历史悠久、造价比较便宜，但存在以下缺点：

　　（1）施工复杂、进度慢、周期长。

　　（2）饰面钻孔、剔槽，费时费工。

　　（3）因水泥的化学作用，致使饰面板发生花脸、变色、锈斑等污染；

　　（4）由于挂贴不牢，饰面板常发生空鼓、裂缝、脱落等问题，不仅存在一定的安全隐患，且修补困难。

　　钢筋网挂贴法的基本构造如图 7-7 所示：传统钢筋网挂贴法构造是指将饰面板钻孔、剔槽，用钢丝或不锈钢丝绑扎在钢筋网上，再灌 1:2.5 水泥砂浆将板贴牢。人们通过对多年的施工经验进行总结，对传统钢筋网挂贴法构造及做法进行了改进：首先，将钢筋网简化，只拉横向钢筋，取消竖向钢筋；其次，对加工艰难的打洞、剔槽工作、改为只剔槽，不钻孔或少钻孔。

2. 钢筋钩挂贴法

　　钢筋钩挂贴法又称挂贴楔固法。它与传统钢筋网挂贴法的不同是将饰面以不锈钢钩直

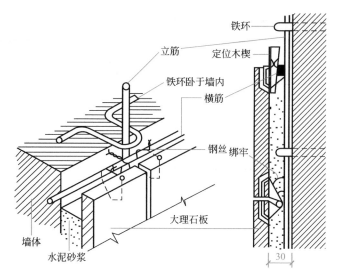

图 7-7　饰面板传统钢筋网挂贴法构造

接楔固于墙体上。基本构造具体做法有以下两种：

（1）将饰面板用 $\phi 6$ 不锈钢铁脚直角钩插入墙内固定，如图 7-8 所示。

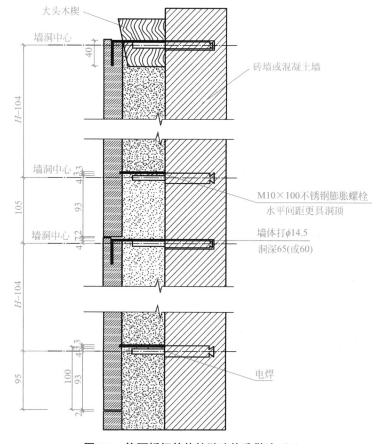

图 7-8　饰面板钢筋钩挂贴法构造做法（1）

（2）饰面板用焊在不锈钢脚膨胀螺栓上的 $\phi 6$ 不锈钢直角钩固定，如图 7-9 所示。

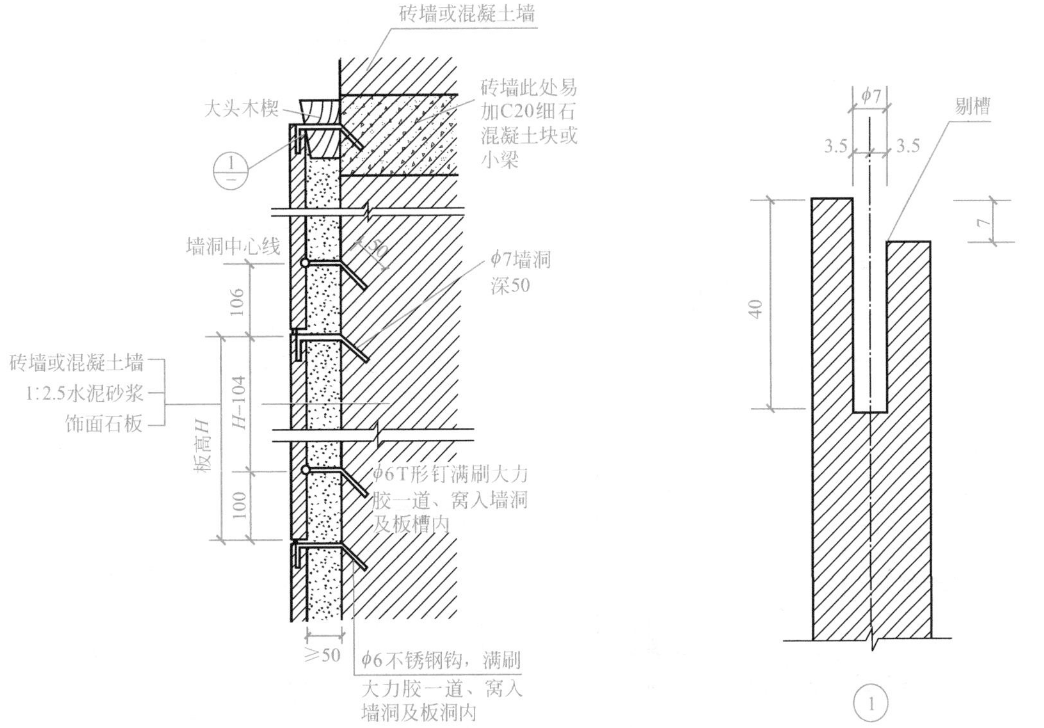

图 7-9　饰面板钢筋钩挂贴法构造做法（2）

3. 干挂法

干挂法是用高强度螺栓和耐腐蚀、高强度的柔性连接件将饰面板直接吊挂于墙体上或空挂于钢骨架上的构造做法，不需要再灌浆粘贴。饰面板与结构表面之间有 80～90mm 距离。其主要特点如下：

（1）饰面板与墙面形成的空腔内不灌水泥砂浆，彻底避免了由于水泥化学作用而造成饰面板表面花脸、变色、锈斑等以及由于挂贴不牢而产生的空鼓、裂缝、脱落等问题。

（2）饰面板是分块独立地吊挂于墙体上，每块饰面板的重量不会传给其他板材且无水泥砂浆重量，减轻了墙体的承重荷载。

（3）饰面板用吊挂件及膨胀螺栓等挂于墙上，施工速度较快、周期较短。由于干作业，不需要搅拌水泥砂浆，减少了工地现场的污染及清理现场的人工费用。

（4）吊挂件轻巧灵活，前、后、左、右及上、下各方向均可调整，因此饰面的安装质量易保证。常见吊挂件如图 7-10 和图 7-11 所示。

干挂法也存在一些缺点，主要有：

（1）由于饰面板与墙面须有一定距离，增大了外墙的装修面积。

（2）必须由熟练的技术工人操作。

（3）对一些几何形体复杂的墙体或柱面，施工比较困难。

（4）干挂法适用于钢筋混凝土墙体，不适用于普通黏土砖墙体和加气混凝土块墙体。

饰面板干挂法的基本构造有直接干挂法和间接干挂法两种，如图 7-12 所示。

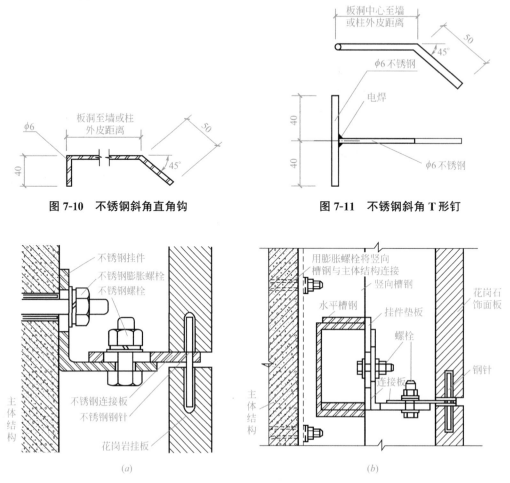

图 7-10　不锈钢斜角直角钩　　　　图 7-11　不锈钢斜角 T 形钉

图 7-12　饰面板干挂法构造

（a）直接干挂法；（b）间接干挂法

说明：因本书篇幅以及侧重点等因素，本部分只对干挂法的饰面施工技术进行简单陈述。

7.2.2　施工准备与材料质量控制

1. 施工文件准备

（1）仔细听取项目施工技术负责人（或设计师）所做的图纸及技术交底，对已批准的设计图纸及深化图纸进行研读，确定石材安装顺序、编号，检查图纸的完整性、合理性，熟悉产品的性能和要求。对图纸进行现场复核，发现问题及时反馈给深化设计人员。

（2）了解图纸应包含的内容：材料的品种、规格及排版、安装结构和性能，预埋件和连接件的数量、规格、位置、防腐防锈处理以及环保要求，石材的生产加工要求、安装顺序及收口收头方式的节点等。

（3）安装施工前熟悉施工方案并已接受施工交底，熟悉施工中需要注意的事项，包括技术要点、质量要求、安全文明施工、成品保护等。

2. 现场准备

（1）统一测定轴线控制线和建筑标高 0.5m 或 1m 线，并标识清楚、统一管理。实测结构偏差，采用经纬仪投测与水平、垂直挂线相结合的方法实测偏差。及时记录测量结果并绘制实测成果，提交技术负责人和设计人员进行深化设计。

（2）管道、设备、预埋件等隐蔽工程已安装完毕并验收合格。

（3）架子或工具式脚手架应提前支搭和安装好，架子的步高和支搭符合作业要求和安全要求，在作业前需组织安全验收。

3. 材料准备与质量控制

（1）石材饰面板的品种、颜色、花纹和尺寸规格应符合要求。石材的表面应光洁、方正、平整、质地坚固，不得有缺楞、掉角、暗痕和裂纹等缺陷。室内用花岗岩应对其放射性指标进行复验。石材加工应符合现行规范《天然花岗石建筑板材》GB/T 18601—2016、《天然大理石建筑板材》GB/T 19766—2016 的要求。石材进场后，应按编号顺序侧立堆放在室内，现场石材堆放时光面相对，背面垫松木条，并在板下加垫木方。

（2）干挂石材使用的龙骨骨架等主要材料应有合格证或检验报告，材质应符合要求。若设计无明确说明，采用的碳素钢应符合现行国家标准《碳素结构钢》GB/T 700—2006 中的规定，表面进行热镀锌处理。干挂件、背栓采用符合现行国家标准《不锈钢和耐热钢牌号及化学成分》GB/T 20878—2007 的 S304 系列或 S316 系列不锈钢制品。

（3）机械锚栓应符合现行行业标准《混凝土用机械锚栓》JG/T 160—2017 的规定。紧固件及配套的卡件、垫片等应符合现行国家标准《紧固件 螺栓和螺钉通孔》GB/T 5277—1985 等的规定。专用尼龙锚栓的尼龙膨胀套管应采用原生的聚酰胺、聚乙烯或聚丙烯制造，不应使用再生材料。连接件的拉拔力测试数据应符合要求，并有受力试验报告。使用前进行现场拉拔试验，确认试验数据符合要求后方可大面积使用。铝合金干挂件厚度不应小于 4mm，不锈钢干挂件厚度不应小于 3mm，并应按照有关规定进行截面验算。

（4）用于结构胶粘（嵌）固的双组份 AB 环氧树脂型胶粘剂，应符合《干挂石材幕墙用环氧胶粘剂》JC 887—2001 的要求。用于石材填缝和密封的中性硅酮耐候密封胶应符合《建筑用硅酮结构密封胶》GB 16776—2005 和《硅酮和改性硅酮建筑密封胶》GB/T 14683—2017 的规定，使用前需进行相容性试验。

4. 工具选择

（1）电动工具：石材切割机、角磨机、砂轮、电锤、冲击钻、手枪钻等。

（2）手动工具：水平检测尺、垂直检测尺、墨斗（线）、剪刀、钢直尺、钢卷尺、直角尺、瓷砖吸提器、开口扳手、线锤、托线板、手套、铅丝、白线等。

（3）耗材：膨胀螺栓、木工铅笔等。如图 7-13 所示。

7.2.3 施工工艺流程与要点

1. 施工工艺流程

石板安装的施工工艺流程如图 7-14 所示。

图 7-13　部分工具照片展示

(a) 石材切割机；(b) 角磨机；(c) 冲击钻；(d) 钢卷尺；(e) 瓷砖吸提器；

(f) 开口扳手；(g) 墨斗；(h) 膨胀螺栓；(i) 木工铅笔

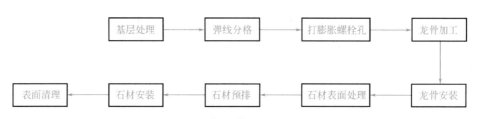

图 7-14　石板安装施工工艺流程图

2. 施工工艺要点

（1）基层处理

检查基层密实度和强度，观察基层是否有起皮、空鼓现象，将基层表面清理干净。检测垂直度和平整度，其误差不大于 10mm。对影响骨架安装的凸出部分应局部剔凿平整，凹陷部分用高一个强度等级的水泥砂浆找平。

（2）弹线分格

根据弹出的墙面 0.5m 或 1m 水平控制线，结合墙面石材分格图、墙柱校核实测尺寸以及饰面板的缝宽等，弹出膨胀螺栓位置线、龙骨位置线及石材分格位置线。竖向主龙骨弹线方向为阳角端向阴角端。横向次龙骨以石材板块规格的高度作为水平分割线高度，水平线四周需连通，以保证接缝与窗洞的水平线连通。

（3）打膨胀螺栓孔

根据放线确定的膨胀螺栓点位，用冲击钻在结构上打孔，孔洞大小按照膨胀螺栓的规格确定，一般比膨胀螺栓直径大 2～4mm。孔洞深度须大于所选用膨胀螺栓胀管的长度。

（4）龙骨加工

根据墙面高度将主龙骨加工切割成段。龙骨加工切割应采用电动砂轮切割机，严禁使用氧气焊、电焊进行切割作业。龙骨骨架安装前按设计和排版要求的尺寸，用台钻钻出龙骨骨架的安装孔并刷防锈漆处理。

（5）龙骨安装

干挂石材一般采用镀锌槽钢和角钢作骨架。以槽钢为主龙骨，角钢为次龙骨形成骨架网。钢架由膨胀螺栓与基层相连接，螺母必须拧紧，拧紧后的螺栓再涂环氧树脂 AB 胶加固，按墙面上的控制线用 M8～M14 的膨胀螺栓将镀锌槽钢固定在墙面上，或采用预埋主龙骨与预埋平钢板连接钢板，使主龙骨骨架与预埋平钢板焊接，焊接质量应符合规范规定，要求满焊，控制焊缝宽度 5mm，焊接长度为 200mm，除去焊渣后补刷防锈漆。在槽钢与槽钢对接处，为适应温度变化，留置宽度为 10mm 的变形伸缩缝。水平次龙骨间距随石材分格高度变化，确保与石材等高，主龙骨与次龙骨连接为现场施焊，保持两者相互垂直，焊缝等级为三级，应上下满焊，焊缝高度为 4mm，焊接长度与主龙骨宽度相同，焊点刷两道防锈漆。角钢连接处也要预留变形伸缩缝，龙骨安装完成后需进行隐蔽工程验收。

（6）石材表面处理

石材表面充分干燥后（含水率小于 8%），铲除背网，用石材防护剂进行石材六面体防护处理。防护处理的具体方法是在无污染环境下，将石材平放于木方上，用羊毛刷蘸取防护剂均匀涂刷在石材表面。涂刷必须到位，第一遍涂刷完成后 24h，用同样的方法涂刷第二遍，24h 后方可使用。

（7）石材预排

石材安装前必须选择在较平整的场地，按照设计确认的深化图纸进行预排。拼接石材应保持上下左右颜色、花纹一致，纹理通顺，接缝严丝合缝。遇有不合格的石材必须剔除。将选出的石材按使用部位和安装顺序进行编号，并按编号存放备用。

（8）石材安装

石材安装应从底层开始，吊垂直线依次向上安装。利用托架、垫木楔等将底层石材饰面板准确就位并作临时固定。从最下排中间或墙面阳角一端开始，根据石材编号将石板槽和不锈钢干挂件固定销对位安装好，就位后利用不锈钢干挂件的条形螺栓孔，拉水平通线找石板上下口平直，用方尺找阴阳角方正，用线垂吊直，调节石板的平整度。为了保证离缝的准确性，安装时在每条缝中安放 2 片厚度与缝宽要求相一致的塑料片。用不锈钢干挂件将石板固定牢固，并立即清孔。槽内注入嵌固环氧树脂 AB 胶将不锈钢干挂件固定，注胶须饱满。保证胶粘剂有4～8h的凝固时间，以避免过早凝固而脆裂或过慢凝固而松动。先往下一行石板的槽内注入胶粘剂，插入不锈钢干挂件舌板，擦净残余胶液后，再向上一行石板槽内注胶，并按照安装底层石板的操作方法就位。石材饰面板暂时固定后，拉水平通线控制、调整平直度，吊线锤或仪器控制、调整垂直度，并调整面板上口的不锈钢连接挂件的距墙空隙，直至面板垂直。板材水平度、垂直度、平整度拉线校正后拧紧螺栓进行固定。对于较大规格的重型石板安装，除采用此方法安装外，还需在石材饰面板两侧端面开槽加设承托扣件，进一步支承板材自重，确保使用安全。对于顶棚、墙壁交接阴角等石板上边不易固定的部位，可用同样方法对石板的两侧进行固定。安装时应注意石材阴、阳角的搭接以及各种不同石材饰面板的交接，保证石材饰面板安装交圈。

（9）表面清理

石材挂接完毕后，用棉纱等柔软物对石材表面的污物进行初步清理，撕掉防污条，待胶凝固后再用壁纸刀、棉纱等清理石材表面。施工时尽量不要造成污染，减少清洗工作量，有效保护石材光泽。一般的色污可用草酸、过氧化氢刷洗，严重的色污可用过氧化氢与漂白粉掺在一起搅成面糊状涂于斑痕处，2～3d后铲除，色斑可逐步减弱。清洗完毕后必须对石材抛光、上蜡。按蜡的使用操作方法进行打蜡，原则上应烫硬蜡、擦软蜡，要求色泽均匀一致，不露底色，表面光洁。

7.2.4　质量自查验收

1. 主控项目

（1）石材干挂所用面板的品种、规格、性能和等级，防腐、平整度、几何尺寸、光洁度、颜色和图案应符合设计要求及现行国家规范的规定，并有产品合格证。

（2）石材孔、槽的数量、位置和尺寸应符合设计要求。

（3）面层与基底应安装牢固。

（4）预埋件、干挂连接件的数量、规格、位置、连接方法和防锈防腐处理必须符合设计要求和现行国家规范的规定。

（5）后置埋件的现场拉拔强度必须符合设计要求。

（6）焊接点应作防腐处理。

（7）粘结材料必须符合设计要求和现行国家规范的要求。

2. 一般项目

（1）表面平整、洁净，无污染、缺损和裂痕，拼花正确、纹理清晰通顺，颜色协调一致，无明显色差、修痕。

（2）缝格均匀，板缝通顺，接缝填嵌密实，宽窄一致，无错台错位，嵌填材料色泽一致。

（3）非整板部位安排适宜，阴阳角石板压向应正确，踢脚线出墙厚度应一致，石材面板上洞口、槽边应套割吻合，尺寸准确，边缘应整齐、平顺。

3. 光面饰面板干挂的允许偏差和检验方法

光面饰面板干挂的允许偏差和检验方法应符合规定，见表7-2。

光面饰面板干挂的允许偏差和检验方法　　　　　　　　　　　　表 7-2

项目	允许偏差（mm）	检验方法
立面垂直度	2	2m 靠尺和塞尺
表面平整度	2	2m 靠尺和塞尺
阴阳角方正	2	直角检查尺
接缝直线度	2	拉 5m 线（不足 5m 拉通线）、钢直尺检查
接缝宽度	1	钢直尺
接缝高低差	1	钢直尺和塞尺

任务 7.3　知识技能拓展

7.3.1　木板的质量通病及措施

1. 木饰面板常见工程质量通病及防治措施

（1）木饰面色差较大，观感质量差、木饰面接缝处高。

防治措施：1）单板选择时选用同一树种的木料，有条件时选择同一批次的木料；2）油漆施工时，严格参照设计提供的色板，同一区域的木饰面采用同一批次的油漆；3）安装前对木饰面的色差进行比对，选择颜色相近的木饰面进行安装，颜色浅的木板应安装在光线较暗的墙面上，颜色深的安装在光线较强的墙面上，或者同一墙面上的颜色逐渐加深。

（2）接缝处高低差或接缝直线度误差较大，观感质量差。

防治措施：1）安装过程中应随时对木楔、木龙骨、基层板、挂条的平整度进行检查，并及时进行调整；2）安装过程中要执行"三检"制度，发现问题及时调整。

（3）通缝木饰面阴角处通缝凹槽露基层，观感质量差。

防治措施：通缝木饰面阴角处采用 45°拼角处理。

（4）木饰面与相邻材质间缝隙较大，露基层，观感质量差。

防治措施：1）木饰面基层板的含水率应按用途和所处地区的平衡含水率确定；2）木饰面与相邻材质应采取叠压收口方式，一般应为受含水率因素影响变形较小的材料或叠压变形较大的材料。

2. 木饰面板成品保护措施

（1）木饰面在包装、存储、运输过程中要注意保护。安装完成后及时进行成品保护。

（2）安装好的成品或半成品部件不得随意拆动，提前做好水、电、通风、设备等安装作业的隐蔽验收工作。木龙骨及木饰面板安装时，应注意保护顶棚内装好的各种管线、木骨架的吊杆等。

（3）施工部位已安装的门窗，已施工完的地面、墙面、窗台等应注意保护、防止损坏。

（4）搬、拆架子或人字梯时注意不要碰撞成品木饰面或其他已完成部件。

（5）木骨架材料，特别是木饰面板材料，在进场、存放、使用过程中应妥善管理，防止变形、受潮、损坏、污染。

（6）出厂的木制品可见光面应有保护措施，现场安装完毕后，应对1.5m以下的木制品易碰触的面、边、角装设保护条、护角板、护角套、保护膜，或对区域封闭，直至验收。

（7）木饰面使用专用保护膜覆盖保护后，应严格掌握撕膜的环境温度。一般室内温度在20～25℃时，覆膜时间不得超过150天；室内温度在25～35℃时，覆膜时间不得超过30天；对有强紫外线照射的环境，因薄膜老化较快，应在7天内剥离专用保护膜；对高温高湿使用环境（环境温度35℃以上，环境相对湿度80％以上），应在3天内剥离专用保护膜（温度和湿度越高，覆膜时间相应缩短）。

（8）严防水泥浆、石灰浆、涂料、颜料、油漆等后续工序施工材料污染墙面木饰面，不要在已做好的饰面上乱写、乱画或脚踢、手摸等，以免造成二次污染。

7.3.2 石板的质量通病及措施

1.石板干挂常见工程质量通病及防治措施

（1）前期准备阶段常见的质量通病及防治方法

1）质量通病：①放线、定位不准确，造成下一步骨架安装偏差超标。②埋件、转接件安装不牢固，造成整体安全隐患。

2）预防措施：①按墙面布置设计图对主体结构的轴线、标高进行复核，确认无误后用由水平仪检测严格控制误差，确定墙面安装轴线、标高。骨架线弹到主体结构上，根据建筑物的轴线，在适当位置用水平仪测定一根主龙骨基准线，从下到上弹出一根纵向通长墨线，然后按建筑物的标高，用水平仪先测定一个标高点，弹出一根横向水平通线，从而得出竖龙骨基准线与水平线相交的锚固点，再按水平通线以纵向基准线作起点，量出各根竖龙骨间隔点，通过仪器和尺量，就能依次在主体结构上弹出所有锚固点的十字中心，确保垂直方向偏差不大于10m，水平方向偏差不大于4mm。②后置埋件、连接件按设计工艺要求，用10mm厚镀锌钢板作为后置埋件安装，用膨胀螺栓与主体加固连接，膨胀螺栓除需具备合格证和试验报告单外，还要进行现场拉拔力试验，合格后方可进行安装。埋件前后左右偏差不得大于20mm，平整度标高偏差也不得大于10mm。

（2）骨架安装、调试阶段常见的质量通病及防治方法

1）质量通病：①钢制框架的垂直度、平整度超标，影响板材安装的精确度。②构件间连接不牢固，留有安全隐患。

2）预防措施：①骨架安装由下向上，先安装竖向龙骨，根据控制线对其进行复核，调整其垂直度、平整度，达到要求后，再进行固定。横向龙骨是分段安装在竖向龙骨上，安装完一层时进行检查、调整、校正后再焊接固定。为减少骨架各部件因采用焊接连接而产生的变形，应尽可能地采用螺栓连接，待骨架安装校正后，再在各连接部位处设短焊缝以防滑定位。为防止螺栓紧固时松脱，螺母下应加设弹簧垫，骨架各连接部位的孔洞均开

成长孔形，以便安装时调整。②加强操作人员的质量意识，使用专业队伍，严格执行特殊工种持证上岗制度。严格控制焊缝长度和高度做好施焊部位的防腐处理工作。

（3）板材安装阶段常见的质量通病及防治方法

1）质量通病：①石板安装垂直度、平整度超标，接缝不平，板缝不均匀。②板材质地颜色不均匀，有裂纹、缺棱掉角，相邻板块色差大。

2）预防措施：①选择信誉好的专业花岗岩板材厂家进行加工，从开始就选择色泽一致的原料，派质检人员监控加工质量，按安装顺序进行编码加工，顺序进场。采用样板方法对石材色泽标准进行控制，选定 3 块花岗岩板作样板，分别为标准色、深色和浅色，确定色差范围。在施工前要进行挑选、预排。②石板安装顺序宜由下往上进行，避免交叉作业。石板编号要满足安装时流水作业要求。开槽长度或钻孔数量、尺寸要符合要求。③同一面墙的石板色彩应一致；板的拼缝宽度应符合设计要求，石板的槽（孔）内及挂件表面的灰粉应清理干净；扣齿插入石板深度要符合设计要求。④连接件与石板接合位置及面积要符合设计要求，连接件与石板接合部位应预留一定的间隙，密封胶施工前应检查复核石板安装质量；拼缝的形状及缝宽应符合设计要求；准确塑造特殊型、镶边和外露边缘，并且进行修饰以与相邻表面相配。

2. 饰面砖干挂法施工注意事项

（1）要及时清擦干净残留在门窗框、玻璃和金属饰面板上的污物，如密封胶、手印尘土、水等杂物，宜粘贴保护膜，预防污染、锈蚀。石材安装过程中，应注意保护与石材交界的门窗框玻璃和金属饰面板。宜在门窗框、玻璃和金属饰面板上粘贴保护膜，防止污染、损坏。

（2）认真贯彻合理施工顺序，少数工种（水、电、通风、设备安装等）的施工应做在前面，防止损坏，污染外挂石材饰面板。

（3）拆改架子和上料时，严禁碰撞干挂石材饰面板。

（4）外饰面完活后，易破损部分的棱角处要钉护角保护，其他工种操作时不得划伤面漆和碰坏石材。

（5）在室外刷罩面剂未干燥前，严禁处理渣土和翻动架子脚手板等，不得在作业面附近进行扬尘较多的作业。

（6）已完工的外挂石材应设专人看管，遇有危害成品的行为，应立即制止，严肃处理。

（7）在墙面附近进行电焊或使用其他热源，必须采取遮挡措施。

（8）石材进场后，应放在专用场地，不得污染。石材现场钻孔开槽时，工作场所及工作台应干净整洁，避免加工中划伤石材表面。石材饰面板安装完成后，容易碰触到的口、角部分，应使用木板钉成护角保护，并悬挂警示标志。其他工种作业时，注意不得划伤石材表面和碰坏石材。

（9）施工过程中应注意保护石材表面，防止意外碰撞、划伤、污染。

（10）石材安装区域有交叉作业时，应对安装好的墙面板材进行完全覆盖保护。进行焊接作业时，应将电火花溅射范围内进行全面保护，防止烧伤石材表面。

（11）翻、拆脚手架和向架子上运料时，严禁碰撞已施工完的石材饰面板。

（12）饰面板表面需打蜡上光时，涂擦应防止利器划伤石材表面，不得用油彩涂抹表面。

项目 **8**

饰面砖工程技能实训

1. 知识目标
（1）了解饰面砖镶贴的基本构造知识；
（2）掌握饰面砖镶贴工具的操作使用方法；
（3）掌握饰面砖镶贴的施工步骤与质量控制标准。

2. 能力目标
（1）掌握正确的饰面砖镶贴的读图与识图能力；
（2）掌握合理的饰面砖镶贴的面砖加工能力；
（3）掌握饰面砖镶贴的质量验收的能力。

思维导图

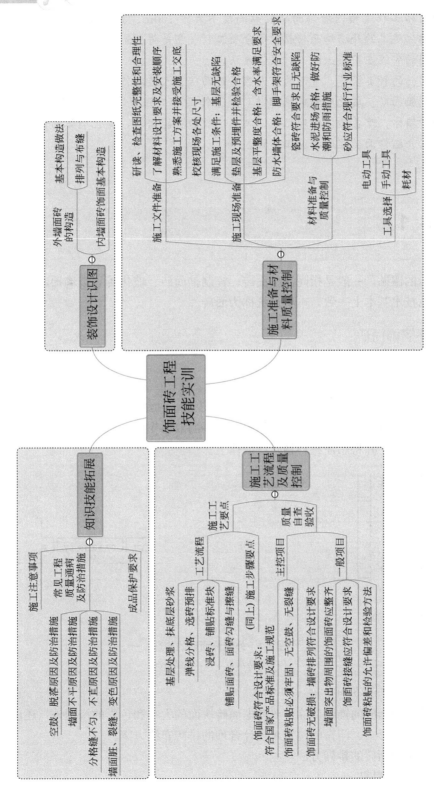

饰面砖工程是指内墙饰面砖粘贴高度不大于100m、抗震设防烈度不大于8度、采用满粘法施工的外墙饰面砖粘贴等分项工程。它是将预制的饰面砖铺贴或采用其他方式牢固的安装在基层上的一种装饰方法。

　　饰面砖的种类繁多，常用的有天然石饰面砖、人造石饰面板和饰面砖（陶制釉面砖、瓷制釉面砖、玻化砖和玻璃锦砖）等。饰面砖工程是墙面工程的重要组成部分，具有保护墙体，改善墙体物理性能以满足建筑的功能需求，美化墙体的作用。本项目主要包括介绍饰面砖湿贴的施工实训。

任务 8.1　装饰设计识图

　　饰面砖的镶贴，一般是指陶制釉面砖、瓷制釉面砖、玻化砖和玻璃锦砖的镶贴。因为它们的镶贴技术基本上一致，本项目统称为面砖。

8.1.1　外墙饰面砖

1. 外墙饰面砖的基本构造做法如图 8-1 所示。

　　饰面砖镶贴构造比较简单，大体上由底层砂浆、粘结层砂浆和块状贴面材料面层组成，底层砂浆具有使饰面与基层之间粘附和找平的双层作用，粘结层砂浆的作用是与底层形成良好的整体，并将贴面材料粘附在墙体上。

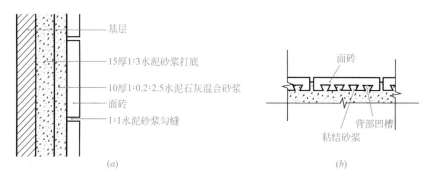

图 8-1　外墙饰面砖的构造
（a）构造示意；（b）粘结状况

2. 外墙饰面砖的排列与布缝

　　对于外墙饰面砖的铺贴，除了要考虑面砖块面的大小和色彩的搭配外，还应根据建筑的高度、转角的形式、门窗的位置来设计合理的排砖布缝方案。

　　（1）外墙饰面砖的排列方法

　　1）长边水平粘贴

依据清水砖墙的肌理横排，面砖之间留一定宽度的灰缝，且每皮面砖应错缝。此种方法粘贴的面砖墙面尺度适宜，有亲近感，适用于低层建筑外立面装修，如图 8-2（a）所示。

2）长边垂直粘贴

适用于大型或高层建筑以及圆弧墙面或圆柱面装修，如图 8-2（b）所示。

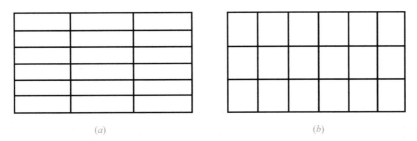

（a）　　　　　　　　　　　　（b）

图 8-2　外墙饰面砖的排列方法

（a）长边水平粘贴；（b）长边垂直粘贴

（2）外墙饰面砖的布缝

1）确定灰缝的宽度与分格。在饰面砖规格一致的情况下，灰缝的宽度决定了每一行或每一列饰面砖的数量。一般情况下，竖向灰缝与横向灰缝的宽度应相等，为了更多地使用整砖，而避免使用更多的非整砖，在满足最小灰缝宽度的前提下，可以适当调整其中一个方向的灰缝。外墙饰面砖的接缝在施工中不要留置过小，否则可能会在温度应力的作用下引起脱落。因此，外墙饰面砖的灰缝宽度不应小于 5mm，并且应当分两次勾成凹缝，凹进饰面砖表面深度不宜大于 3mm，不得采用密缝。

2）外墙砖工程的防震缝、伸缩缝、沉降缝等部位的处理应保证缝的使用功能和饰面的完整性。例如，墙体变形缝两侧的外墙饰面砖，其间的缝宽不应小于变形缝的宽度。

8.1.2　内墙饰面砖

基本构造的通常做法是：用水泥砂浆厚 12mm 抹底灰，粘结砂浆最好为加 108 胶的水泥砂浆，其重量比为水泥∶砂∶水∶108 胶＝1∶2.5∶0.44∶0.3，厚度 2～3mm。贴好后用清水将表面擦洗干净，白水泥擦缝，如图 8-3 所示。

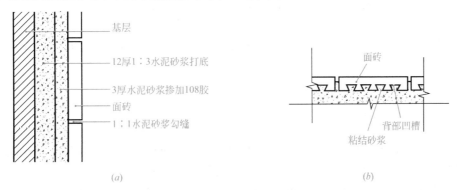

（a）　　　　　　　　　　　　（b）

图 8-3　内墙饰面砖的构造

（a）构造示意；（b）粘结状况

本实训以混凝土基层内墙面瓷砖铺贴作为饰面砖湿作业法施工项目进行讲解。

任务 8.2　施工准备与材料质量控制

8.2.1　施工文件准备

（1）认真听取项目施工技术负责人（或设计师）所做的图纸及技术交底，对已批准的设计图纸及深化图纸进行研读，检查图纸的完整性、合理性，熟悉产品的性能和要求。对深化图纸进行现场复核，发现问题及时反馈给深化设计人员，及时进行修改。

（2）了解图纸内容，熟悉产品的品种、规格、颜色性能和要求，如瓷砖的物理性能、砂浆的物理性能和水泥的强度等级等。

（3）安装施工前熟悉施工方案并已接受施工交底，熟悉施工中需要注意的事项，包括技术要点、质量要求、安全文明施工、成品保护、质量检测等。

8.2.2　施工现场准备

（1）统一测定轴线控制线和建筑标高 0.5m 或 1m 线，并标识清楚、统一管理，以此控制完成面的标高，做到精准施工。重点检查房间的几何尺寸，提前做好室内控制线的放线工作，复核现场各处尺寸，发现问题及时反馈给深化设计人员。

（2）室内环境温度保持在 5～35℃，相对湿度在 50%～80% 可以满足本工艺施工条件。

（3）墙面基层表面应密实，不应有起砂、蜂窝和裂缝等缺陷，平整度、强度应符合设计或标准规定要求，如有问题须提前处理。

（4）墙面垫层以及预埋在墙面的各种沟槽、管线、预埋件安装完毕，经检验合格并做隐蔽记录。

（5）墙面基层平整度用 2m 水平尺检查，偏差不得大于 3mm。

（6）基层含水率因满足施工要求，经仪器检测，基层含水率不大于 8%。

（7）有防水要求的墙体，防水工程已完成并验收合格。

（8）架子或工具式脚手架应提前支搭和安装好，架子的步高和支搭应符合作业要求和安全要求，并在作业前通过验收。

8.2.3　材料准备与质量控制

（1）瓷砖均有出厂合格证书。花色、品种、规格、抗压强度、抗折强度等性能符合要求，不得有裂缝、掉角、翘曲、明显色差、尺寸误差大等缺陷。

（2）水泥进场时应对品种、强度等级、包装或散装仓号、出厂日期等进行检查。硅酸盐水泥、普通硅酸盐水泥，其强度等级不低于 42.5 级。材料需符合《水泥胶砂强度检验方法（ISO 法）》GB/T 17671—1999 规定的验收标准，应分批对水泥强度、凝结时间、安定性进行复查。当在使用中对水泥质量有怀疑或水泥出厂超过三个月（快硬硅酸盐水泥超过一个月）时，应进行复验，并根据复验结果决定是否使用。不同品种的水泥不得混合搅拌使用，水泥进场后，应做好防潮和防雨措施。

（3）砂宜用中砂，不得含有有害杂质，含泥量不应超过 3%，且不应含有 4.75mm 以上粒径的颗粒，并应符合现行行业标准《普通混凝土用砂、石质量及检验方法标准》JGJ 52—2006 的规定。人工砂、山砂及细砂应经试配试验证明能满足要求后再使用。

8.2.4　工具选择

（1）电动工具：砂浆搅拌机、手电钻、冲击钻等。

（2）手动工具：橡皮锤、水平检测尺、垂直检测尺、锯齿镘刀、滚筒、瓷砖吸提器、托灰板、硬木拍板、抹子、刮杠、方尺、墨斗、尼龙线、钢錾子、磨石、瓷砖切割器、拔缝开刀、细砂轮片、棉丝、擦布等。

（3）耗材：十字分缝卡等。如图 8-4 所示。

（a）　　　　　　　　　（b）　　　　　　　　　（c）

（d）　　　　　　　　　（e）　　　　　　　　　（f）

（g）　　　　　　　　　（h）　　　　　　　　　（i）

图 8-4　部分工具照片展示

（a）砂浆搅拌机；（b）手电钻；（c）冲击钻；（d）橡皮锤；（e）瓷砖吸提器；
（f）托灰板；（g）墨斗；（h）瓷砖切割器；（i）十字分缝卡

8.3.1　施工工艺要点

1. 基本流程

饰面砖镶贴施工工艺流程如图 8-5 所示。

8.1
墙面贴砖
施工工艺

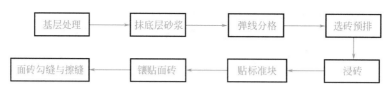

图 8-5　饰面砖镶贴施工工艺流程

2. 施工步骤要点

（1）基层处理

应根据不同的基体采用不同的处理方式，以准确地解决面砖与基层的粘结问题。各种基层处理方法：

1）混凝土墙面处理：首先将凸出墙面的混凝土剔平，对大钢模施工的混凝土墙面应凿毛，并用钢丝刷满刷一遍，再浇水湿润。如果基层混凝土表面很光滑时，亦可采取"毛化处理"办法，即先将表面尘土、污垢清扫干净，用 10%火碱水将板面的油污刷掉，随之用净水将碱液冲净、晾干，然后用 1∶1 水泥细砂浆内掺 20%的 108 胶，用喷或箒帚将砂浆甩到墙上，其甩点要均匀，终凝后浇水养护，直至水泥砂浆疙瘩全部粘到混凝土光面上，并有较高的强度（用手搿不动）为止。

2）砖墙面处理：将施工面清理干净，然后用清水打湿墙面，抹 1∶3 水泥砂浆底层。

3）旧建筑面处理：清理原施工面污垢，并将此面用手凿处理成毛墙面，凿深不小于 5mm，间距不大于 50mm，并刷净水泥浆一遍。

（2）抹底层砂浆

基体基层处理好后，先刷一道掺水重 10%的 108 胶水泥素浆，紧跟着分层分遍抹底层砂浆（常温时采用配合比为 1∶3 水泥砂浆），每一遍厚度宜为 5mm，抹后用木抹子搓平，隔天浇水养护；待第一遍 6～7 成干时，即可抹第二遍，厚度约 8～12mm，随即用木杠刮平、木抹子搓毛，隔天浇水养护。

（3）弹线分格

按照室内标志水平线，找出地面标高，根据计算的第一块瓷砖的下口标高垫好底尺，弹分格线作为第一块瓷砖下口的标高，可以防止瓷砖因自重或灰浆未硬结而向下滑移，确保横平竖直。按照镶贴面积，计算横纵的瓷砖块数，用水平尺找平，并按照图纸设计图案要求结合瓷砖的规格弹线。弹线时，应从上往下弹出水平线，控制水平排数，再弹垂直线。瓷砖弹线时，接缝宽度应符合设计要求，并注意水平方向和垂直方向的砖缝一致。

（4）选砖预排

排砖形式主要有直缝和错缝（俗称"骑马缝"）两种。根据大样图及墙面尺寸进行横竖向排砖，以保证砖缝隙均匀，符合设计图纸要求。注意大墙面要排整砖，以及在同一墙面上的横竖排列，不得有一行以上的非整砖，非整砖宽度不宜小于整砖的1/3。非整砖行应排在次要部位，如窗间墙或阴角处等，但也要注意一致性和对称性。如遇有突出的卡件，应用整砖套割吻合，不得用非整砖随意拼凑贴。瓷砖铺贴的方式有离缝式和无缝式两种，无缝式铺贴要求阳角转角处铺贴时要倒角，即将瓷砖的阳角边厚度用瓷砖切割机打磨成 45°，以便对缝。按砖的位置，排砖有矩形长边水平排列和竖直排列两种方式，排砖过程中在边角、洞口和突出物周围常常出现非整砖或半砖，应注意对称和美观。

（5）浸砖

在铺贴瓷砖前应充分浸水润湿，防止用干砖铺贴上墙后，吸收砂浆中的水分，致使砂浆中的水泥不能完全水化，造成粘结不牢或面砖浮滑。瓷砖提前 2h 以上浸水，直至不泛泡时取出晾干，表面无水膜方可使用。

（6）铺贴标准块

大面积铺贴前应先铺贴标准块。在混凝土基层上，根据弹线分格，铺设成十字形的两条标准块。根据标准块厚度及完成面厚度线，将瓷砖的砖缝中心线用尼龙线（或棉线）全部拉出，作铺贴瓷砖时定位线之用。

（7）铺贴面砖

铺贴墙面瓷砖宜从阳角开始，自下而上依次镶贴，从最下一层砖下口的位置线先稳好靠尺，以此向上作一垂直吊线，作为镶贴的标准。镶贴时，将水泥砂浆在饰面砖背面均匀抹平，水泥砂浆体积配比以 1：2 为宜，必要时可在水泥砂浆中掺水泥重量 2%～3%的108胶。铺贴要求砂浆饱满，四周边角满浆并刮成斜面，厚度 5～7mm，若亏浆，要取下重贴。不得在砖口处塞浆，以防空鼓。贴于墙面的瓷砖就位后用力压，并用橡皮锤轻敲砖面，使瓷砖紧密贴于墙面，再用靠尺按照标准块将其校正平直。

在铺贴玻化砖时，应注意留缝处理，根据设计要求和规范采用十字卡等方式进行留缝处理，无设计要求时缝宽一般为 1～1.5mm，且横竖缝宽一致。施工温度控制在 5℃以上，冬期施工要采取保温防冻措施。水管处应先铺周围的整砖，后铺异型砖。水管顶部铺贴的面砖应切掉多余的部分。对整块瓷砖打预留孔，可以先用开孔器钻孔。阴角砖应压向正确，阳角拼缝可以用阳角条，也可以用切割机将砖边沿 45°斜角对接，注意不能将釉面损坏或崩边。切割非整砖时，应根据所需的尺寸在瓷砖背面划痕，用瓷砖切割器切割出较深割痕，将瓷砖放在台面边沿处，用手将切割的部分掰下，再把不平的断口磨平。墙砖镶贴时，应考虑与门洞的交口平整，门边线应能完全把缝隙遮盖。在施工过程中，砖若有沾到水泥，要先抹掉，以免干后不易除去。面砖铺贴要求留缝的必须要用十字卡来进行分隔。

（8）面砖勾缝与擦缝

瓷砖铺贴完毕后，用棉纱头蘸水将砖面擦拭干净，并清理砖缝，同时将与瓷砖颜色相同的水泥（彩色面砖应加同色颜料）调成糊状，用长毛刷蘸取刷在瓷砖上，待水泥浆变稠，用布将缝里的水泥浆擦匀，或使用瓷砖填缝剂。勾缝时，注意应全部封闭镶贴时缝中产生的气孔和砂眼。嵌缝后，应仔细擦拭干净。如果墙砖面污染严重，可用稀盐酸刷洗后再用清水冲洗干净。

8.3.2　质量自查验收

以内墙饰面砖粘贴工程为例进行说明。

1. 主控项目

（1）内墙饰面砖的品种、规格、级别、颜色、图案和性能应符合设计要求及现行国家标准的有关规定。

（2）内墙饰面砖粘贴工程的找平、防水、粘结和填缝材料及施工方法应符合设计要求及现行国家标准的有关规定。

（3）内墙饰面砖粘贴应牢固。

（4）满粘法施工的内墙饰面砖应无裂缝，大面和阳角应无空鼓，饰面砖粘贴必须牢固、无空鼓、无裂缝。

2. 一般项目

（1）内墙饰面砖表面应平整、洁净、色泽一致，应无裂痕和缺损。

（2）内墙面凸出物周围的饰面砖应整砖套割吻合，边缘应整齐。墙裙、贴脸突出墙面的厚度应一致。

（3）内墙饰面砖接缝应平直、光滑，填嵌应连续、密实；宽度和深度应符合设计要求。

（4）内墙饰面砖粘贴的允许偏差和检验方法应符合规定，见表 8-1。

内墙饰面砖粘贴的允许偏差和检验方法　　　　　　　　　　　　　　表 8-1

项目	允许偏差（mm）	检验方法
立面垂直度	2	2m 靠尺和塞尺
表面平整度	3	2m 靠尺和塞尺
阴阳角方正	3	直角检查尺
接缝直线度	2	拉 5m 线（不足 5m 拉通线）、钢直尺检查
接缝宽度	1	钢直尺
接缝高低差	0.5	钢直尺和塞尺

8.2
内墙面砖
镶贴施工

为了更好地说明内墙饰面砖粘贴工程的实施步骤，大家可以参照实训的动画演示进行。

任务 8.4　知识技能拓展

8.4.1　饰面砖镶贴施工注意事项

（1）墙砖、石材品种、规格、颜色和图案应符合设计要求和住户的要求，表面不得有划痕、缺棱掉角等质量缺陷。墙砖使用前，要仔细检查墙砖的尺寸（长度、宽度、对角线、平整度）、色差、品种以及每一件的色号，防止混等混级。

（2）要及时清擦干净残留在门窗框上的砂浆，特别是铝合金门窗框宜粘贴保护膜，预防污染、锈蚀。

（3）认真贯彻合理的施工顺序，少数工种（水、电、通风、设备安装等）的工作应做在前面，防止损坏面砖。

（4）油漆粉刷不得将油浆喷滴在已完的饰面砖上，如果面砖上部为外涂料或水刷石墙面，宜先做外涂料或水刷石，然后贴面砖，以免污染墙面。若需先做面砖时，完工后必须采取贴纸或塑料薄膜等措施，防止污染。

（5）木作隔墙贴墙砖，应先在木作基层上挂钢网，刷一遍净水泥浆，作抹灰基层后再贴墙砖。

（6）墙砖粘贴前必须找准水平及垂直控制线，垫好底尺，挂线粘贴，做到表面平整，整间或独立部位必须当天完成，或将接头留在转角处。

（7）墙砖粘贴时必须牢固，无歪斜等缺陷。空鼓控制在 3%，单片空鼓面积不超过 10%。

（8）腰带砖在镶贴前，要检查尺寸是否与墙砖的尺寸相互协调，腰带砖下口离地一般不低于 800mm。

（9）墙砖粘贴阴阳角必须用角尺检查成 90°，砖粘贴阳角必须 45°碰角，碰角严密、缝隙贯通，墙砖切开关插座位置时，位置必须准确，保证开关面板装好后缝隙严密。

（10）墙砖粘贴过程中，砖缝之间的砂浆必须饱满，严禁空鼓。墙砖的最上面一层贴完后，应用水泥砂浆把上部空隙填满，以防在做扣板吊顶钻孔时，将墙砖打裂。

8.4.2　饰面砖镶贴常见工程质量通病及防治措施

1. 空鼓、脱落

产生空鼓、脱落的原因一般是：

（1）面砖铺贴时挂浆不标准，未达到要求。

（2）基层处理或施工不当。

（3）砂浆配合比不准，稠度控制不好，砂子含泥量过大，在同一施工面上采用几种不同的配合比砂浆，因而产生不同的干缩。

（4）冬期施工时，砂浆受冻，化冻后容易发生脱落。

防治措施：认真清理基层表面，按施工标准进行施工；严格控制砂浆水灰比；瓷砖浸泡后阴干；控制砂浆粘结厚度，过厚、过薄易引起空鼓，粘贴面砖时砂浆要饱满适量，必要时可在砂浆中掺入一定量的胶料，增强粘结。严格按工艺操作，重视基层处理和自检工作，要逐块检查，发现空鼓的应随即返工重做，取下瓷砖，铲去原有砂浆重贴；严格对原材料验收。

2. 墙面不平

主要原因是结构施工期间，几何尺寸控制不好，造成墙面垂直、平整偏差大，而装修前对基层处理又不够认真。

防治措施：应加强对基层打底工作的检查，基层表面一定要平整、垂直；合格后方可进行下道工序。

3. 分格缝不匀、不直

主要原因是施工前没有认真按照图纸尺寸，核对结构施工的实际情况，加上分段分块弹线、排砖不细，贴灰饼控制点少，面砖规格尺寸偏差大，施工中选砖不细，操作不当等造成。

防治措施：施工中应挑选优质瓷砖，校核尺寸，分类堆放；镶贴前应弹线预排，找好规矩；铺贴后应立即拨缝，调直拍实。

4. 墙面脏、裂缝、变色

主要原因是勾完缝后没有及时擦净砂浆以及其他工种污染；饰面砖在运输、操作过程中有损伤；施工前浸泡不够。

防治措施：选用密度高、吸水率低的优质瓷砖；操作前瓷砖应用洁净的清水浸泡透后阴干；不要用力敲击砖面，防止产生隐伤。尽量使用和易性、保水性好的砂浆粘贴，铺贴后随时将砖面上的砂浆擦干净。粘贴后若被污物污染，可用棉丝蘸稀盐酸加 20% 水刷洗，然后用自来水冲净。

8.4.3　饰面砖镶贴成品保护要求

（1）及时清理干净门、窗框等饰面上残留的胶粘剂、砂浆等。

（2）铝合金窗、塑料窗必须粘贴保护膜，且在全部抹灰、镶贴作业完成前保证保护膜完好无损，发现损坏处，立即补贴。

（3）施工前需做好对水、电、通信、通风、设备管道、支架固定等部分的防护，防止墙面砖镶贴施工过程中或完工后被损坏。

（4）对完成的墙砖面进行大面积覆膜、阳角保护。

（5）搭设、拆除架子时注意不要碰撞墙面。

项目 **9**

涂饰工程技能实训

 教学目标

1. 知识目标

(1) 熟悉涂饰工程的基础知识；

(2) 学习涂饰工程识图、施工工艺基础知识与技能；

(3) 熟悉常用涂饰工程国家标准和图集。

2. 能力目标

(1) 掌握不同涂料的施工能力；

(2) 掌握涂饰工程质量保证能力。

思维导图

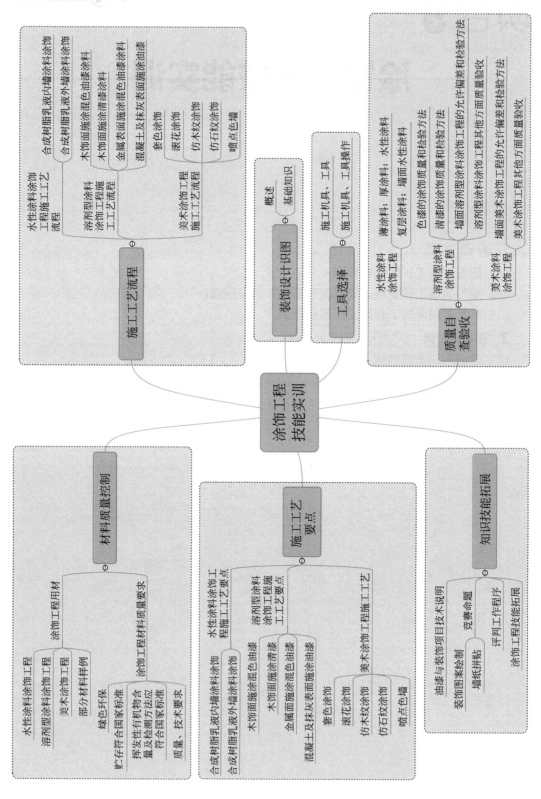

引文

　　涂饰工程是将液体涂料涂敷于物体表面，与基体材料粘结形成完整而坚韧的薄膜，具有防护、装饰、防锈、防腐或其他特殊功能，以此来保护基层免受外界侵蚀。主要用于建筑内外墙、顶棚、地面及门窗、楼梯扶手等建筑物所有附属构件。建筑物采用涂料涂饰是各种饰面做法中最为简便、经济的一种，与其他饰面相比具有重量轻、色彩丰富、附着力强、施工方便、省工省料、造价低、经久耐用、维护更新方便等特点。

　　涂饰工程由于涂料种类多及使用部位的不同，在施工工艺上有着不同的要求和做法。本项目主要包括合成树脂乳液内外墙涂饰、木饰面施涂混色油漆和清漆涂饰、金属表面施涂混色油漆涂饰、混凝土及抹灰表面施涂油漆涂饰、套色涂饰、滚花涂饰、仿木纹涂饰、仿石纹涂饰、喷点色墙涂饰的施工实训。

任务 9.1　装饰设计识图

9.1.1　概述

　　涂饰施工前，施工操作人员要仔细听取施工技术负责人或设计师所设计的图纸及技术交底，检查施工方案的完整性和合理性，熟悉施工的范围、用料和面积等，对已批准的设计施工图纸进行正确的识读，对图纸进行现场复核，发现问题及时反馈给设计人员，包括材料图例和涂饰构造图的识读。

9.1.2　基础知识

1. 材料图例识读

常见的材料图例识读见表 9-1。

常用建筑材料图例 表 9-1

材料名称	图例	材料名称	图例
钢筋混凝土		砌块	
混凝土		石膏板	
砖		木材	

续表

材料名称	图例	材料名称	图例
金属		保温材料	
石材		防水卷材	
砂浆			

注：其他未列材料图例详见《房屋建筑制图统一标准》GB/T 50001—2017。

2. 涂饰构造图识读

构造图的识读：文字由上至下的说明顺序与构造图由左至右的层次对应一致。如图 9-1～图 9-7 所示。

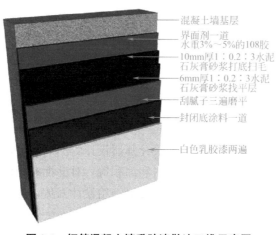

混凝土墙基层
界面剂一道
水重3%～5%的108胶
10mm厚1∶0.2∶3水泥石灰膏砂浆打底扫毛
6mm厚1∶0.2∶3水泥石灰膏砂浆找平层
刮腻子三遍磨平
封闭底涂料一道
白色乳胶漆两遍

图 9-1　钢筋混凝土墙乳胶漆做法三维示意图

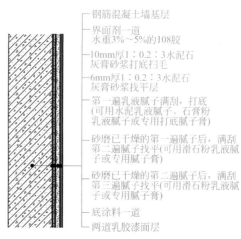

钢筋混凝土墙基层
界面剂一道
水重3%～5%的108胶
10mm厚1∶0.2∶3水泥石灰膏砂浆打底扫毛
6mm厚1∶0.2∶3水泥石灰膏砂浆找平层
第一遍乳液腻子满刮，打底(可用水泥乳液腻子、石膏粉乳液腻子或专用打底腻子膏)
砂磨已干燥的第一遍腻子后，满刮第二遍腻子找平(可用滑石粉乳液腻子或专用腻子膏)
砂磨已干燥的第二遍腻子后，满刮第三遍腻子找平(可用滑石粉乳液腻子或专用腻子膏)
底涂料一道
两道乳胶漆面层

图 9-2　钢筋混凝土墙基层乳胶漆施涂构造图

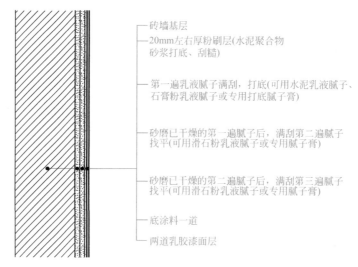

砖墙基层
20mm左右厚粉刷层(水泥聚合物砂浆打底、刮糙)
第一遍乳液腻子满刮，打底(可用水泥乳液腻子、石膏粉乳液腻子或专用打底腻子膏)
砂磨已干燥的第一遍腻子后，满刮第二遍腻子找平(可用滑石粉乳液腻子或专用腻子膏)
砂磨已干燥的第二遍腻子后，满刮第三遍腻子找平(可用滑石粉乳液腻子或专用腻子膏)
底涂料一道
两道乳胶漆面层

图 9-3　砖墙基层乳胶漆施涂构造图

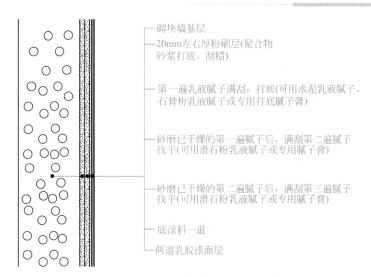

图 9-4　加气混凝土砌块墙基层乳胶漆施涂构造图

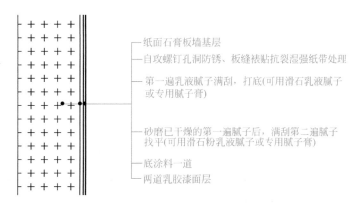

图 9-5　石膏板墙基层乳胶漆施涂构造图

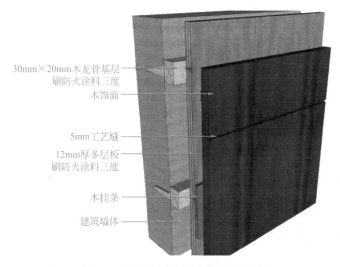

图 9-6　木饰面清漆做法三维示意图

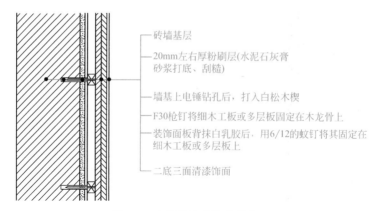

图9-7 木饰面清漆施涂构造图

任务 9.2 材料质量控制

9.2.1 涂饰工程用材

1. 水性涂料涂饰（内外墙涂饰）工程（表9-2）

水性涂料涂饰（内外墙涂饰）工程　　　　表9-2

项目	材料名称
主料	乳胶漆(或无机、水溶性涂料)、成品腻子粉
填充料	石膏粉(嵌缝石膏、粉刷石膏)、嵌缝带(玻璃纤维网格布、接缝纸带)、美纹纸、塑料护角、白乳胶、901胶水

2. 溶剂型涂料涂饰工程（表9-3）

溶剂型涂料涂饰工程　　　　表9-3

项目	材料名称
涂料	光油、清油、铅油、混色油漆(磁性调和漆、油性调和漆)、清漆、醇酸清漆、醇酸磁漆、防锈漆(红丹防锈漆、铁红防锈漆)漆片等
填充料	大白粉、滑石粉、石膏粉、光油、清油、地板黄、红土子、黑烟子、立德粉、竣甲基纤维素、聚醋酸乙烯乳液等
稀释剂	汽油、煤油、松香水、酒精、醇酸稀料等与油漆性能相应配套的稀料
颜料	各色有机或无机颜料和色浆,应耐碱、耐光
催干剂	钴催干剂、固化剂等

3. 美术涂饰工程

具体要求同水性涂料、溶剂型涂料涂饰。

4. 部分材料样例（图 9-8）

(a)　　　　　　　　　　　　　　　　　　　　(b)

注：天然材料
颜色为灰黄泥土色

散装小包装为1斤、2斤等

(c)　　　　　　　　　　　　　　　　　　　　(d)

小孔阳角　　大孔阳角　　阴角

(e)　　　　　　　　　　　　　　　　　　　　(f)

图 9-8　部分材料样例

（a）乳胶漆、清漆；（b）成品腻子粉；（c）石膏粉；（d）嵌缝带；（e）美纹纸；（f）塑料护角

9.2.2　涂饰工程材料质量要求

（1）涂料的品种、规格、颜色应符合设计要求，并应有产品名称、执行标准、生产日期、保质期、使用说明、产品性能检测报告和产品合格证书等。

（2）选用的涂料，在满足使用功能要求的前提下应符合安全、健康、环保的原则。内墙涂料应选用通过绿色无公害认证的产品。

（3）涂饰材料应存放在专用库房，按品种、批号、颜色分别堆放。材料应存放于阴凉干燥且通风的环境内，其贮存温度应介于 5～40℃之间。

（4）民用建筑工程室内用水性涂料，应测定总挥发性有机化合物（TVOC）和游离甲苯的含量，其限量应符合《民用建筑工程室内环境污染控制规范》GB 50325—2010 的有关规定。

（5）水性涂料中总挥发性有机物（TVOC）、游离甲醛的含量测定方法，应符合有关标准。

（6）水性内墙涂料质量、技术要求见表 9-4。

水性内墙涂料质量、技术要求   表 9-4

序号	性能项目	技术要求	
		一类	二类
1	容器中状态	无结块、沉淀和絮凝	
2	黏度(Pa·s)	30～75	
3	细度(μm)	≤100	
4	遮盖力(g/m²)	≤300	
5	白度(%)	≥80	
6	涂膜外观	平整,色泽均匀	
7	附着力(%)	100	
8	耐水性	无脱落、起泡和皱皮	
9	耐干擦性(级)	—	≤1
10	耐洗刷性(次)	≥300	—

（7）民用建筑工程室内用溶剂型涂料，应按其规定的最大稀释比例混合后，测定总挥发性有机化合物（TVOC）和苯的含量，其限量应符合《民用建筑工程室内环境污染控制规范》GB 50325—2010 的有关规定。

（8）溶剂型涂料中总挥发性有机物（TVOC）、苯的含量测定方法，应符合有关标准。

（9）溶剂型混色涂料质量、技术要求见表 9-5。

溶剂型混色涂料质量、技术要求   表 9-5

项目		限量值		
		硝基漆类涂料	聚氨酯漆类涂料	醇酸漆类涂料
挥发性有机化合物(VOC)含量(g/L) ≤		750	光泽(60°)≥80,600 光泽(60°)<80,700	550
苯含量(%)		0.5		
苯和二甲苯总和(%) ≤		45		10
游离甲苯二异氰酸酯(TDI)(%) ≤		—	0.7	—
重金属漆(限色漆) (mg/kg) ≤	可溶性铅	90		
	可溶性镉	75		
	可溶性铬	60		
	可溶性汞	60		

注：测定方法详见《室内装饰装修材料 溶剂型木器涂料中有害物质限量》GB 18581—2009。

（10）聚氨酯漆测定固化剂中游离甲苯二异氰酸酯（TDI）的含量后，应按其规定的最小稀释比例计算出的 TDI 的含量，且不应大于 7g/kg。测定方法应符合国家标准《色漆和清漆用漆基　异氰酸酯树脂中二异氰酸酯单体的测定》GB/T 18446—2009 的规定。

任务 9.3　工具选择操作

9.3.1　施工机具、工具

1. 施工机具、工具（表 9-6）

施工机具、工具　　　　　　　　　　　　　　　　表 9-6

项目	机具、工具名称
电（气）动机具	电动搅拌机、电动砂纸机、空气压缩机等
手动工具	高凳、脚手板、小铁锹、擦布、开刀、胶皮刮板、钢片刮板、腻子托板、扫帚、小桶、排笔、刷子、80 目筛等
防护用品	防尘帽、工作服、工作鞋、防护眼镜、口罩、手套等

2. 部分施工机具、工具样例（图 9-9）

(a)　　　　　　　　　　　　　　　　　　(b)

(c)　　　　　　　　　(d)　　　　　　　　(e)

图 9-9　部分施工机具、工具样例（1）

(a) 电动搅拌器；(b) 喷枪、空气压缩机；(c) 砂纸打磨机；
(d) 开刀（腻子刀、批灰刀）；(e) 钢抹子；

图 9-9　部分施工机具、工具样例（2）

（f）刮板；（g）夹纸板及砂纸；（h）滚筒刷；（i）刷子；（j）高凳；（k）人字梯；（l）弹涂器；
（m）激光投线仪；（n）靠尺；（o）内外直角检测尺（指针式）；（p）塞尺；（q）水平尺；（r）仿木纹器

9.3.2　施工机具、工具操作（表9-7）

部分施工机具、工具操作要领

表 9-7

施涂工具名称	操作要领
刷子	刷涂是人工用刷子蘸上涂料直接涂刷于被饰涂面。 要求：不流、不挂、不皱、不漏、不露刷痕。刷涂一般不少于两道，应在前一道涂料表面干后再涂刷下一道。两道施涂间隔时间由涂料品种和涂刷厚度确定，一般为2～4h
滚筒刷	滚涂是利用涂料辊子蘸上少量涂料，在基层表面上下垂直来回滚动施涂。阴角及上下口一般需先用排笔、鬃刷刷涂
喷枪	喷涂是利用压缩空气将涂料制成雾状（或粒状）喷出，涂于被饰涂面的机械施工方法。其操作过程如下： (1)将涂料调至施工所需黏度，将其装入贮料罐或压力供料筒中。 (2)打开空压机，调节空气压力，使其达到施工压力，一般为0.4～0.8MPa。 (3)喷涂时，手握喷枪要稳，涂料出口应与被饰涂面保持垂直，喷枪移动时应与喷涂面保持平行。喷距500mm左右为宜，喷枪运行速度应保持一致。 (4)喷枪移动的范围不宜过大，一般直接喷涂700～800mm后折回，再喷涂下一行，也可选择横向或竖向往返喷涂。 (5)涂层一般两遍成活，横向喷涂一遍，竖向再喷涂一遍。两遍之间间隔时间由涂料品种及喷涂厚度而定，要求涂膜应厚薄均匀、颜色一致、平整光滑，不出现露底、裂纹、流挂、钉孔、气泡和失光现象
刮板	刮涂是利用刮板，将涂料厚浆均匀地批刮于涂面上，形成厚度为1～2mm的厚涂层。这种施工方法多用于地面等较厚层涂料的施涂。刮涂施工的方法如下： (1)刮涂时应用力按刀，使刮刀与饰面成50°～60°刮涂。刮涂时只能来回刮1～2次，不能往返多次涂刮。 (2)遇有圆、菱形物面可用橡皮刮刀进行刮涂。刮涂地面施工时，为了增加涂料的装饰效果，可用划刀或记号笔刻出席纹、仿木纹等各种图案。 (3)腻子一次刮涂厚度一般不应超过0.5mm，孔眼较大的物面应将腻子填嵌实，并高出物面，待干透后再进行打磨。待批刮腻子或者厚浆涂料全部干透后，再涂刷面层涂料
弹涂器	弹涂时先在基层刷涂1～2道底涂层，待其干燥后通过机械的方法将色浆均匀地溅在墙面上，形成1～3mm的圆状色点。弹涂时，弹涂器的喷出口应垂直正对被饰面，距离300～500mm，按一定速度自上而下，由左至右弹涂。选用压花型弹涂器时，应适时将彩点压平
钢抹子	抹涂时先在基层刷涂或滚涂1～2道底涂料，待其干燥后，使用不锈钢抹灰工具将饰面涂料抹到底层涂料上。一般抹1～2遍，间隔1h后再用不锈钢抹子压平。涂抹厚度内墙为1.5～2mm，外墙2～3mm

任务 9.4　施工工艺流程

9.1 墙面涂饰施工工艺

9.4.1　水性涂料涂饰工程

1. 合成树脂乳液内墙涂料涂饰施工工艺流程（图9-10）

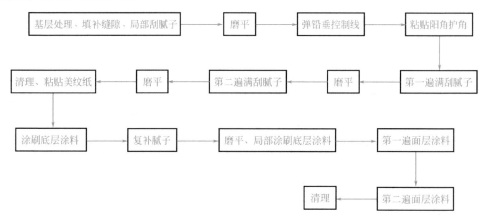

图 9-10　合成树脂乳液内墙涂料涂饰施工工艺流程图

2. 合成树脂乳液外墙涂料涂饰施工工艺流程（图 9-11）

图 9-11　合成树脂乳液外墙涂料涂饰施工工艺流程图

9.4.2　溶剂型涂料涂饰工程

1. 木饰面施涂混色油漆涂料施工工艺流程（图 9-12）

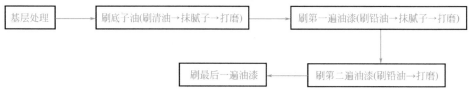

图 9-12　木饰面施涂混色油漆涂料施工工艺流程图

2. 木饰面施涂清漆涂料施工工艺流程（图 9-13）

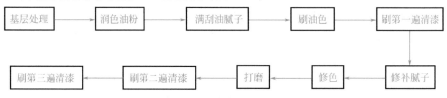

图 9-13　木饰面施涂清漆涂料施工工艺流程图

3. 金属表面施涂混色油漆涂料施工工艺流程（图 9-14）

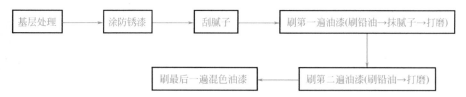

图 9-14　金属表面施涂混色油漆涂料施工工艺流程图

注：图中是高级金属面的油漆，如是中级油漆工程，除少刷一道油外，不满刮腻子。

4. 混凝土及抹灰表面施涂油漆施工工艺流程（图 9-15）

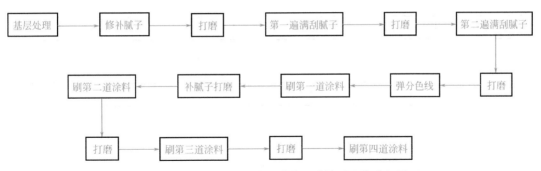

图 9-15　混凝土及抹灰表面施涂油漆施工工艺流程图

9.4.3　美术涂饰工程

美术涂饰工程的相关工艺流程如图 9-16 所示。

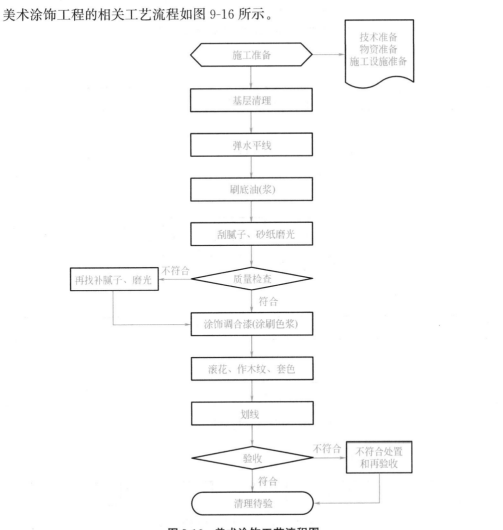

图 9-16　美术涂饰工艺流程图

1. 套色涂饰施工工艺流程（图9-17）

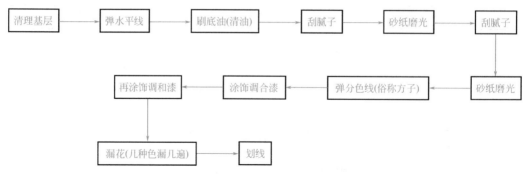

图9-17　套色涂饰施工工艺流程图

2. 滚花涂饰施工工艺流程（图9-18）

图9-18　滚花涂饰施工工艺流程图

3. 仿木纹涂饰施工工艺流程（图9-19）

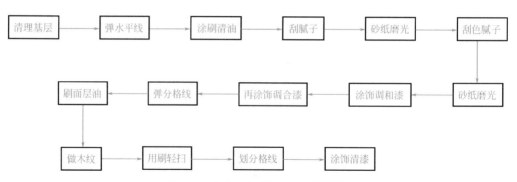

图9-19　仿木纹涂饰施工工艺流程图

4. 仿石纹涂饰施工工艺流程（图9-20）

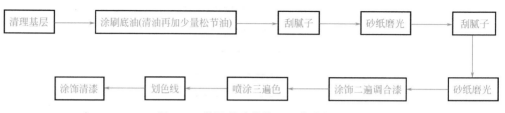

图9-20　仿石纹涂饰施工工艺流程图

5. 喷点色墙施工工艺流程（图9-21）

图9-21　喷点色墙施工工艺流程图

任务 9.5　施工工艺要点

9.5.1　水性涂料涂饰工程

1. 合成树脂乳液内墙涂料涂饰施工工艺要点

（1）基层处理、填补缝隙、局部刮腻子

将墙面基层上起皮、松动及空鼓等清除凿平（图 9-22）；基层的缺棱掉角处用水泥砂浆或聚合物砂浆修补；表面的麻面和缝隙应用腻子找平，干燥后用砂纸打磨平整，并将残留在基层表面上的灰尘、污垢、溅沫和砂浆流痕等杂物清扫干净，见表 9-8。

9.2
墙、顶面
基层清理
施工工艺

基层处理方法

表 9-8

序号	基层材料类型	处理措施
1	混凝土、加气混凝土、粉煤灰砌块	用 M15 水泥、细砂掺 108 胶水拌和后，采用机械喷涂或扫帚甩浆等方法进行墙面毛化处理，并进行洒水养护
2	砖墙	应在抹灰前一天浇水湿润
3	加气混凝土砌块墙面	应提前两天浇水，每天两遍以上，基层的含水率应控制在 10%～15%
4	石膏板	钉眼要进行防锈处理，板缝采用嵌缝石膏嵌缝及嵌缝带崩缝处理（图 9-23）

(a)　　　　　　　　　　　　　　　　　　(b)

图 9-22　墙面基层处理措施

（a）旧墙皮铲除；（b）墙面浮砂灰清除

（2）磨平

局部刮腻子干燥后，用砂纸人工或者机械打磨平整。手工磨平应保证平整度，机械打磨严禁用力按压，以免电机过载受损。

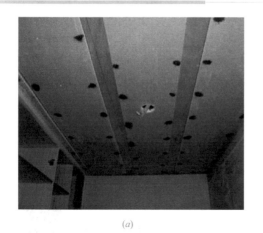

图 9-23　石膏板处理措施

（a）石膏板钉眼涂刷防锈漆；（b）石膏板缝进行嵌缝

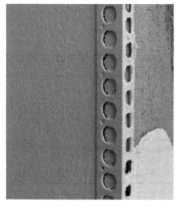

图 9-24　粘贴阳角护角条

（3）弹铅垂控制线

采用激光投线仪投射铅垂线，从而控制墙面、阴阳角垂直。

（4）粘贴阳角护角条

用嵌缝腻子将塑料护角埋在石膏腻子中，养护 12h（专用嵌缝膏养护 2h），待其完全干燥后，即可进行下道工序。如图 9-24 所示。

（5）刮腻子

刮腻子要注意用专用工具做好阴角刮抹，如图 9-25 所示。刮腻子的遍数可由基层或墙面的平整度来决定，一般情况为两遍，具体操作方法为：

图 9-25　刮腻子

（a）第一遍横向涂刮；（b）第二遍竖向涂刮

1）第一遍用胶皮刮板横向涂刮，一刮板接着一刮板，两板中间顺一板，既要刮严，又不得有明显接槎，凸处薄刮、凹处厚刮，每刮一最后收头时，要注意收的要干净利落。

干燥后用 1 号砂纸磨，将浮腻子及斑迹磨平磨光，再将墙面清扫干净。

2) 第二遍用稀腻子找平，用胶皮刮板竖向涂刮，干燥后用细砂纸磨平磨光，注意不要漏磨或将腻子磨穿。处理好的底层应该平整光滑、阴阳角线通畅顺直、无裂痕、崩角和砂眼麻点。基平整度以在侧面光照下无明显凹凸、批刮痕迹和无粗糙感觉，表面光滑为合格。最后清扫干净。

（6）清理、粘贴美纹纸

第二遍腻子刮完磨平后，先对施工现场及涂刷面进行清理，打扫完所有的浮灰，进行降尘、吸尘处理。再对门窗框、墙饰面造型、软包、墙纸及踢脚线、墙裙、油漆面等与内墙涂料分界的地方，用美纹纸或粘贴废旧纸进行遮挡，对已完工的地面也应铺垫遮挡物，确保涂刷涂料时，不污染其他已装修好的成品。

（7）涂刷底层涂料

底层涂料主要起封闭、抗碱和与面漆的连接作用。其施工环境及用量应按照产品使用说明书要求进行。使用前应搅拌均匀，在规定时间内用完，做到涂刷均匀、厚薄一致。

（8）复补腻子

对于一些脱落、裂纹、角不方、线不直、局部不平、污染、砂眼的器具、门窗框四周等部位用稀腻子复补。

（9）磨平、局部涂刷底层涂料

待复补腻子干透后，利用细砂纸通过手工或者机械打磨平整、光滑、顺直，然后将底层涂料在此局部涂刷均匀，厚薄一致。如图 9-26 所示。

（a）　　　　　　　　　　　　　　　　　（b）

图 9-26　墙面打磨

（a）墙面手工打磨；（b）墙面机械打磨

（10）第一遍面层涂料

待修补的底层涂料干透后进行涂刷面层，施工环境及用量应按照产品使用说明书要求进行，使用前应搅拌均匀，在规定时间内用完，施工过程中不得任意稀释。内墙涂料施工的顺序是先左后右、先上后下、先难后易、先边角后大面。涂刷时，每次蘸涂料后宜在匀料板上来回滚匀或在桶边添料，涂刷的涂膜应充分盖底，不透虚影，表面均匀，不露底、不流坠、色泽均匀，确保涂层的厚度。

对于干燥较快的涂饰材料，大面积涂刷时，应由多人配合操作，流水作业，顺同一方向涂刷，应处理好接槎部位，做到上下涂层接头无明显接槎，涂料干后颜色均匀一致。

（11）第二遍面层涂料

水性涂料的施工，后一遍涂料必须在前一遍涂料表面干后进行。涂刷面为垂直面时，最后一道涂料应由上向下刷；刷涂面为水平面时，最后一道涂料应按光线的照射方向刷。全部涂刷完毕，应再仔细检查是否全部均匀刷到，有无流坠、起皮或皱纹，边角处有无积油问题。对于流平性较差、挥发性快的涂料，不可反复过多回刷。做到无掉粉、起皮、漏刷、透底、泛碱、咬色、流坠和疙瘩。如图 9-27 所示。

(a)   *(b)*

图 9-27　内墙喷涂与滚涂

（*a*）内墙喷涂；（*b*）内墙滚涂

（12）清理

第二遍涂料涂刷完毕后，将所有纸胶带、保护膜、废旧纸等遮挡物清理干净，特别是与涂料分界和的遮挡物，揭纸时要小心，最好用裁刀顺直划一下，再揭纸或撕美纹纸，防止涂料膜撕成缺口影响美观效果。

9.3
内墙乳胶漆
涂饰施工

在实际工程中，合成树脂乳液俗称"乳胶漆"，按使用环境可分为内壁乳胶漆和外壁乳胶漆，其中，内墙乳胶漆实训的动画演示可见二维码。

2. 合成树脂乳液外墙涂料涂饰施工工艺要点

（1）基层处理、填补缝隙、局部刮腻子（同本小节"1. 合成树脂乳液内墙涂料涂饰施工工艺要点"）。

（2）磨平（同本小节"1. 合成树脂乳液内墙涂料涂饰施工工艺要点"）。

（3）涂刷底层涂料（同本小节"1. 合成树脂乳液内墙涂料涂饰施工工艺要点"）。

（4）第一遍面层涂料

施工方法主要有刷涂、滚涂、喷涂等方法，涂料的稠度应加以控制，使其在施涂时不流坠、不显刷纹，施工过程中不得任意稀释。其施工环境及用量应按照产品使用说明书要求进行，使用前应搅拌均匀，在规定时间内用完。大面积的外墙涂料工程施工，应在建筑物的每个立面自上而下、自左向右进行，涂料的分段施工以分格缝、墙面阴阳角或落水管等为分界线。涂刷时，蘸涂料量适量均匀，刷子起落轻快，涂刷用力均匀，刷涂的厚薄应适当、均匀。如涂料干燥快，应勤蘸短刷，接槎最好在分格缝处。采用传统的施工滚筒和毛刷进行涂刷时，每次蘸料后宜在匀料板上来回滚匀或在桶里添料，涂刷的涂膜应充分盖底，不透虚影，表面均匀。采用喷涂时，应控制涂料稠度和喷枪的压力，保持涂层厚薄均匀，不露底、不流坠，色泽均匀，确保涂层的厚度。

对于干燥较快的涂饰材料，大面积涂刷时，应由多人配合操作，流水作业，顺同一方向涂刷，应处理好接槎部位，做到上下涂层接头无明显接槎部位，涂料干后颜色均匀一致。如图 9-28 所示。

（5）第二遍面层涂料（同本小节"1. 合成树脂乳液内墙涂料涂饰施工工艺要点"）。

（a）　　　　　　　　　　　　　　　　（b）

图 9-28　外墙喷涂与滚涂

（a）喷涂；（b）滚涂

9.5.2　溶剂型涂料涂饰工程

1. 木饰面施涂混色油漆施工工艺要点（表 9-9）

木饰面施涂混色油漆施工工艺要点　　　　　　　　　　表 9-9

序号	施工工艺	工艺要点
1	基层处理	在施涂前,应除去木质表面的灰尘、油污胶迹、木毛刺等,对缺陷部位进行填补、磨光、脱色处理
2	刷底子油	严格按涂刷次序涂刷,要刷到刷匀
3	刮腻子(第一遍)	将裂缝、钉孔、边裱残缺处刮平整
4	打磨(第一遍)	腻子要干透,磨砂纸时不要将涂膜磨穿,保护好裱角,注意不要留松散腻子痕迹。磨完后应打扫干净,将散落的粉尘擦净
5	刷第一遍混色漆	调和漆黏度较大,要多刷、多理。刷完后要仔细检查,看有无漏刷处,做好临时固定
6	刮腻子(第二遍)	待第一遍油漆干透后,对底腻子收缩处或有残缺处,需再用腻子仔细批刮一次,其要求同"3 刮腻子"
7	打磨(第二遍)	待腻子干透后,用砂纸打磨,其操作方法及要求同"4 磨砂纸"
8	刷第二遍调和漆	刷漆要求同"5 刷第一遍混色漆"。打砂纸要求同"4 磨砂纸"。使用新砂纸时,须将两张砂纸对磨,把粗大砂粒磨掉,防止划破油漆膜
9	刷最后一遍油漆	要注意油漆不流不坠、光亮均匀、色泽一致。注意成品保护
10	冬期施工	室内应在采暖条件下进行,室温保持均衡,温度不宜低于 10℃,相对湿度不宜大于 60%。设专人负责开、关门、窗,以利排湿通风

2. 木饰面施涂清漆施工工艺要点（表 9-10 和图 9-29）

木饰面施涂清漆施工工艺要点 表 9-10

序号	施工工艺	工艺要点
1	处理基层	用刮刀或碎玻璃片将表面的灰尘、胶迹、锈斑刮干净，注意不要刮出毛刺
2	打磨（第一遍）	将基层打磨光滑，顺木纹打磨，先磨线后磨四口平面
3	润油粉	用棉丝蘸油粉在木材表面反复擦涂，将油粉擦进棕眼，然后用麻布或木丝擦净，线角上的余粉用竹片剔除。待油粉干透后，用1号砂纸顺木纹轻打磨，打到光滑为止。保护裱角
4	满批油腻子	颜色要浅于样板，腻子油性大小适宜。用开刀将腻子刮入钉孔、裂纹等内，刮腻子时要横抹竖起，腻子要刮光，不留散腻子。待腻子干透后，用砂纸轻轻顺纹打磨，磨至光滑，并擦粉尘
5	刷油色	涂刷动作要快，顺木纹涂刷，收刷、理油时都要轻快，不可留下接头刷痕，每个刷面要一次刷好，不可留有接头，涂刷后要求颜色一致、不盖木纹，涂刷程序同刷铅油
6	刷第一道清漆	刷法与刷油色相同，但应略加些汽油以便消光和快干，并应使用已磨出口的旧刷子。待漆干透后，用砂纸彻底打磨一遍，将头遍漆面先基本打磨掉并清洁
7	复补腻子	使用牛角腻板、带色腻子时，要收刮干净、平滑、无腻子疤痕，不可损伤漆膜
8	修色	将表面的黑斑、节疤、腻子疤及材色不一致处拼成一色，并绘出木纹
9	打磨（第二遍）	使用细砂纸轻轻地往返打磨，再擦净粉末
10	刷第二、三道清漆	周围环境要整洁，操作同刷第一道清漆，但动作要敏捷，多刷多理，涂刷饱满、不流不坠、光亮均匀。涂刷后一道油漆前应打磨消光
11	冬期施工	室内油漆工程，应在采暖条件下进行，室温保持均衡，温度不宜低于10℃，相对湿度不宜低于60%

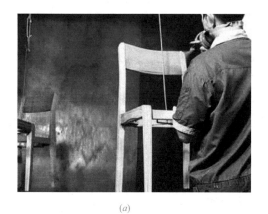

(a) (b)

图 9-29 木饰面施涂清漆施工工艺

(a) 喷漆；(b) 刷漆

3. 金属面施涂混色油漆施工工艺要点（表 9-11、图 9-30）

金属面施涂混色油漆施工工艺要点 表 9-11

序号	施工工艺	工艺要点
1	基层处理	金属表面的处理,除油脂、污垢、锈蚀外,最重要的是表面氧化皮的清除,常用的办法有 3 种,即机械和手工清除、火焰清除、喷砂清除。根据不同基层要彻底除锈、满刷(或喷)防锈漆 1~2 道
2	修补防锈漆	对安装过程的焊点,防锈漆磨损处,进行清除焊渣,有锈时除锈,补 1~2 道防锈漆
3	修补腻子	将金属表面的砂眼、凹坑、缺裱拼缝等处找补腻子,做到基本平整
4	刮腻子	用开刀或胶皮刮板满刮一遍腻子,要刮的薄、收的干净,均匀平整,无飞刺
5	磨砂纸	用 1 号砂纸轻轻打磨,将多余腻子打掉,并清理干净灰尘。注意保护裱角,达到表面平整光滑、线角平直、整齐一致
6	刷第一道油漆	要厚薄均匀,线角处要薄一些,但要盖底,不出现流淌,不显刷痕
7	刷第二遍油漆	方法同"6 刷第一道油漆",但要增加油漆的总厚度
8	磨最后一道砂纸	用 1 号或旧砂纸打磨,注意保护裱角,达到表面平整光滑、线角平直、整齐一致。由于是最后一道,砂纸要轻磨,磨完清洁卫生
9	刷最后一道油漆	要多刷多理,刷涂饱满,不流不坠、光亮均匀、色泽一致,如有毛病要及时修整
10	冬期施工	冬期施工的室内油漆工程,应在采暖条件下进行,室温保持均衡,一般油漆施工的环境温度不宜低于 10℃,相对湿度为 60%,不得突然变化。应设专人负责室温情况

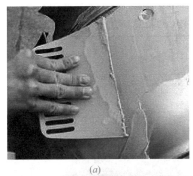

(a)

(b)

(c)

图 9-30　金属面施涂混色油漆施工工艺

(a) 刮腻子；(b) 腻子干后打磨；(c) 金属饰面喷漆

4. 混凝土及抹灰表面施涂油漆施工工艺要点（表9-12）

混凝土及抹灰表面施涂油漆施工工艺要点　　　　　表9-12

序号	施工工艺	工艺要点
1	基层处理	将墙面上的灰渣等杂物清理干净，用扫帚将墙面上浮土等扫净
2	修补腻子	用石膏腻子将墙面、门窗口角等磕碰破损处、麻面、风裂、接搓缝隙等分别找平补好，干燥后用砂纸将凸出处磨平
3	第一遍满刮腻子	满刮遍腻子干燥后，用砂纸将腻子残渣、斑迹等打磨平、磨光，然后将墙面清扫干净
4	第二遍满刮腻子	涂刷高级涂料要第二遍满刮腻子。待腻子干透后，个别地方再复补腻子，个别大的孔洞可复补腻子，彻底干透后，用1号砂纸打磨平整，清扫干净
5	弹分色线	如墙面设有分色线，应在涂刷前弹线，先涂刷浅色涂料，后涂刷深色涂料
6	涂刷第一遍油漆涂料	第一遍可涂刷铅油，它是遮盖力较强的涂料，也是罩面涂料基层的底漆。铅油的稠度以盖底、不流淌、不显刷痕为宜，涂饰每面墙面的顺序应从上而下、从左到右，不得乱涂刷，以防漏涂或涂刷过厚，涂刷不均匀等。第一遍涂料干燥后个别缺陷或漏刮腻子处要复补，待腻子干透后打磨砂纸，把小疙瘩、腻子渣、斑迹等磨平、磨光，并清扫干净
7	涂刷第二遍油漆涂料	涂刷操作方法同"6涂刷第一遍油漆涂料"。如墙面为中级涂料，此遍可涂铅油；如墙面为高级涂料，此遍可涂调合漆)，待涂料干燥后，可用较细的砂纸把墙面打磨光滑，清扫干净，同时用潮布将墙面擦抹一遍
8	涂刷第三遍油漆涂料	用调合漆涂刷，如墙面为中级涂料，此道工序可作罩面，即最后一遍涂料，其涂刷顺序同上。由于调合漆黏度较大，涂刷时应多刷多理，以达到涂膜饱满、厚薄均匀一致、不流不坠
9	涂刷第四遍油漆涂料	用醇酸磁漆涂料，如墙面为高级涂料，此道涂料为罩面涂料，即最后一遍涂料。如最后一遍涂料改为无光调合漆时，可将第二遍的铅油改为有光调合漆，其余做法相同

9.5.3　美术涂饰工程

1. 套色涂饰施工工艺要点（图9-31）

(a)　　　　　　　　　　　　　　　　　　　　　*(b)*

图9-31　套色涂饰施工工艺

（a）漏花板操作；（b）套色涂饰效果

（1）操作时，漏花板必须注意找好垂直，每一个套色为一个版面，每个板面四角均有标准孔（俗称规矩），必须对准，不应有位移，更不得将板翻用。

（2）漏花的配色，应以墙面油漆的颜色为基色，每一版的颜色深浅适度，才能使组成的图案具有色调协调、柔和，并呈现立体感和真实感。

（3）宜按喷印方法进行，并按分色顺序喷印。套色漏花时，第一遍油漆干透后，再涂第二遍色油漆，以防混色。各套色的花纹要组织严密，不得有漏喷（刷）和漏底子的现象。

（4）配料的稠度适当，过稀易流坠污染墙面、过干则易堵塞喷油嘴而影响质量。

（5）漏花板每漏 3～5 次，应用干燥而洁净的布抹去背面和正面的油漆，以防污染墙面。

2. 滚花涂饰施工工艺要点（图 9-32）

（1）按设计要求的花纹图案，在橡胶或软塑料的辊筒上刻制成模子。

（2）操作时，应在面层油漆表面弹出垂直粉线，然后沿粉线自上而下进行。滚筒的轴必须垂直于粉线，不得歪斜。

图 9-32　滚花工具及涂饰效果

（3）花纹图案应均匀一致，颜色调合符合设计要求，不显接槎。

（4）滚花完成后，周边应划色线或做花边方格线。

3. 仿木纹涂饰施工工艺要点（图 9-33）

（1）应在第一遍涂料表面进行。

(a)　　　　　　　　　　*(b)*

(c)

图 9-33　仿木纹涂饰施工工艺

（*a*）金属打磨清洗去除油污锈迹；（*b*）喷金属底漆及木纹底漆；（*c*）木纹面漆涂上后立即用木纹器拖拉出纹理

（2）涂饰前要测量室内的高度，然后根据室内的净高确定仿木纹墙裙的高度，习惯做法的仿木纹墙高度为室内净高的1/3左右，但不应高于1.30m，不低于0.80m。

（3）待摹仿纹理完成后，表面应涂饰罩面清漆。

4. 仿石纹涂饰施工工艺要点

（1）应在第一遍涂料表面上进行。

（2）待底层所涂清油干透后，刮两遍腻子，磨两遍砂纸，拭掉浮粉，再涂饰两遍色调和漆，采用的颜色以浅黄或灰色绿色为好。

（3）色调合漆干透后，将用温水浸泡的丝棉拧去水分，再甩开，使之松散，以小钉子挂在油漆好的墙面上，用手整理丝棉成斜纹状，如石纹一般，连续喷涂三遍色，喷涂的顺序是浅色、深色而后喷白色。

图9-34　弹涂色点墙效果

（4）油色抬丝完成后，须停10～20min再取下丝棉，待喷涂的石纹干后再行划线，等线干后再刷一遍清漆。

5. 喷点色墙施工工艺要点（图9-34）

（1）用毛刷子蘸色浆甩到墙面上，使墙面均匀地散布多色斑点，如同绒布一般。用于住宅的卧室、宾馆、饭店及影剧院等室内粉饰。

（2）喷点用的浆，一般分为三色，并须喷三遍。

（3）浆中须掺适量的豆浆或啤酒，也可掺适量的胶水，并应掺适量的双飞粉（麻斯面）。

任务 9.6　质量自查验收

9.6.1　水性涂料涂饰工程

1. 薄涂料的涂饰质量和检验方法（表9-13）

薄涂料的涂饰质量和检验方法　　　　　　表9-13

项目	普通涂饰	高级涂饰	检验方法
颜色	均匀一致	均匀一致	观察
泛碱、咬色、	允许少量轻微	不允许	观察
流坠、疙瘩	允许少量轻微	不允许	观察
砂眼、刷纹	允许少量轻微砂眼、刷纹通顺	无砂眼、无刷纹	观察
装饰线、分色线直线度允许偏差（mm）	2	1	拉5m通线，不足5m拉通线，用钢直尺检查

2. 厚涂料的涂饰质量和检验方法（表 9-14）

厚涂料的涂饰质量和检验方法　　　　　表 9-14

项目	普通涂饰	高级涂饰	检验方法
颜色	均匀一致	均匀一致	观察
泛碱、咬色	允许少量轻微	不允许	
点状分布	—	疏密均匀	

3. 复层涂料的涂饰质量和检验方法（表 9-15）

复层涂料的涂饰质量和检验方法　　　　　表 9-15

项目	质量要求	检验方法
颜色	均匀一致	观察
泛碱、咬色、	不允许	
点状分布	均匀,不允许连片	

4. 墙面水性涂料涂饰工程的允许偏差和检验方法（表 9-16）

墙面水性涂料涂饰工程的允许偏差和检验方法　　　　　表 9-16

项次	项目	允许偏差(mm)					检验方法
		薄涂料		厚涂料		复层涂料	
		普通涂饰	高级涂饰	普通涂饰	高级涂饰		
1	立面垂直度	3	2	4	3	5	用 2m 垂直检测尺检查
2	表面平整度	3	2	4	3	5	用 2m 靠尺和塞尺检查
3	阴阳角方正	3	2	4	3	4	用 200mm 直角检测尺检查
4	装饰线、分色线直线度	2	1	2	1	3	拉 5m 线,不足 5m 拉通线,用钢直尺检查
5	墙裙、勒脚上口直线度	2	1	2	1	3	拉 5m 线,不足 5m 拉通线,用钢直尺检查

5. 水性涂料涂饰工程其他方面质量验收

参照《建筑装饰装修工程质量验收标准》GB 50210—2018 执行。

9.6.2　溶剂型涂料涂饰工程

1. 色漆的涂饰质量和检验方法（表 9-17）

色漆的涂饰质量和检验方法　　　　　表 9-17

项次	项目	普通涂饰	高级涂饰	检验方法
1	颜色	均匀一致	均匀一致	观察
2	光泽、光滑	光泽基本均匀,光滑无挡手感	光泽均匀一致,光滑	观察、手摸检查
3	刷纹	刷纹通顺	无刷纹	观察
4	裹棱、流坠、皱皮	明显处不允许	不允许	观察

2. 清漆的涂饰质量和检验方法（表 9-18）

清漆的涂饰质量和检验方法 表 9-18

项次	项目	普通涂饰	高级涂饰	检验方法
1	颜色	基本一致	均匀一致	观察
2	木纹	棕眼刮平，木纹清楚	棕眼刮平，木纹清楚	观察
3	光泽、光滑	光泽基本均匀，光滑无挡手感	光泽均匀一致，光滑	观察、手摸检查
4	刷纹	无刷纹	无刷纹	观察
5	裹棱、流坠、皱皮	明显处不允许	不允许	观察

3. 墙面溶剂型涂料涂饰工程的允许偏差和检验方法（表 9-19）

墙面溶剂型涂料涂饰工程的允许偏差和检验方法 表 9-19

项次	项目	允许偏差（mm）				检验方法
		色漆		清漆		
		普通涂饰	高级涂饰	普通涂饰	高级涂饰	
1	立面垂直度	4	3	3	2	用2m垂直检测尺检查
2	表面平整度	4	3	3	2	用2m靠尺和塞尺检查
3	阴阳角方正	4	3	3	2	用200mm直角检测尺检查
4	装饰线、分色线直线度	2	1	2	1	拉5m线，不足5m拉通线，用钢直尺检查
5	墙裙、勒脚上口直线度	2	1	2	1	拉5m线，不足5m拉通线，用钢直尺检查

4. 溶剂型涂料涂饰工程其他方面质量验收

参照《建筑装饰装修工程质量验收标准》GB 50210—2018 执行。

9.6.3 美术涂料涂饰工程

1. 墙面美术涂饰工程的允许偏差和检验方法（表 9-20）

墙面美术涂饰工程的允许偏差和检验方法 表 9-20

项次	项目	允许偏差（mm）	检验方法
1	立面垂直度	4	用2m垂直检测尺检查
2	表面平整度	4	用2m靠尺和塞尺检查
3	阴阳角方正	4	用200mm直角检测尺检查
4	装饰线、分色线直线度	2	拉5m线，不足5m拉通线，用钢直尺检查
5	墙裙、勒脚上口直线度	2	拉5m线，不足5m拉通线，用钢直尺检查

2. 美术涂饰工程其他方面质量验收

参照《建筑装饰装修工程质量验收标准》GB 50210—2018 执行。

知识拓展

层层髹涂的匠心——漆器

"红墙金瓦、汉白玉桥、肃穆庄严"这大概是故宫留给人的第一印象。而在这红墙之内，更有一抹红色。虽居深宫，却挡不住的光彩照人，这便是古老的漆器。

漆器是将漆树的汁液提炼成色漆，髹涂在器物胎骨上雕刻而成的，在胎体上涂抹大漆的工艺称之为"髹"。髹漆是一件十分繁复、非常考验耐心的技艺，每一层的髹涂都见功夫。而每层髹涂之间的等待又考验着匠人的耐心，在此过程中，漆器技艺还会运用多种技法对表面进行装饰，漆层在潮湿条件下干燥、打磨，固化后表面非常坚硬，有耐酸、耐碱、耐磨的特性，漆器的制作不是一件一鼓作气、旦夕可成的事情，它需要匠人默默地沉浸在时间长河里，一次次地髹涂、一次次地等待，那是快节奏的现代人难以理解的工匠精神。

9.4
层层髹涂
的匠心

任务 9.7 任务拓展

本任务以世界技能大赛相关赛题为案例，进行知识技能拓展训练。

9.7.1 油漆与装饰项目技术说明

"油漆与装饰"（Painting and Decorating），是世界技能大赛赛项的名称之一，属于建筑装饰的一部分，国内建筑界类似的名称有"建筑涂装"或"墙面装饰"。完整的世赛项目共分为 5 个模块，分别是门与门饰、墙纸、壁画调色、装饰图案和自由工艺，竞赛选择了装饰图案与墙纸拼贴两个模块，目的是考核选手的油漆工艺及装饰能力水平，包括图纸识图、基线测绘、装饰图案绘制、墙纸拼贴等技术的运用，比赛的工序流程分为四个步骤：

（1）图纸识图：主要目标在于详细研究图纸，读图并明确各类尺寸，辨明施工细节。

（2）基线测绘：测量并绘制基线网格，掌握水平垂直线画法，为装饰图案绘制与油漆涂绘打好基础。

（3）图案绘制：按等比例缩小的彩色图纸上的图案标志，根据规定的颜色进行涂绘。

（4）墙纸拼贴：根据比赛提供的墙纸和设计图，在规定的时间内对一面墙进行拼贴。

9.7.2 竞赛命题

试题共 2 个模块（图 9-35～图 9-39），装饰图案绘制（5 小时）和墙纸拼贴（1 小时），每个模块必须在各自的规定时间内完成。

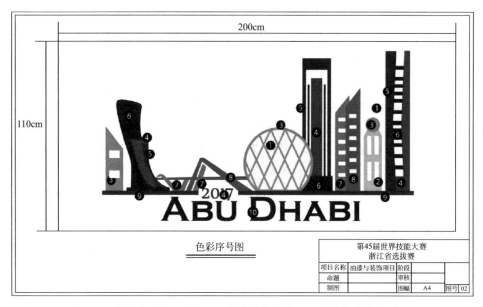

图 9-35　色彩序号图（第 45 届世界技能大赛浙江省选拔赛竞赛试题）

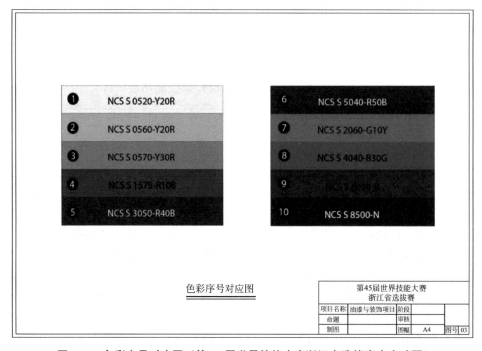

图 9-36　色彩序号对应图（第 45 届世界技能大赛浙江省选拔赛竞赛试题）

1. 模块 1 装饰图案绘制

徒手绘制一个比赛给定的图案标志，使用油漆画笔、辊、油漆尺等工具，禁止使用掩蔽胶带、掩蔽膜或掩蔽模板等其他工具。油漆上色时必须徒手完成，不得使用任何辅助工具。油漆涂绘必须采用比赛规定的色彩（对照国际色码表，油漆由参赛者自带，品牌不

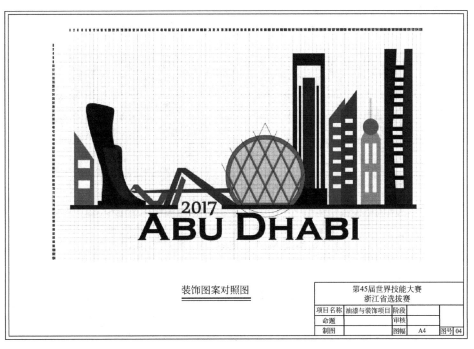

图 9-37　装饰图案对照图（第 45 届世界技能大赛浙江省选拔赛竞赛试题）

图 9-38　精度测量点位置（第 45 届世界技能大赛浙江省选拔赛竞赛试题）

限）。待使用的材料必须提前摆放在竞赛场地的比赛工位内。基线绘制只能使用铅笔，不能用记号笔，模块完成前必须擦除，不允许用刀刮。

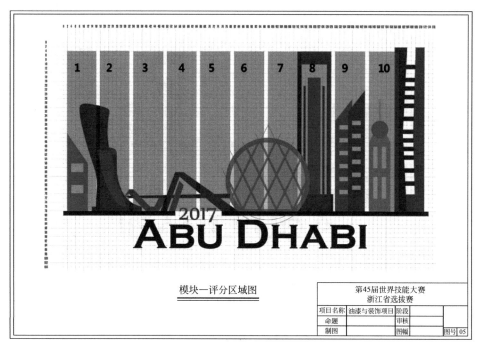

模块一评分区域图

第45届世界技能大赛 浙江省选拔赛		
项目名称	油漆与装饰项目	阶段
命题		审核
制图		图幅	图号 05

图 9-39　模块一评分区域图（第 45 届世界技能大赛浙江省选拔赛竞赛试题）

2. 模块 2 墙纸拼贴

按照比赛图纸要求，在准备好的石膏板上进行墙纸拼贴。石膏板表面必须是事先处理好，从而确保墙纸拼贴的顺利进行。壁纸必须正确粘贴并垂直悬挂，按照图纸要求进行墙纸切割和包边，在阴角 1~10mm 处进行墙纸拼接。壁纸、胶粘剂将由比赛方提供。

9.7.3　评判工作程序

评判工作主要分为主观评分和客观评分两大项，原则上先评主观分，后评客观分，裁判员根据各项配分进行倒扣，扣完为止，参见比赛评分表 9-21。

项目评分总表　　　　　　　　　　　　　　　　　表 9-21

	评分内容		配分	测评方式
模块1	颜色均匀	7	每 1 颜色扣 0.5 分	主观评测
	表面干净	7	每 1 处扣 0.2 分	主观评测
	无可见基准线	7	每 1 处扣 0.2 分	主观评测
	直线、角筒洁度	14	每 1 处扣 0.5 分	可用直尺测量
	区域图案准确度	7	每 1 处扣 0.5 分	对照图纸网格
	尺寸精度	28	每±1mm 扣 0.5 分	可用直尺测量
	整体图案完成度	5	未完成 0 分	对照图纸
	色彩准确度	5	每个颜色 0.5	比较色卡
模块 1　总分 80 分				

续表

	评分内容		配分	测评方式
模块2	表面干净	4	每1处扣0.5分	主观评测
	接缝准确度	4	每±1mm扣0.5分	可用直尺测量
	转角切割准确度	4	每1处扣0.2分	可用直尺测量
	图案匹配	4	每±1mm扣0.5分	可用直尺测量
	尺寸精准度	4	每±1mm扣0.5分	按照图纸要求
	模块2总分20分			

注：客观分主要以对照图纸、尺寸测量、色彩对比等客观测评方式为主，主观分以裁判员根据比赛选手完成的水平进行对比扣分。

（1）模块一总分80分。其中主观分共21分，包括：颜色均匀（7分），表面干净（7分）、无可见基线（7分）。客观分共59分，包括：尺寸精度（28分）、直线、角筒洁度（14分）、区域图案准确度（7分）、色彩准确度（5分）、整体图案完成度（5分）。尺寸精度评分过程中，由裁判员在已经公布的20个备选点中抽取14个点进行测量打分，参见评分图9-38。

除了尺寸精度、整体图案完成度、色彩准确度三项评测内容外，其余评分选项均在裁判员已经公布的10个备选区域中抽取7个区域进行测评打分，参见评分图9-39。

（2）模块二总分20分。其中主观分共8分，包括：表面干净（4分）、接缝准确度（4分）。客观分共12分，包括：图案匹配（4分）、尺寸精准度（4分）、转角切割准确度（4分）。

现场操作必须按照项目技术说明要求的四个步骤进行，如有违规情况，经裁判员提醒仍未改正的，将视为违规操作，零分处理。参赛选手如未按比赛规定佩戴安全防护工具，扣5分。裁判组按赛前裁判工作会议中技术交底内容，依据评分表和评分图进行评判，不得私自更改。评分详图如图9-35～图9-39所示。

所有裁判参与评分，按评分表所示内容评分，见表9-21。详细评分内容请参见评分表分表。

9.7.4　涂饰工程技能拓展

本部分内容将第48届中国台湾技能竞赛暨第45届国际技能竞赛国手选拔赛、第46届世界技能大赛山东省选拔赛赛题作为涂饰工程技能拓展的赛题，并附第45届世界技能大赛油漆与装饰项目全国选拔赛选手创作过程的部分图片。具体内容请扫描二维码查看。

9.5
涂饰工程
技能拓展

Chapter 10

项目10

裱糊与软包工程技能实训

教学目标

1. 知识目标

（1）能够根据实际工程合理进行墙体裱糊工程施工准备；

（2）掌握墙体裱糊工程施工工艺流程；

（3）能正确使用检测工具对墙体裱糊工程施工质量进行检查验收。

2. 能力目标

（1）能够进行安全、文明施工。

（2）根据实际工程，灵活选用合理裱糊与软包工程方案的能力。

思维导图

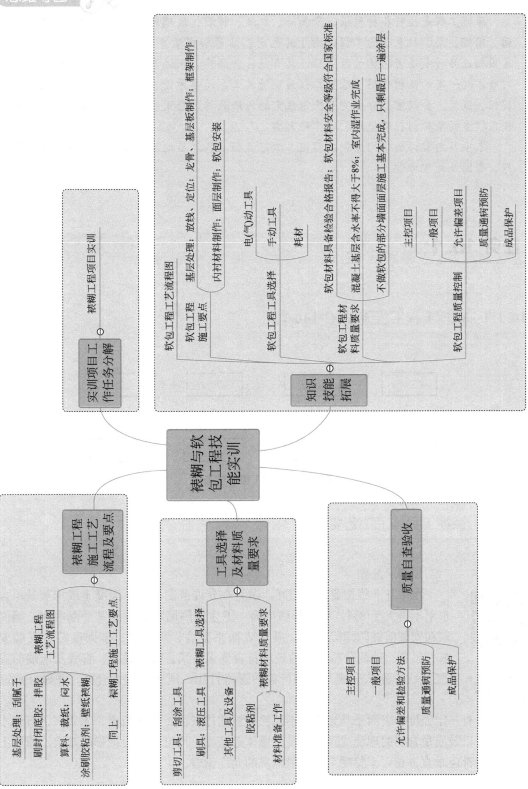

引文

　　裱糊工程是指将各种壁纸、金属箔、丝绒、锦缎、玻璃纤维墙布等材料粘贴在墙面、顶棚、梁、柱表面的工程，由于其色彩、质感和图案丰富，能够美化居住环境，采用相应品种或适当的构造做法后还具有吸声、隔声、保温和防菌等多种功能，能够对墙体起一定的保护作用。裱糊工程为现场施工，简单方便、工程投入小，广泛用于宾馆、饭店、会议室、办公室及民用住宅的内墙装饰，应用较为广泛。目前裱糊工程使用较多的裱糊材料有壁纸、墙布两大类。

　　本项目内容详细介绍裱糊工程施工工艺流程及各环节的施工要点，常见的质量问题、原因及处理方案。

任务 10.1 裱糊工程施工工艺流程及要点

10.1.1　裱糊工程工艺流程（图 10-1）

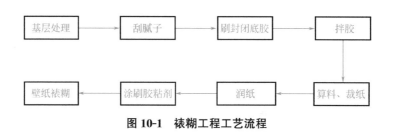

图 10-1　裱糊工程工艺流程

10.1.2　裱糊工程施工工艺要点

1. 基层处理

10.1
壁纸装饰
施工工艺

　　水平基准线按要求标记好，误差在允许范围以内，混凝土或抹灰基层含水率不得大于8%。如为外墙内面、卫生间隔墙背面等经常受潮墙面，墙面须在安装前做防潮隔离层，基层表面平整度、垂直度、牢固度符合安装要求。吊顶、地面分项工程的进度符合要求，风、暖、设备、管线及末端的安装已完成，电气穿线、测试完成并合格，各种管路打压、试水完成并合格，并做好成品保护。

　　凡是有一定强度、表面平整光洁、不疏松掉粉的抹灰面、石膏板面、木质面、石棉水泥板面，以及质量合格的现浇或预制混凝土墙体等基面，均可以作为裱糊的基层。原则上基层表面都应垂直方正，平整度符合一般抹灰的允许偏差。

2. 刮腻子

腻子的刮法视基层的情况而定。具体可参照项目 9 中"任务 9.5.1 水性涂料涂饰工程"的相关内容执行。

3. 刷封闭底胶

将封闭底胶按适当比例加入清水稀释，并充分搅拌。使用前测试封闭底胶的防水性、渗透性及成膜性，保证壁纸裱糊的质量。涂刷时，室内应无灰尘，防止灰尘、杂物混入底胶中，底胶要涂刷均匀，一次成活，不能漏刷、漏喷。干燥时间为 2～3h，施工完全干燥后才能进行壁纸施工。

4. 拌胶

将胶粉（胶液）开封后，加入适量清水中进行搅拌，边加粉边搅拌，以免结团，待胶粉（胶液）充分溶于水后，停止搅拌，并等候 10～15min，胶粉（胶液）完全糊化后才能使用。

5. 算料、裁纸

（1）基层弹线

为使裱糊饰面横平竖直、图案端正，每个墙面的第一幅纸（布）都要挂垂线找直，作为裱糊的基准标志线。自第二幅起，先上端后下端对缝依次裱糊，以保证裱糊面分幅一致并防止累积歪斜。

为了使壁纸墙布图案对称，应在窗口弹好中心线，由中心线向两边分线；如果窗口不在中间位置，为保证窗间墙的阳角处图案对称，应在窗间墙弹中心线，再由此中心线向两侧分格弹线。对于无窗口的墙面，可选一个距窗口墙面较近的阴角，在距壁纸（布）幅宽小于 5cm 处弹垂线。

对于壁纸墙布裱糊位置的顶部边缘，如果墙面有挂镜线或天花阴角装饰线时，即以此类线脚的下缘为准，如无此类收边装饰，应弹出水平线以控制水平度。

（2）裁割下料

按设计要求决定壁纸的粘贴方向。根据基层实际尺寸测量计算所需用量，每边增加 20～30mm 作为裁纸量。

在裁纸台案上裁纸，台案要清洁、平整。用壁纸刀、剪刀将壁纸按设计要求进行裁切。对有图案的材料，应从粘贴的第一张开始对花，墙面从上至下粘贴，边裁边编序号，以便按顺序粘贴。

壁纸墙布裁割时，要根据材料的规格及裱糊面的尺寸统筹规划，并按裱糊顺序进行分幅编号。壁纸墙布的上下两端一般需留出 50mm 的修剪余量。对于较鲜明的花纹图案，要事先明确完工后的花饰效果及光泽特征，应保证对接无误。同时，应根据花纹图案和边部情况，确定采用具体的拼接方法是对口拼缝或搭口裁割拼缝，裁割下刀前，还需认真复核尺寸，尺子压紧后不得再有移动，裁割后的材料边缘应平直整齐，不得有飞边毛刺，下料后应卷起平放，不能立放。

6. 润纸

润纸是对裱糊壁纸事先湿润，也称为"闷水"，主要是针对纸胎的塑料壁纸。对于玻璃纤维基材及无纺贴墙布类裱糊材料，遇水无伸缩，故无需进行湿润，而复合纸质壁纸则严禁进行润纸处理。

（1）塑料壁纸遇水或胶液即膨胀，约 5～10min 胀足，干燥后自行收缩。其幅宽方向的即胀率为 0.5%～1.2%，收缩率为 0.2%～0.8%，掌握和利用这个特性是保证塑料壁纸裱糊质量的重要一环。如果在干纸上刷胶后立即上墙，此类壁纸虽被胶固定但继续吸湿膨胀，因而在裱糊面就会出现大量气泡、皱折。润纸处理的一般做法是将塑料壁纸置于水槽中浸泡 2～3min，取出后抖掉多余的水，静置 20min，然后再刷胶裱糊。

（2）对于金属壁纸，在裱糊前也需做润纸处理，但润纸的时间较短。将其浸入水槽 1～2min，取出后抖落明水，静置 5～8min，然后涂胶上墙裱糊。

（3）复合纸质壁纸的湿强度较差，严禁进行裱糊前的浸水处理。为达到软化壁纸的目的，可在壁纸背面均匀涂刷胶粘剂，然后将其胶面对胶面对叠，静置 4～8min，即可上墙裱糊。

（4）带背胶的壁纸，应在水槽中浸泡数分钟再进行裱糊。

（5）纺织纤维壁纸不能在水中浸泡，可先用湿布在其背面稍做揩拭，再进行裱糊操作。

7. 涂刷胶粘剂

壁纸和墙布裱糊胶粘剂的涂刷，应薄而均匀，不得漏刷；墙面阴角部位应增刷 1～2 遍。对于带背胶的壁纸，无需再使用胶粘剂，将其在水槽中浸泡后，由底部开始图案面朝外卷成一卷，静置 1min 即可上墙裱糊。

（1）塑料壁纸、纺织纤维壁纸、化纤贴墙布等品种，为了增强其裱贴粘结能力，材料背面及装饰基层表面均应涂刷胶粘剂。基层表面的涂胶宽度，要比壁纸墙布宽出 20～30mm，胶粘剂不要刷得过厚、裹边或起堆，以防裱贴时胶液溢出过多而污染饰面；但也不可刷得过少，涂胶不够均匀会造成裱糊面起泡、离壳或粘结不牢。一般抹灰面用胶量为 0.15kg/m² 左右，气温较高时用胶量可相对增加，壁纸墙布背面的涂胶量一般为 0.12kg/m²，根据现场气温情况略作调节。纸（布）背面涂刷胶粘剂后，将其胶面对胶面对叠，正、背面分别相靠平放，以避免胶液过快干燥及造成图案面污染，同时也便于拿起上墙。

（2）对于玻璃纤维墙布和无纺贴墙布，只需将胶粘剂涂刷于裱贴面基层上，不必同时在布的背面涂胶。这是因为玻璃纤维墙布和无纺贴墙布的基材分别是玻璃纤维和合成纤维等，本身吸水极少，又有细小孔隙，如果在其背面涂胶时会使胶液浸透表面而影响美观。玻璃纤维墙布的裱贴基层用胶量一般为 0.12kg/m²（抹灰墙面），无纺贴墙布的用胶量一般为 0.15kg/m²（抹灰墙面）。

（3）锦缎涂刷胶粘剂时，由于其材性柔软，通常的做法是先在其背面衬糊一层宣纸，使其挺韧平整以方便操作，再在基层上涂刷胶粘剂进行裱糊。

（4）金属壁纸质脆而薄，在其纸背涂刷胶粘剂之前应准备一卷未开封的发泡壁纸或一个长度大于金属壁纸宽度的圆筒，然后一边在剪裁好并已浸过水的金属壁纸背面刷胶，一边将刷过胶的部分向上卷在发泡壁纸卷或圆筒上。

8. 壁纸裱糊

裱贴壁纸的基本要点是：先垂直面，后水平面；先细部，后大面；先保证垂直，后对花拼缝；垂直面先上后下；先长墙面，后短墙面；水平面是先高后低。粘贴第一张壁纸时，在墙角处找基准线，用刮板从上至下、由中间向两侧轻轻压平、刮抹，使壁纸与墙体贴实。第一张壁纸贴粘时两边各甩出 10～20mm 轻压，第二张壁纸与第一张壁纸搭接

10～20mm，用钢板尺在裁切处对齐，用壁纸刀自上而下裁切壁纸。注意裁切时的力度，不能划伤基层腻子及封闭底胶。将多余壁纸撕除，用橡胶刮板将缝隙刮严、压平、压实。用湿毛巾将接缝处的胶痕及时清理干净。

（1）从墙面距有窗口处较近的阴角开始，依次至另一个阴角收口，如此顺序裱糊，其优点是不会在接缝处出现阴影而方便操作。

（2）无图案的壁纸，接缝处可采用搭接法裱糊。相邻的两幅在拼连处，后贴的一幅搭压前一幅，重叠 30mm 左右，然后用钢尺或铝合金直尺与裁纸刀在搭接重叠范围的中间将两层壁纸割透，再把切掉的多余壁纸撕下。此后用刮板从上向下均匀地赶腔，排出气泡，并及时用湿布擦除溢出的胶液。对于质地较厚的壁纸墙布，须用胶辊进行滚压赶平。注意：发泡壁纸及复合纸质壁纸不得采用刮板或辊筒等工具赶压，宜用毛巾、海绵或毛刷压敷，避免把花型赶平或使裱糊面出现死褶。

（3）对于有图案的壁纸墙布，为保证图案的完整性和连续性，裱糊时可采用拼接法。先对花，后拼缝，从上至下图案吻合后，用刮板斜向刮平，将拼缝处赶压密实。拼缝处挤出的胶液，及时用湿毛巾擦净。对于需要重叠对花的壁纸，可将相邻两幅对花搭叠，待胶粘剂干燥到一定程度（约被糊后 30min），用钢尺在重叠处拍实，从壁纸搭口中间自上而下切割，除去切下的余纸后用橡胶刮板刮平，注意用刀时下力要匀，一次直落，避免出现刀痕或搭接处起丝。

（4）为了防止在使用时由于常被碰、划而造成壁纸墙布开胶，裱糊时不得在阳角处甩缝，应包过阳角不小于 20mm。阴角处搭接时，应先裱糊压在里面的壁纸或墙布，再粘贴搭在上面者，一般搭接宽度不小于 20～30mm。搭接宽度也不宜过大，否则其褶痕过宽会影响美观。与顶棚交接的阴角处应划出印痕，再用刀修齐，以同样方法修齐下端与踢脚板或墙裙等衔接收口处边缘。

（5）遇有墙面卸不下来的设备或附件，将壁纸墙布轻糊于裱贴面突出物件上，找到中心点，从中心点往外呈放射状剪裁（常称作"星形剪切"），再使壁纸墙布舒平裱于墙面上，然后用笔轻轻描出物件的外轮廓线，再用刮板压住附件四周，慢慢拉起多余的壁纸墙布，剪去不需要的部分，最后赶平壁纸，擦净各接缝处的胶痕，四周不得留有缝隙。

（6）裱糊饰面的显著部位应采用整幅壁纸墙布，不足整幅者应裱贴在光线较暗或不明显处。与顶棚阴角线、挂镜线、门窗装饰包框等应衔接紧密，不得留下残余缝隙。

（7）顶棚裱糊时，宜沿房间的长度方向，先裱糊靠近主窗的部位。裱糊前先在顶棚与墙壁交接处弹一道粉线，将已刷好胶并折叠好的壁纸或墙布托起，展开顶褶部分，边缘靠齐粉线，先敷平一段，然后再沿粉线敷平其他部分，直至整段贴好为止，顶棚裱糊面按上述墙面做法赶平敷实，多余部分剪齐修正。

当墙面的墙底完成约 4h 或裱贴施工开始 40～60min 后，需用滚轮从第一张墙纸开始滚压或抹压，直至将已完成的墙纸面滚压一遍。工序的原理和作用是：因墙纸胶液的润滑性好，当胶液内水分被墙体和墙纸逐步吸收后但还没干时，胶性逐渐增大，当时间约为 40～60min 时，胶液的黏性最大，对墙纸面进行滚压，可使墙纸与基面更好贴合，使对缝处的缝口更加密合。

任务 10.2 工具选择及材料质量要求

10.2.1 裱糊工具选择

1. 剪切工具选择及操作规范

（1）剪刀：对于较重型的塑料壁纸或纤维墙布，宜采用长刃剪刀。剪裁时，先用直尺以剪刀背划出印痕，再沿印痕将壁纸墙布剪断，如图 10-2（a）所示。

（2）裁刀：裁割壁纸墙布的常用裁刀是应用最广泛的活动裁纸刀。另有较为方便的裁割工具是轮刀，分齿形轮刀与刃形轮刀两种，齿形轮刀能在壁纸上需要裁割的部位压出连串小孔，能够沿孔线将壁纸很容易地整齐扯开；刃形轮刀通过对壁纸的滚压而将其切断，对于质地较脆的壁纸墙布的裁割最为适宜，如图 10-2（b、c）所示。

(a)   (b)   (c)

图 10-2 裁剪工具

（a）长刃剪刀；（b）齿形轮刀；（c）刃形轮刀

2. 刮涂工具选择及操作规范

（1）刮板：主要用于刮抹基层表面的腻子及刮压平整裱糊操作中的壁纸墙布。可用厚度为 0.35m 的薄钢片或防火板自制，要求具有较好的弹性以利于抹压操作，如图 10-3（a）所示。

（2）油灰铲刀：主要用于修补基层表面的裂缝、孔洞及剥除旧裱糊面上的壁纸，如图 10-3（b）所示。

3. 刷具选择及操作规范

用于涂刷裱糊胶粘剂的刷具，其刷毛可以是天然纤维或合成纤维（后者较易清洗），宽度般为 15~20cm。此外，涂刷胶粘剂较适宜的为排笔。另有墙纸刷专用在裱糊操作中将壁纸墙布与基面抹实、粘牢、压平，其刷毛有长短之分，长刷毛适宜刷抹压平金属箔等较脆弱型壁纸，短刷毛适宜刷压重型塑料墙纸。

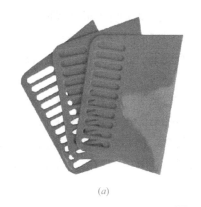

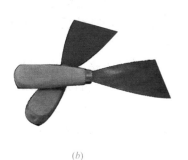

(a)　　　　　　　　　　　　　　　　　　*(b)*

图 10-3　刮涂工具

（*a*）刮板；（*b*）油灰铲刀

4. 滚压工具选择及操作规范

主要是辊筒，它在裱糊工艺中分三种：一是使用绒毛辊筒，以滚涂胶粘剂、底胶或壁纸保护剂；二是采用橡胶辊筒，以滚压铺平壁纸、墙布；三是使用小型橡胶轧辊或木轧辊，通过滚压而迅速压平壁纸墙布的接缝部位，滚压时在胶粘剂开始变干但尚未干燥时作短距离快速滚压，特别适用于较重型壁纸墙布的拼缝压平，对于发泡型、绒絮面或较为质脆的裱糊材料，则适宜采用海绵块以取代辊筒类工具，避免裱糊饰面的滚压损伤，如图 10-4 所示。

图 10-4　滚压工具

5. 其他工具选择及操作规范

主要有：抹灰、基层清理及弹线工具，水平尺、钢尺、铝合金直尺及各种量尺、托线板、砂纸机、裁纸工作台和水槽等，如图 10-5 所示。

(a)　　　　　　　　　　*(b)*　　　　　　　　　　*(c)*

图 10-5　其他工具

（*a*）弹线工具；（*b*）水平尺；（*c*）砂纸机

10.2.2　裱糊材料质量要求

目前较广泛使用的壁纸与墙布中，应用最普遍的是聚氯乙烯塑料（PVC）壁纸，并已有国家标准，其产品有多种类型，如立体发泡型凹凸花纹壁纸、功能性壁纸（具有防水、防火、防菌、防静电等功能）、方便施工的无基层壁纸（印花膜背面涂有压敏胶并覆有一层可剥离的纸，裱糊时将纸剥除即可直接裱贴于基层）、预涂胶壁纸（背面自带水溶性胶粘剂，裱糊时用清水浸润溶解即可粘贴）、分层壁纸（其预涂胶纸背由双层纸基贴合而成，贴合强度小于预涂胶的粘结强度。更换时只需剥去面层纸，新壁纸可直接贴合于留在墙面的纸基上）等。

常用的装饰墙布主要是以棉、麻等天然纤维或涤、腈等合成纤维经无纺成型、涂布树脂并印制彩色花纹而制成的无纺贴墙布；或是以纯棉平布经过处理、印花和涂层等工艺而制成的棉质装饰布。此外以平绒、墙毡及家具布等装饰织物，采用裱贴或软包等做法作墙面或构件装饰，均以其优良的装饰效果及使用功能被广泛应用于一般工程或高级工程中的裱糊饰面。

1. 胶粘剂

（1）成品胶粘剂

用于壁纸、墙布裱糊的成品胶粘剂，按其基料分，有聚乙烯醇、纤维素及其衍生物、聚醋酸乙烯乳液和淀粉及其改性聚合物等；按物理形态分，有粉状、糊状和液状三种；按用途分，有适用于普通纸基壁纸裱贴的胶粘剂、适用于各种基底壁纸墙布的高湿黏性和高干强性的胶粘剂。

（2）现场调制的胶粘剂

现场自制裱糊胶粘剂的常用材料有聚醋酸乙烯乳液、羧甲基纤维素等。在胶粘剂中加入适量的羧甲基纤维素溶液，可使胶液保水性好，胶液稠滑便于涂刷而不粘刷具，同时能使胶液不致过稀或过稠，控制胶液流滴，增强粘结力，避免或减少翘角、起泡等质量通病。但是，羧甲基纤维素的掺量也不可过多，否则会降低胶液的粘结力。羧甲基纤维素应先与水搅拌均匀，放置隔夜后再与 108 胶等胶料混合配制。传统上淀粉类面糊也常被用作裱贴饰面的胶粘剂，具有一定的粘结强度，但其缺点是容易发霉，使用时应加入适量甲醛溶液等防腐剂。

施工时，胶粘剂应集中调制，由专人负责。用 400 孔/cm² 筛子过滤。一般现场调制的胶粘剂应当日用完。对于聚醋酸乙烯乳液和 108 胶应使用非金属容器盛装。

2. 材料准备工作

（1）壁纸的环保要求及燃烧性能等级符合设计及国家标准要求。

（2）壁纸的材质、颜色、图案符合设计要求，其产品合格证书、性能检测报告、进场检验记录符合要求。

（3）隐蔽工程验收记录。

（4）壁纸封闭底胶、壁纸胶、腻子、耐碱玻璃纤维网格布等的质量、性能、环保要求等符合国家标准，其产品合格证书、性能检测报告、进场检验记录符合要求。

（5）裱糊工程基层坚实、平整，表面光滑，不疏松起皮、掉粉，无砂粒、孔洞、麻点和毛刺，污垢和浮尘要清理干净，表面和基层颜色应一致。如基层色差大，选用的是易透底的薄型壁纸，粘贴前应先进行基层处理，使其颜色一致。

（6）新建筑物的混凝土抹灰基层墙面在刮腻子前应涂刷一层封底漆。

（7）粉化旧墙面应先除去粉化层，并在刮涂腻子前涂刷一层界面处理剂。

（8）混凝土或抹灰基层含水率不得大于 8%。

（9）对湿度较大的房间和经常潮湿的墙体表面，应采取必要的防潮、防水措施。

（10）在裱糊施工过程中及裱糊饰面干燥之前，应避免气温突然变化或穿堂风。

任务 10.3 质量自查验收

10.3.1 主控项目

（1）壁纸（墙布）的种类、规格、图案、颜色和燃烧性能等级必须符合设计要求及现行国家标准的有关规定。检验方法：观察、检查产品合格证书、进场验收记录和性能检验报告。

（2）裱糊工程基层处理质量应符合高级抹灰的要求。检验方式：检查隐蔽工程验收记录和施工记录。

（3）裱糊后各幅拼接应横平竖直，拼接处花纹、图案应吻合，应不离缝、不搭接、不显拼缝。检验方法：距离墙面 1.5m 处观察。

（4）壁纸、墙布应粘贴牢固，不得有漏贴、补贴、脱层、空鼓和翘边。检验方法：手摸检查。

10.3.2 一般项目

（1）裱糊后的壁纸、墙布表面应平整，不得有波纹起伏、气泡、裂缝、皱折，表面色泽应一致，不得有斑污，斜视时应无胶痕。检验方法：观察、手摸检查。

（2）复合压花壁纸和发泡壁纸的压痕或发泡层应无损坏。检验方法：观察。

（3）壁纸、墙布与装饰线、踢脚板、门窗框的交接处应吻合、严密、顺直。与墙上电气槽、盒的交接处套割应吻合，不得有缝隙。检验方法：观察。

（4）壁纸、墙布边缘应平直整齐，不准有纸毛、飞刺。检验方法：观察。

（5）壁纸、墙布阴角处应顺光搭接，阳角处应无接缝。检验方法：观察。

10.3.3 裱糊工程的允许偏差和检验方法

裱糊工程的允许偏差和检验方法具体见表 10-1。

裱糊工程的允许偏差和检验方法　　　　　　　　　　　　表 10-1

序号	项目	允许偏差（mm）	检验方法
1	表面平整度	3	用 2m 靠尺和塞尺检查
2	立面垂直度	3	用 2m 垂直检测尺检查
3	阴阳角方正	3	用 200mm 直角检测尺检查

10.3.4 质量通病预防

质量通病预防具体见表10-2。

常见壁纸施工质量通病及预防措施

表 10-2

序号	质量通病	预防措施
1	饰面层出现色差	1.壁纸(墙布)裱糊前,应检查质量,将褪色的壁纸(墙布)裁掉。确认壁纸(墙布)的色泽一致,并避免在有阳光直接照射或有害气体的环境中施工。 2.基层必须干燥且颜色一致,混凝土或抹灰基层含水率不准超过8%
2	壁纸局部出现死褶和气泡	1.裱糊时先展平壁纸(墙布),后赶压、刮平。 2.刷胶时不要漏刷,胶液涂刷要均匀,壁纸(墙布)粘贴后用刮板将多余胶液和气泡赶出。 3.可用注射器将泡刺破并注入胶液,用辊压实
3	局部翘边	1.裱糊前清理基层,修补基层缺陷,粘贴时基层含水率应符合规定。 2.对进场的胶粘剂质量有疑问时,应先做局部试验,确认其粘结力合格。 3.不允许在阴角处出现对缝,壁纸(墙布)阳角处裹角不应小于20mm,包角处选用黏性较强的胶粘剂,并应做到粘贴牢固,不出现空鼓、气泡。 4.刷胶要均匀,并避免刷胶放置时间过长
4	透底、咬色	1.基层颜色较深,壁纸(墙布)厚度薄,遮盖不住基底时,用厚白漆进行覆盖。 2.基层结构预埋件刷防锈漆或厚白漆进行覆盖。 3.基层表面污染后应及时清除

10.3.5 成品保护

（1）腻子施工前对已完工的墙、地面进行保护及对管线进行封堵。

（2）裱糊壁纸过程中及施工完成后，严禁非操作人员随意触摸墙纸，胶痕必须及时清理干净。

（3）裱糊完成的房间应及时清理干净，不得用作料房或休息室，避免污染和损坏。

（4）壁纸施工完成后，室内要及时清理并保持干净，关闭门窗，确保墙面不渗水、不返潮。

（5）其他后续工种施工时，应注意保护墙纸，防止污染和损坏。严禁在已裱糊好壁纸的顶、墙上剔眼打洞。

（6）在使用脚手架、梯子等过程中注意包脚，不得损坏已完工的墙面材料。

任务 10.4　裱糊工程项目实训工作任务分解

裱糊工程项目工作页见表10-3。

裱糊项目学生工作页 表 10-3

序号	工作任务	知识和技能		
1	安全与纪律教育(10 分钟)	1. 重申实训现场安全要求。 2. 安全帽、手套、服装、鞋穿戴检查。 3. 重申工具使用安全要求		
2	工具准备(10 分钟)	1. 剪刀、裁刀、刮板、油灰铲刀等领用与登记。 2. 灰桶、小车等领用与登记。 3. 分组或个人领用,放置于工位处		
3	材料准备(70 分钟)	1. 回顾裱糊工程工艺要点。 2. 回顾裱糊工程材料质量控制要点。 3. 回顾裱糊材料的质量控制要求。 4. 确定各类材料处理方式		
4	裱糊工程项目(理论知识准备)(20 分钟)	1. 回顾裱糊工程工艺流程。 2. 回顾裱糊工程质量验收标准		
5	裱糊工程项目(实训操作)(135 分钟)	1. 教师演示裱糊的手法及施工工艺流程。 2. 分步演示		
6	工位清理检查(20 分钟)	学生工位清理		
7	教师点评(10 分钟)	1. 检查各类完成情况。 2. 清理现场、卫生打扫。 3. 点名、教师点评		
8	评分与小结(15 分钟)	检测项目	学生自测	教师检测
		基层处理与定位		
		计算用料、裁壁纸		
		刷胶、粘贴壁纸		
		修剪、保护成品		
		安全文明施工		

为了更好展示裱糊工程的工作过程,大家可参照动画演示的二维码。

10.2
裱糊工程
施工

任务 10.5 知识技能拓展

软包是现代建筑室内墙面一种常用的装饰做法。它的主要特点是质感温暖舒适、美观大方,并具有吸声、隔声和保温的功能,广泛地用于有吸声要求的多功能厅、娱乐厅、会议室和儿童卧室等墙面装饰。软包墙面装饰构造一般由底基层、填芯层和罩面层三部分组成。软包施工按安装位置分为墙、柱面软包、门扇软包、家具软包等。按安装的方法分为挂装法、胶粘法、压条法等。软包墙面可分为两大类:一类是无吸声层软包墙面,另一类是有吸声层软包墙面。

10.5.1 软包工程工艺流程图

软包工程工艺流程如图 10-6 所示。

基层处理
放线定位
龙骨、基层板制作
框架制作
内衬材料制作
面层制作
软包安装
成品保护

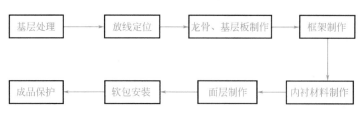

图 10-6 混凝土墙面挂装木框软包工艺流程

10.5.2 软包工程施工要点

1. 基层处理

详见“10.1.2 裱糊工程施工工艺要点的—1. 基层处理”。

2. 放线、定位

根据深化图纸的软包完成面，在地面弹出沿顶、沿地龙骨的定位线。在沿顶、沿地龙骨的中心线处定位龙骨固定点，间距不大于 600mm，端头处不大于 300mm。在需做软包的墙面上，按设计要求的竖向龙骨间距进行弹线，当设计无要求时，间距一般不大于 600mm。如遇阴、阳角，龙骨间距离不足 600mm 时，应增设一根龙骨。在竖向龙骨定位线上，定位龙骨固定点，间距不大于 600mm。放线过程中应注意避开设备、管线末端的位置。

3. 龙骨、基层板制作

在定好位的龙骨固定点上用冲击钻打孔，孔径根据膨胀螺栓的规格确定，深度不小于 60mm。用膨胀螺栓固定沿顶、沿地龙骨。用膨胀螺栓将 U 形安装夹（支撑卡）固定在墙面上，将竖向龙骨卡入 U 形安装夹两翼之间，并插入沿顶、沿地轻钢龙骨之间。铺钉基层板时，设计无要求时宜采用 E1 级细木工板或胶合板，铺钉时用钉的长度应比底板厚度厚 20mm 以上。

根据设计要求的装饰分格、造型等尺寸在安装好的基层板上进行吊直、套方、找规矩、弹控制线等工作。按设计确认的深化设计图纸，将分格、造型按 1∶1 比例反映到墙、柱面基层板上，如图 10-7 所示。

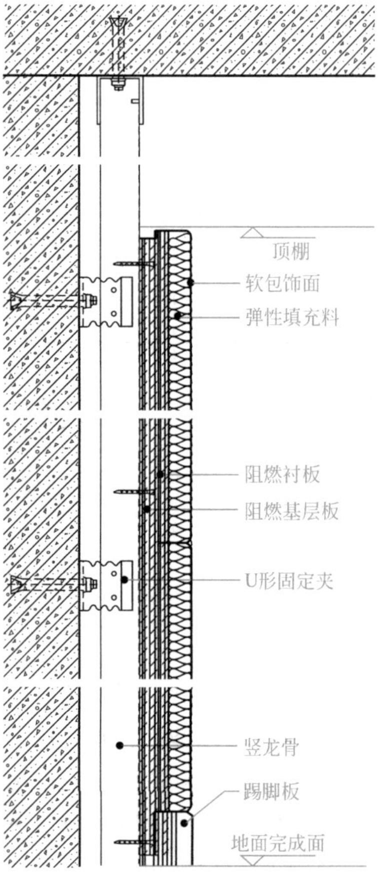

顶棚
软包饰面
弹性填充料
阻燃衬板
阻燃基层板
U形固定夹
竖龙骨
踢脚板
地面完成面

图 10-7 软包构造示意图

4. 框架制作

根据弹好的控制线，进行框架、衬板制作和内衬材料粘贴。衬板按设计要求选材，设计无要求时，应采用 9mm 的环保型胶合板按弹好的分格线尺寸下料制作。在衬板其中一面的四周钉上一圈木条做软包的框架。木条的规格、倒角形式按设计要求确定，当设计无要求时，木条厚度应根据内衬材料厚度决定。一般情况下，木条尺寸不小于 10mm×10mm，将其中一角做成不小于 5mm×5mm 的圆角或斜角，木条要进行封闭处理。衬板做好后应先上墙试装，以确定其尺寸是否正确，分缝是否通直、不错台，木条高度是否一致、平顺，然后将其取下并在衬板背面编号，标注安装方向。

5. 内衬材料制作

内衬材料的材质、厚度按设计要求选用。设计无要求时，须选用阻燃环保型材料。厚度应大于 10mm，内衬材料要按照衬板上所钉木条内侧的实际净尺寸剪裁下料。内衬材料四周与木条之间必须吻合、无缝隙，高度宜高出木条 1~2mm，贴在衬板上。

6. 面层制作

软包面层采用织物和人造革时，不宜进行拼接，采购订货时要充分考虑设计分格、造型等对幅宽的要求。由于受幅面影响，皮革使用前必须进行拼接下料的，拼接时各块的几何尺寸不宜过小，必须使各块皮革的鬃眼方向保持一致，接缝形式应符合设计和规范要求。

用于面层施工的织物、人造革等的花色、纹理、质地必须符合设计要求，同一场所必须使用同一匹面料。面料制作前，必须确定正反面、面料的纹理及纹理方向。在正放的情况下，织物面料的经纬线应垂直和水平。用于同一场所的所有面料，纹理方向必须一致，尤其是起绒面料。织物面料要先进行拉伸、熨烫。

7. 软包安装

一般情况下，幅面较大或较重的软硬包应采用挂装的方法安装，幅面较小且较轻的软硬包也可以用胶粘剂粘贴。安装应牢固无松动，板面应横平竖直，花纹图案吻合，工艺线连通挺直。与其他材料的收口处，接缝要均匀一致。

10.5.3　软包工程工具选择

（1）电（气）动工具：空气压缩机、气动钉枪、电动线锯机、电动螺丝刀、缝纫机、电熨斗、红外线激光仪等。

（2）手动工具：钢卷尺、钢直尺、直角尺、锯、锤、刨、工作台、剪刀、墨斗（线）等。

（3）耗材：砂纸、铅笔、排笔、辊筒刷、羊毛刷、擦布或棉丝等。

10.5.4　软包工程材料质量要求

（1）软包工程所选用的面料、内衬材料、胶粘剂、细木工板、胶合板等应有产品合格证书、性能检测报告、进场验收记录等，人造木板的甲醛含量应进行复验。

（2）软包工程所使用材料的材质、颜色、图案、燃烧性能等级及木材含水率应符合设计要求及现行国家标准的有关规定，所用材料应符合国家有关建筑装饰装修材料有害物质限量标准的规定。

（3）混凝土基层含水率不得大于8%。

（4）室内湿作业完成，地面和顶棚施工已经全部完成（地毯可以后铺）。

（5）不做软包的部分墙面面层施工基本完成，只剩最后一遍涂层。

10.5.5　软包工程质量控制

1. 主控项目

（1）软包边框所选木材的材质、花纹、颜色和燃烧性能等级应符合设计要求及现行国家标准的有关规定。检验方法：观察，检查产品合格证书、进厂验收记录、性能检测报告和复验报告。

（2）软包工程安装位置及构造做法应符合设计要求。检验方法：观察，尺量检查，检查施工记录。

（3）软包衬板材质、品种、规格、含水率应符合设计要求。面料及内衬材料的品种、规格、颜色、图案及燃烧性能等级应符合现行国家标准的有关规定。检验方法：观察，检查产品合格证书、进厂验收记录、性能检测报告和复验报告。

（4）软包工程的龙骨、边框应安装牢固。检验方法：手扳检查。

（5）软包衬板与基层应连接牢固，无翘曲、变形，拼缝应平直，相邻板面接缝应符合设计要求，横向无错位拼接的分格应保持通缝。检验方法：观察，检查施工记录。

2. 一般项目

（1）单块软包面料不应有接缝，四周应绷压严密。需要拼花的，拼接处花纹、图案应吻合。软包饰面上电气槽、盒的开口位置、尺寸应正确，套割应吻合，槽、盒四周应镶硬边。检查方法：观察，手摸检查。

（2）软包工程的表面应平整、洁净、无污染，无凹凸不平及皱折；图案应清晰、无色差，整体应协调美观、符合设计要求。检验方法：观察。

（3）边框表面应平整、光滑、顺直、无色差、无钉眼；对缝、拼角应均匀对称、接缝吻合。清漆制品木纹、色泽应协调一致。检查方法：观察，手摸检查。

（4）软包内衬应饱满，边缘平齐。检查方法：观察，手摸检查。

（5）软包墙面与装饰线、踢脚板、门窗框的交接处应吻合、严密、顺直。交接（留缝）方式应符合设计要求。检验方法：观察。

3. 允许偏差项目

允许偏差项目具体见表10-4。

软包工程安装的允许偏差和检验方法　　　　　　　　　　　　　　　表10-4

项目	允许偏差（mm）	检验方法
单块软包边框水平度	3	用1m水平尺和塞尺检查
单块软包边框垂直度	3	用1m垂直检测尺检查
单块软包对角线长度差	3	从框的裁口里角用钢尺检查

续表

项目	允许偏差(mm)	检验方法
单块软包宽度、高度	0、−2	从框的裁口里角用钢尺检查
分格条(缝)直线度	3	拉5m线,不足5m拉通线,用钢直尺检查
裁口线条结合高度差	1	用直尺和塞尺检查

4. 质量通病预防

质量通病预防具体见表 10-5。

常见软包施工质量通病及预防措施　　　　　　　　　　表 10-5

序号	质量通病	预防措施
1	接缝不垂直、不水平	在开始铺贴第一块面料时必须认真检查,发现问题及时纠正。特别是在预制镶嵌软包工艺施工时,各块预制衬板的制作、安装更要注意对花和拼花
2	软包在使用一段时间后,布面出现起皱现象	选材时注意布面材料的收缩性能,制作过程中把布尽量拉紧。不要选用双层布,有要求的可以定制具有双层效果的单层布。垫层可采用新型热熔胶玻纤板。在布的背面刷一层薄胶,以不渗透布面为标准,然后再进行下道工序
3	用枪钉固定,枪钉痕迹明显	如安装必须用枪钉固定时,可在隐蔽的部位或人正常视线范围以外的部位进行固定

5. 成品保护

（1）安装过程中，非操作人员严禁触摸软包面层。

（2）操作时，边缝要切割修整到位，胶痕、灰尘等应及时擦除干净。

（3）安装完成后，及时清理房间并封闭，不得用于堆料或其他用途，软包表面应用专用保护膜进行封包处理。

（4）电气、设备安装或油漆等后续施工、维修过程，应注意保护墙面，防止面层污染。

项目 11

Chapter **11**

地面工程技能实训

 教学目标

1. 知识目标

（1）了解各类地面装饰做法；

（2）了解复合地板地面施工相关材料及机具选择；

（3）掌握陶瓷地面砖地面构造、施工相关材料及机具选择；

（4）掌握陶瓷地面砖地面施工流程及质量验收；

（5）掌握复合地板地面施工流程及质量验收。

2. 能力目标

（1）区别不同瓷砖和复合地板特点的能力；

（2）掌握地面工程施工过程的质量保证能力。

思维导图

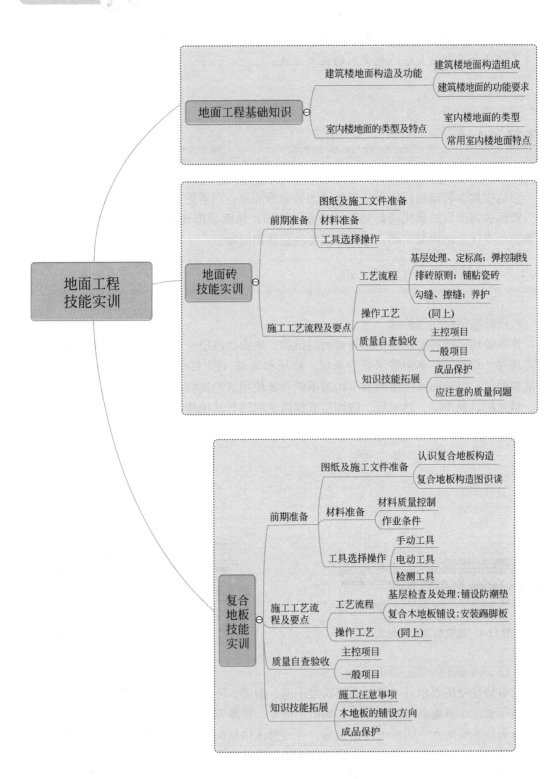

地面装饰工程是建筑装饰工程建设中的重要组成部分，其施工质量直接影响到装饰工程的整体质量和美观。本项目内容简要介绍了常用的几种地面类型，并着重介绍了瓷砖地面镶贴及复合地板安装的施工方法。

任务 11.1　地面工程基础知识

　　建筑楼地面装饰包括楼面装饰和地面装饰两部分，两者的主要区别是其饰面承托层不同。楼面装饰面层的承托层是架空的楼面结构层，地面装饰面层的承托层是室内回填土。楼面饰面要注意防渗漏问题，地面饰面要注意防潮问题。

11.1.1　建筑楼地面构造及功能

1. 建筑楼地面构造组成

　　建筑楼地面是房屋建筑地面与楼面的统称。地面指底层室内地坪，楼面是指各楼层的室内地坪。地面的基本构造层宜为面层、垫层和地基（图 11-1）；楼面的基本构造层宜为面层和楼板。当地面或楼面的基本构造不能满足使用或构造要求时，可增设结合层、隔离层、填充层、找平层、防水层、防潮层和保温绝热层等其他构造层（图 11-2）。

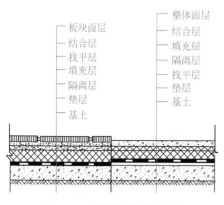

图 11-1　建筑物的底层地面

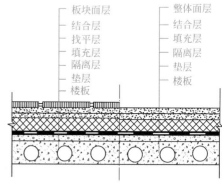

图 11-2　建筑物的楼层地面

2. 建筑楼地面的功能要求

　　除有特殊使用要求外，楼地面应满足平整、耐磨、不起尘、环保、防污染、隔声、易于清洁等要求，且应具有防滑性能。厕所、浴室、盥洗室等受水或非腐蚀性液体经常浸湿的楼地面应采取防水、防滑的构造措施，并设排水坡坡向地漏。有防水要求的楼地面应低于相邻楼地面 15mm。经常有水流淌的楼地面应设置防水层，宜设门槛等挡水设施，且应有排水措施，其楼地面应采用不吸水、易冲洗、防滑的面层材料，并应设置防水隔离层。

11.1.2　楼地面的类型及特点

1. 楼地面的类型（表 11-1）

楼地面的类型　　　　　　　　　　　　　　　　　表 11-1

分类方法	类别
按面层使用材料	水泥砂浆地面、水磨石地面、锦砖（马赛克）地面、地面砖地面、大理石地面、花岗岩地面、木地板地面、塑料板地面、地毯铺贴地面等
按面层构造方法	整体式地面、块材式地面、木质和竹质地面、人造软质地面和特种楼地面等
按施工工艺	湿作业类和干作业
按用途	防水地面、防腐蚀地面、弹性地面、防火地面、保温地面、防湿性地面等

2. 常用楼地面特点

（1）混凝土地面

混凝土地面造价便宜，易于维护。一般分为普通混凝土地面和抛光混凝土地面，抛光混凝土地面是把混凝土地面经过密封固化剂处理并打磨抛光，具有耐磨、硬度高的特点。通常在工厂、仓库、停车场等场景较为常见。如图 11-3 所示。

(a)　　　　　　　　　　　　　　　　　(b)

图 11-3　混凝土地面
（a）普通混凝土地面；（b）抛光混凝土地面

（2）木质和竹地面

木质和竹地面属于天然材质，导热系数低，冬暖夏凉，经久耐用，在环保和健康上具有一定优势，但价格较为昂贵，常见于个人家庭、高端私人场所和篮球场等体育场地。如图 11-4 所示。

（3）石材类地面

通常有大理石、花岗石、板岩、石灰石等，石材类地面因其强度、外观和耐用性而成为良好的地面材料。多用于商业建筑，医院和学校等区域。如图 11-5 所示。

（4）瓷砖类地面

瓷砖类地面质地接近于石材类地面，因其廉价、品种多样，在家用、工业、商用等诸

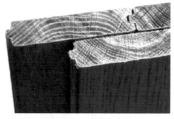

(a)   *(b)*

图 11-4　木质和竹地面

（*a*）实木地板地面；（*b*）竹地板地面

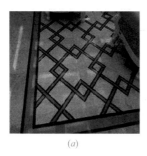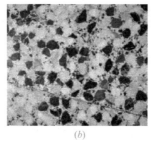

(a)   *(b)*   *(c)*

图 11-5　石材类地面

（*a*）大理石地面；（*b*）水磨石地面图；（*c*）花岗石地面

多场景都较为常见，使用范围很广。如图 11-6 所示。

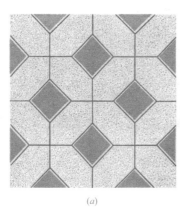

(a)   *(b)*

图 11-6　瓷砖类地面

（*a*）瓷砖地面；（*b*）锦砖（马赛克）地面

（5）地毯类地面

地毯类地面是世界范围内具有悠久历史传统的工艺美术品类之一，以棉、麻、毛、丝、草等天然纤维或化学合成纤维类原料，经手工或机械工艺进行编结、栽绒或纺织而成的地面铺敷物，分为纯毛地毯、混纺地毯、化纤地毯、塑料地毯、草编地毯等。覆盖于住宅、宾馆、体育馆、展览厅、车辆、船舶、飞机等的地面，有减少噪声、隔热和装饰效果。如图 11-7 所示。

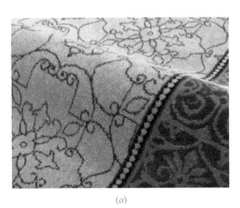

(a)　　　　　　　　　　　　　　　*(b)*

图 11-7　地毯类地面

（*a*）羊毛地毯；（*b*）塑料地毯

（6）PVC 地面

当今非常流行的一种新型轻体地面装饰材料，也称为"轻体地材"。使用在家庭、医院、学校、办公楼、工厂、超市、商业等场所。以聚氯乙烯及其共聚树脂为主要原料，加入填料、增塑剂、稳定剂、着色剂等辅料，在片状连续基材上，经涂敷工艺或经压延、挤出或挤压工艺生产而成。如图 11-8 所示。

（7）油毡地面

由共混物的氧化亚麻子油、树脂、胶粘剂在窑中干燥颜料制成的环保地面，有不同的颜色、款式和图案。不仅具有防潮防水、寿命长、弹性好、耐磨等特点，而且有天然的抗菌性能，属于可回收材料，常见于厨房、浴室和洗衣房等场景。如图 11-9 所示。

图 11-8　PVC 地面　　　　　　　　　　　　**图 11-9　油毡地面**

（8）地坪漆类地面

多用于工厂、仓库等工业场地，涂料类地面的种类有很多，每种涂料的装修效果和适用范围都不太一样。

任务 11.2 地面砖技能实训

11.2.1 前期准备

1. 图纸及施工文件准备

11.1
贴地砖、
石材施工
工艺

（1）地面砖构造

地面砖是居室或公共场所地面瓷砖的总称，主要应用于家装或工装中，适宜铺装在刚性及整体性较好的水泥砂浆找平层上。陶瓷地面砖地面的特点是外观整洁大气、坚硬耐磨、耐酸碱、耐潮湿、色彩丰富。如图 11-10、图 11-11 所示。

图 11-10 瓷砖地面砖　　　　**图 11-11 未铺设地面砖和铺设以后的客厅**

（2）地面砖构造图识读

陶瓷地面砖构造主要包括基层（楼板层或垫层）、找平层、结合层、面层，图 11-12 为陶瓷地面砖构造做法。构造做法主要包括：找平层为 1：4 水泥砂浆或者细石混凝土找平层，最薄处的厚度为 20mm，抹平；结合层为 30mm 厚 1：3 干硬性水泥砂浆结合层，表面撒水泥粉；面层为 5mm 厚陶瓷锦砖铺实拍平，干水泥（填缝剂）擦缝。如图 11-12 所示。

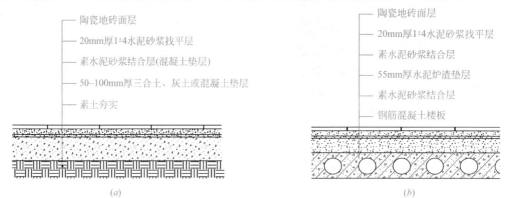

(a)　　　　　　　　　　　　　　　　*(b)*

图 11-12 陶瓷地面砖构造做法

（a）首层地面构造；（b）楼地面构造

2. 材料准备

（1）材料质量控制

1）水泥：水泥一般选用强度等级为 32.5 的矿渣水泥或普通硅酸盐水泥，应有出厂证明或复试单。若出厂超过三个月，应按试验结果使用。如图 11-13 所示。

2）胶粘剂：抛光砖或玻化砖，应采用专用胶粘剂，且有相关材料供应商的检测报告、试验数据和合格证明。如图 11-14 所示。

3）填缝剂：所使用专用填缝剂，性能、颜色需符合设计要求。如图 11-15 所示。

图 11-13　矿渣硅酸盐水泥　　　图 11-14　专用胶粘剂　　　图 11-15　专用填缝剂

4）砂子：贴地面砖所使用的砂子为粗砂或中砂，使用前先需要过筛，一般过 8mm 孔径的筛子，含泥量不得大于 3%。

5）面砖：面砖的表面应光洁、平整、方正；质地坚固，其品种、规格、尺寸、色泽、图案应均匀一致（一般为同一厂家，同一批产品），必须符合设计规定；不得有缺棱掉角、暗痕和裂纹等缺陷；共性指标均应符合现行国家标准的规定，釉面砖的吸水率不得大于10%。抛光砖或玻化砖的切割、倒角均需工厂加工完成后运至现场。进场验收合格后，在施工前应进行挑选，将有质量缺陷（重点是平整度和曲翘度等）的先剔除，然后再将面砖按大中小三类挑选后分别码放。如图 11-16 所示。

6）建筑胶水：一般选用 901 胶水。如图 11-17 所示。

图 11-16　面砖　　　　　　　　　图 11-17　901 胶水

（2）作业条件

1）首先要在墙上四周弹好 500mm 水平线，并校核无误。如图 11-18 所示。

2）墙面粉刷已完成，地面的管线施工完成且验收合格；有防水要求的房间应完成地面防水及防水保护层施工，并完成一次闭水试验合格。如图 11-19 所示。

3）穿楼地面的管洞已经堵严塞实。如图 11-20 所示。

施工前在墙体四周弹出标高控制线　（依据墙上的50cm控制线）

图 11-18　弹线

防尘塞

图 11-19　已完成贴地面砖前部工序的卫生间　　　　图 11-20　防尘塞

4）楼地面垫层已经做完。垫层（找平层）最低厚度不应小于 20mm，且原地面（基层）处理要干净、湿润。砂浆强度等级要适宜，以不起砂为准。强度等级不宜过大，注意平整度（2m 靠尺检查），且 24h 后注意洒水养护。注意垫层的高度与地板的厚度要相符。

5）板块应预先用水浸湿，并码放好，阴干时间为 30～40min，铺时应达到表面无明水。如图 11-21 所示。

图 11-21　瓷砖泡水浸润

6）复杂的地面施工前，应绘制施工大样图，并做出样板间，经检查合格后，方可大面积施工。

3. 工具选择操作

贴地面砖所选用的工具和机械有：砂浆搅拌机、云石机、瓷砖切割机、手推车、铁锹、铁皮抹子、木抹子、托灰板、木刮尺、水平尺、橡皮锤子、墨斗、小线坠等。

11.2.2 施工工艺流程及要点

1. 工艺流程（图 11-22）

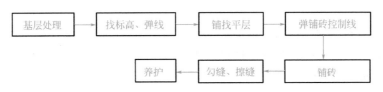

图 11-22 贴地面砖工艺流程图

2. 操作工艺

（1）基层处理、定标高

1）将楼地面上的砂浆污物、浮灰、油渍等清理干净并冲洗晾干。混凝土地面应凿毛或拉毛。抹底层灰一般分两次操作，最后用木抹子搓出麻面。有油污时，应用 10% 火碱水刷净，并用清水冲洗干净。基层验收：表面平整度用 2m 靠尺检查，偏差不得大于 5mm，标高偏差不得大于 ±8mm。如图 11-23 所示。

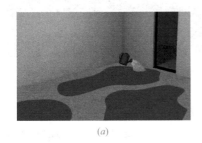

（a）　　　　　　　　　　　　（b）　　　　　　　　　　　　（c）

图 11-23 基层处理

（a）用 10% 火碱水清除地面；（b）光滑混凝土地面凿毛处理；（c）清除地面上的浮土和油污

2）根据 50cm 水平线和设计图纸找出板面标高。

（2）弹控制线

1）先根据排砖图确定铺砌的缝隙宽度，一般为大砖 10mm；卫生间、厨房通体砖 3mm；房间、走廊通体砖 2mm。

2）根据排砖图及缝宽在地面上弹纵、横控制线，以控制地面砖分隔尺寸。找出面层的标高控制点，应与各相关部位的标高控制一致，注意该十字线与墙面抹灰时控制房间方正的十字线是否对应平行，同时注意开间方向的控制线是否与走廊的纵向控制线平行，不平行时应调整至平行，以避免在门口位置的分色砖出现大小头。

（3）排砖原则

1）开间方向要对称（垂直门口方向分中）。

2）瓷砖的缺口尽量排在远离门口及隐蔽处，如暖气罩下面。

3）为了排整砖，可以用分色砖调整。

4）与走廊的砖缝尽量对上，对不上时可以在门口处用分色砖分隔。

5）根据排砖原则画出排砖图。

6）有地漏的房间应注意坡度、坡向。

（4）铺贴瓷砖

为了找好位置和标高，应从门口开始，纵向先铺 2～3 行砖，以此为标筋拉纵横水平标高线，铺时应从里面向外退着操作，人不得踏在刚铺好的砖面上，每块砖应跟线，操作程序是：

1）铺砌前，将地面砖块放入水桶中浸水湿润。注意：抛光砖不需要泡水，包括一些通体的玻化砖，这样的大地面砖在铺贴时采用的是干铺法，不需要泡水处理。而厨卫用的釉面墙砖与地面砖，吸水率一般大于 10%，在铺贴时很有必要进行泡水，待晾干后表面无明水时，方可使用。

2）找平层上洒水湿润，均匀涂刷素水泥浆（水灰比为 0.4～0.5），涂刷面积不要过大，铺多少刷多少。如图 11-24 所示。

图 11-24　找平层上洒水湿润

图 11-25　水泥砂浆结合层

3）结合层的厚度：一般采用水泥砂浆结合层，厚度为 10～25mm。铺设厚度通常以放置上面砖时高出面层标高线 3～4mm 为宜，铺好后用小木杠刮平，再用大木杠横竖检查其平整度，最后用抹子拍实找平（铺设面积不得过大）。如图 11-25 和图 11-26 所示。

(a)

(b)

图 11-26　铺设结合层

（a）小木杠刮平；（b）大木杠横竖检查其平整度

4）结合层拌合：配合比为 1∶3（体积比）的干硬性砂浆，应随拌随用，初凝前用完，防止影响粘结质量。干硬性程度以手捏成团，落地即散为宜。

5）铺贴时，最好选择地面砖进行预铺，砖的背面朝上抹粘结砂浆，铺砌到已刷好的水泥浆的找平层上，砖上棱略高出水平标高线，找正、找直、找方后，砖上面垫木板，用橡皮锤拍实，顺序从内着往外铺贴。做到面砖砂浆饱满、相接紧密、结实，与地漏相接处，用云石机将砖加工成与地漏相吻合。铺地面砖时最好一次铺一间，大面积施工时，应采取分段、分部位铺贴的方法。如图 11-27 所示。

(a)　　　　　　　　　　　　　　　　(b)

图 11-27　铺贴地面砖

(a) 瓷砖预铺；(b) 贴地面砖

6）拨缝、修整：铺完 2～3 行，应随时拉线检查缝格的平直度，如超出规定应立即修整，将缝拨直，并用橡皮锤拍实。此项工作应在结合层凝结之前完成。如图 11-28 所示。

（5）勾缝、擦缝

面层铺贴应在 24h 后进行勾缝、擦缝的工作，并应采用同品种、同强度等级、同颜色的水泥，或用专门的嵌缝材料。

1）勾缝：用 1∶1 水泥细砂浆勾缝，缝内深度宜为砖厚的 1/3，要求缝内砂浆密实、平整、光滑。随勾随将剩余水泥砂浆清走、擦净，填缝。如图 11-29 所示。

图 11-28　拨缝　　　　　　　　　　　　　图 11-29　填缝

2）擦缝：如设计要求缝隙很小时，则要求接缝平直，在铺实修好的面层上用浆壶往缝内浇水泥浆，然后用干水泥撒在缝上，再用棉纱团擦揉，将缝隙擦满，最后将面层上的水泥浆擦干净。

（6）养护

铺完砖 24h 后，洒水养护，时间不应小于 7d。如图 11-30 所示。

图 11-30 养护

11.2.3 质量自查验收

1. 主控项目

（1）面层所有的板块的品种、质量必须符合设计要求。

（2）面层与下一层的结合（粘结）应牢固，无空鼓。

2. 一般项目

（1）砖面层的表面应洁净、图案清晰，色泽一致，接缝平整，深浅一致，周边顺直。板块无裂纹、掉角和缺棱等缺陷。

（2）面层邻接处的镶边用料及尺寸应符合设计要求，边角整齐、光滑。

（3）楼梯踏步和台阶板块的缝隙宽度应一致、齿角整齐；楼层梯段相邻踏步高度不应大于 10mm；防滑条顺直。

（4）面层表面的坡度应符合设计要求，不倒泛水、不积水，与地漏、管道结合处应严密牢固，无渗漏。

（5）砖面层的允许偏差应符合《建筑地面工程施工质量验收规范》GB 50209—2010，见表 11-2。

瓷砖面层的允许偏差和检验方法　　　　　　　　　　　　　表 11-2

项次	项目	检验方法	
		陶瓷锦砖面层、高级水磨石板、陶瓷地面砖面层（mm）	检验方法
1	表面平整度	2.0	用 2m 靠尺和楔形塞尺检查
2	接缝直线度	3.0	拉 5m 线和用钢尺检查
3	接缝高低差	0.5	用钢尺和楔形塞尺检查
4	踢脚线上口平直	3.0	拉 5m 线和用钢尺检查
5	板块间隙宽度	2.0	用钢尺检查

11.2.4 知识技能拓展

1. 成品保护

（1）在铺贴板块操作过程中，对已安装好的门框、管道都要加以保护，如门框钉装保护铁皮、运灰车采用窄车等。

（2）切割地面砖时，不得在刚铺贴好的砖面层上操作。

（3）当刚铺贴砂浆抗压强度达 1.2MPa 时，方可上人进行操作，但必须注意油漆、砂浆不得存放在板块上，铁管等硬器不得碰坏砖面层。喷浆时要对面层进行覆盖保护。

2. 应注意的质量问题

（1）板块空鼓：基层清理不净、撒水湿润不均、砖未浸水、水泥浆结合层刷的面积过大、风干后起隔离作用、上人过早影响粘结层强度等因素都是导致空鼓的原因。

（2）板块表面不洁净：主要是做完面层后，成品的保护不够，油漆桶放在地面砖上、在地面砖上拌合砂浆、刷浆时不覆盖等，都造成层面被污染。

（3）有地漏的房间倒坡：做找平层砂浆时，没有按设计要求的泛水坡度进行弹线找坡。因此，必须在找标高、弹线时找好坡度，抹灰饼和标筋时，抹出泛水。

（4）地面铺贴不平，出现高低差：对地面砖未进行预先选挑，砖的薄厚不一致造成高低差或铺贴时未严格按水平标高线进行控制。

（5）地面标高错误：多出现在厕浴间，原因是防水层过厚或结合层过厚。

（6）厕浴间泛水过小或局部倒坡：地漏安装过高或+0.5m 水平控制线不准。

任务 11.3　复合地板技能实训

11.3.1　前期准备

1. 图纸及施工文件准备

（1）认识复合木地板构造

复合木地板一般采用浮铺式铺设方式，地板本身具有槽样企口边及配套的粘结胶、卡子、缓冲垫等。铺设时，在板块企口咬接处均匀涂刷胶粘剂或采用配件卡，整体铺设在地面基层上，如图 11-31 所示。复合木地板由平衡层、基材层、装饰层、耐磨层组成，见表 11-3。

11.2
实木复合
地板施工
工艺

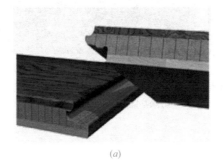

（a）　　　　　　　　　　　　（b）

图 11-31　复合木地板样式

（a）复合木地板企口；（b）复合木地板施工完毕的房间

复合木地板构造层次材料表　　　　表 11-3

层次	材料	层次	材料
平衡层	防潮薄膜	装饰层	木纹图案浸泽纸
基材层	硬质纤维板、中密度纤维板、刨花板	耐磨层	耐磨高分子材料

复合木地板的优点是色彩丰富、造型别致、耐磨、阻燃、易清理、花纹美丽、色泽均匀、不变形、防虫蛀、易清理且安装方便。缺点是弹性不足，不宜用于易受潮的场所。

（2）复合木地板构造图识读

复合木地板铺装构造主要包括地面基层、砂浆找平层、防潮层、地板面层。如图 11-32 所示。

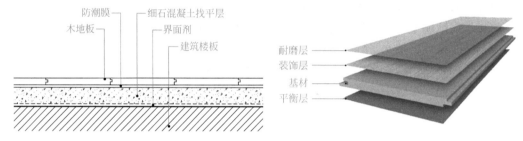

图 11-32　复合木地板铺装构造

2. 材料准备

（1）材料质量控制

面层材料材质宜选用耐磨、纹理清晰、有光泽、耐朽、不易开裂、不易变形的优质复合木地板，厚度应符合设计要求。规格通常为条形企口板，拼缝为企口缝。基层材料一般选用防潮垫。如图 11-33 所示。

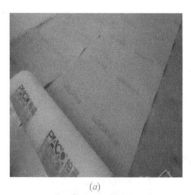

(a)　　　　　　　　　　　　　　　(b)

图 11-33　防潮垫

（a）防潮垫；（b）防潮垫铺设

（2）作业条件

同地面砖施工。

3. 工具选择操作

（1）**手动工具**：回力钩、平锹、木抹子、钢抹子、刮杠、笤帚、白线、墨斗、钢丝刷、铁錾子、手锤。

（2）电动工具：小型搅拌机、平板振捣器。

（3）检测工具：2m 靠尺、铅锤、水平尺、直角尺、激光旋转水平仪。

11.3.2　施工工艺流程及要点

1. 工艺流程（图 11-34）

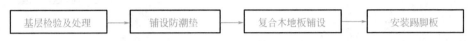

图 11-34　复合木地板工艺流程图

2. 操作工艺

（1）基层检查及处理

1）基层基本要求

地板的基层要求具有一定强度。基层表面必须平整干燥，无凹坑、麻面、裂缝、清洁干净。高低不平处应予用聚合物水泥砂浆填嵌平整，低层地坪要进行防水处理，门与地面的间隙应足以铺上地板（不足可以略刨去门边）。

2）含水率检测

用含水率测试仪测量地面含水率，普通地面的要求标准小于 20%，铺设地热的地板要求标准小于 10%。如果地面含水率过高，地板容易吸水膨胀，造成地板起拱、起鼓、响声等问题，因此若地面含水率超过标准值，必须进行防潮处理，防潮处理的方式可采用涂刷防水涂料或铺设塑料薄膜。如图 11-35 所示。

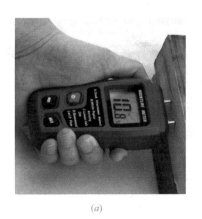 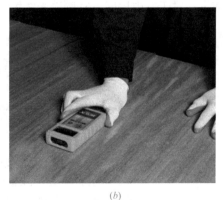

(a)　　　　　　　　　　　　　　　　　*(b)*

图 11-35　含水率检测

(a) 含水率检测仪器；*(b)* 含水率检测

3）检查地面平整度

地面平整度应满足铺装要求，用 2m 靠尺检测地面平整度，靠尺与地面的最大弦高应不大于 5mm。如果地面不平，则需要用铲刀凿平，情况严重的要重新找平或做自流平处理。若地面平整度不达标而进行铺装的话，会造成地板崩边、起翘、起拱、响声等问题。

墙面同地面的阴角处在 200mm 内应互相垂直、平整，凹凸不平度小于 1mm/m。如图 11-36 所示。

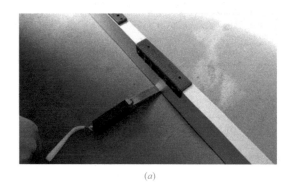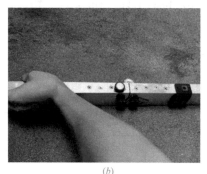

(a)   (b)

图 11-36　平整度检测

(a) 平整度检测设备；(b) 平整度检测

（2）铺设防潮垫

基层处理完毕后，将地面清扫干净，然后铺设防潮垫，这样可以防止地板受潮。防潮垫要铺平，接缝处要并拢。

（3）复合木地板铺设

面层施工主要是包括面层开板条的固定及表面的饰面处理。固定方式以钉接固定为主，即用圆钉将面层板条固定在水泥地面上。

1）铺设地板时，应从墙面一侧开始，地板必须离墙约 8～12mm，保证地板有伸缩余地，地板逐块排紧铺设，地板板缝宽度不大于 0.5mm。安装第一排时应凹槽面靠墙。铺设方向应考虑铺钉方便、固定牢固、使用美观的要求。对于走廊、过道等部位，应顺着行走的方向铺设；对于室内房间，宜顺着光线铺钉。如图 11-37 所示。

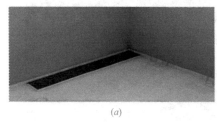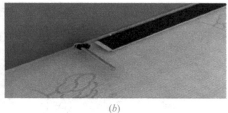

(a)   (b)

图 11-37　地板安装

(a) 从房间的一侧开始安装第一排地板，将有槽口的
一边向墙壁，加入专用垫块，预留 8～12mm 的伸缩缝隙；
(b) 用羊角锤和小木块沿着地板边缘敲打，使地板拼接紧密

2）用钉固定，在钉法上有明钉法和暗钉两种钉法。明钉法，先将钉帽砸扁，将圆钉斜向钉入板内，同一行的钉帽应在同一条直线上，并须将钉帽冲入板 3～5mm；暗钉法，先将钉帽砸扁，从板边的凹角处，斜向钉入，一般常用 45°或 60°斜钉入内。

3）板的收口压条采用厚度为 1.2mm 的拉丝不锈钢，宽度为 10mm、高度为 18mm 的 U 形不锈钢压条。

（4）安装踢脚板

1）木踢脚板基层板应与踢脚板面层后面的安装槽完全对照，安装前要严格的弹线，并用一块样板检查。基层的厚度控制是关键。

2）在墙内安装踢脚板基板的位置，每隔400mm打入木楔。安装前，先按设计标高将控制线弹到墙面，使木踢脚板上口与标高控制线重合。

3）踢脚板基层板接缝处应做陪榫或斜坡压槎，在90°转角处做成45°斜角接槎。

4）木踢脚板背面刷木制品三防剂。安装时，木踢脚板基板要与立墙贴紧，上口要平直，钉接要牢固，用气动打钉枪直接钉在木楔，若用明钉接，钉帽要砸扁，并冲入板内2～3mm，钉子的长度是板厚度的2.0～2.5倍，且间距不宜大于1.5m。

5）木踢脚板饰面安装。墙体长度在3m以内，不允许有接口，须采用整根安装。如果长度在3m以上，需要在工厂内作"指接"处理，尽量减少现场拼接。

6）踢脚线在阴角部位采用45°拼接。阳角的接口现场施工难度略大，建议采用工厂加工好拼接阳角，现场粘贴。

7）踢脚板面层粘贴完成后，须采用木龙骨固定，固定时应在木龙骨和踢脚板之间要垫发泡薄膜保护。龙骨宜固定在地板基层上。

11.3.3　质量自查验收

1.主控项目

（1）复合地板面层所采用的条材和块材，其技术等级和质量要求应符合设计要求。

（2）面层铺设应牢固；粘贴无空鼓。

2.一般项目

（1）实木复合地板面层图案和颜色应符合设计要求，图案清晰、颜色一致、板面无翘曲。

（2）面层的接头位置应错开、缝隙严密、表面洁净。

（3）踢脚线表面应光滑、接缝严密、高度一致。

复合木地板面层的允许偏差应符合质量验收规范的规定。见表11-4。

允许偏差及检验方法　　　　　　　　　　　　　　　　表 11-4

项次	项目	允许偏差（mm）	检验方法
1	板面缝隙宽度	2.0	钢尺检查
2	表面平整度	2.0	2m靠尺及楔形塞尺检查
3	踢脚线上口平齐	2.0	拉5m通线，不足5m拉通线和尺量检查
4	板面拼缝平直	3.0	
5	相邻板材高差	0.5	用尺量和楔形塞尺检查
6	踢脚线与面层的接缝	0.1	楔形塞尺检查

11.3.4　知识技能拓展

1.施工注意事项

（1）一定要按设计要求施工，选择材料应符合选材标准。

（2）木地板靠墙处要留出 10mm 空隙，以利通风。在地板和踢脚板相交处，如安装封闭木压条，则应在木踢脚板上留通风孔。

（3）实铺式木地板所铺设的油毡防潮层必须与墙身防潮层连接。

（4）在常温条件下，细石混凝土垫层浇灌后至少 7d，方可铺装复合木地板面层。

2. 木地板的铺设方向

（1）铺木地板方向选择参照物，首先根据窗户的方向，跟随光决定木地板方向，因为沿着光线的路面，更容易看到垂直延伸，而如果地板是水平铺设的，则更容易看到地面像波浪一样，视觉效果不好。

（2）根据空间的形状，木地板方向沿着长边铺，万一某块地板起拱了，不至于横在走廊中间把人绊倒。矩形客厅必须沿着侧面延伸，这也给空间增大了感觉。

（3）如果有主方向，则应在主方向上铺设，否则将独立铺设。如果起居室铺设木地板，应根据上述两个原则确定安装木地板方向，其他房间也与卧室的方向相同。如果客厅没有铺设，餐厅的木地板方向应为主方向，其他房间也应在同一方向；如果餐厅没有铺设，每个房间可以独立安排，不需要朝同一方向。

3. 成品保护

（1）铺钉地板和踢脚板时，注意不要损坏墙面抹灰和木门框。

（2）地板材料进现场后，经检验合格，应码放在室内，分规格码放整齐，使用时轻拿轻放，不可以乱扔乱堆，以免损坏棱角。

（3）铺钉木板面层时，操作人员要穿软底鞋，且不得在地面上敲砸，防止损坏面层。

（4）木地板铺设时应注意施工环境的温度、湿度的变化，施工完应及时吸尘，移交给分包商后，需要覆盖地板保护膜，满铺纤维板，接缝处密缝处理，防止开裂及变形。

（5）分包商向业主交房前应打环保蜡。

（6）通水和通暖气时，设专人观察管道节门、三通弯头、风机盘管等处，防止渗漏浸泡地板，造成地板开裂及起鼓。

项目 **12**

Chapter 12

细部工程技能实训

教学目标

1. 知识目标

（1）掌握各细部分项工程的施工原理及常规施工方法；

（2）掌握各细部分项工程施工中出现的常见质量、安全问题及保证质量、安全操作的技术组织措施和验收要求。

2. 能力目标

（1）具备根据施工实际条件，选择合理施工方法和施工顺序的能力；

（2）提升建筑艺术能力。

思维导图

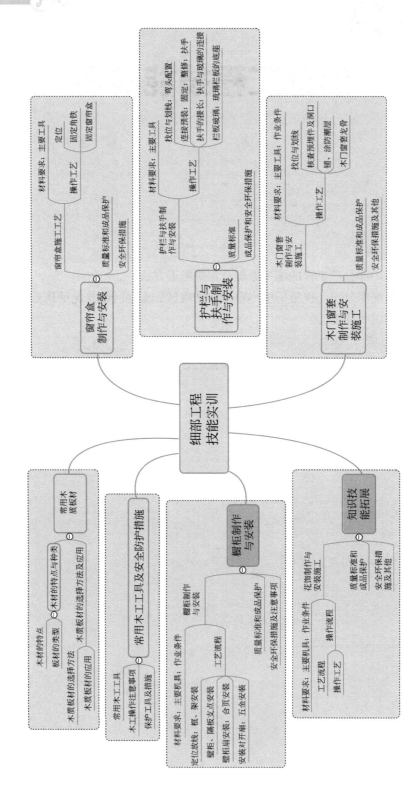

装饰细部工程是对建筑物进行美化，在建筑艺术的基础上进行再创作的过程，是建筑艺术的延伸与加强。通过细部工程的施工及装饰处理，使建筑物的风格更突出、更富有特性。细部工程装饰施工强化了空间环境的气氛和意境，增强了室内空间艺术的感染力，提高了室内空间的实用性和艺术性。细部工程技能实训适用于建筑装饰中固定橱柜制作与安装、窗帘盒和窗台板制作与安装、门窗套制作与安装、护栏和扶手制作与安装、花饰制作与安装等分项技能施工工艺流程、操作工艺、质量验收等。本项目内容主要涉及木质板材相关的装饰细部工程。

任务 12.1　常用木质板材

12.1.1　木材的特点与种类

1. 木材的特点

由于木质板材具有经济、环保、加工方便等优点，被人们广泛地应用在家装及家具的制造中。

（1）良好的加工性能

木材具有方便进行锯、凿、刨、削等机械加工和后期的涂、抹、粉、刷等装饰加工的特点，在我国古代建筑中木材的优点体现得淋漓尽致。柱梁的收分、斗栱的卷杀，使得木材具有受力特性和审美情趣，室内精美的装饰、梁柱上的彩画使得木材具有亲和力。

（2）天然可再生资源

现在的建筑在拆除中，砖石等物品被大量的丢弃，虽然钢材可以进行回收，但是其回收成本高。不断地增加人工林使用，提高木料的使用；不断地推广新型的板材；对废旧的家具、板材等进行回收再利用，可以实现木材的循环利用。

（3）优美的纹理

木材具有独特的自然纹理，在设计中是不可缺少的亮点。木材的独特纹理，再经过后期的打磨抛光和漆面的处理，使得木材装饰构件散发着温润、古朴、张力的感觉，这是其他材料不能替代的。

2. 板材的类型

板材的种类见表 12-1。

常用板材样例
表 12-1

板材名称	样例图示	说明
实木板		实木板就是采用完整的木材制成的木板材，这种板材的优点是坚固耐用、纹路自然，是装修中的优品，但是实木板的价格很昂贵，施工费用很高

续表

板材名称	样例图示	说明
夹板		夹板也叫作胶合板或细芯板，由多层 1mm 厚的单板或薄板胶贴热压而成，是现代家具中常见的材料，这种板材的厚度一般可分为 3mm、5mm、9mm、12mm、15mm、18mm
装饰面板		装饰面板是把实木板精密刨切成厚度为 0.2mm 左右的微薄木皮，以夹板为基材，经过胶粘工艺制作成的具有单面装饰作用的装饰板材，厚度为 3mm，装饰面板是现在有别于混油做法的高级装修材料
细木工板		细木工板也叫大芯板，主要是由两片单板中间粘压拼接木板形成的，大芯板的价格比细芯板便宜很多，但是竖向抗弯压能力差，横向的抗弯压能力比较强
刨花板		刨花板就是使用木材的碎料为主要的原材料，再加上胶粘剂、添加剂压成的薄型板材，可以分为挤压刨花板、平压刨花板，其特点是价格便宜，强度较差
密度板		密度板又称为纤维板，就是以木质纤维或其他植物纤维作为原材料，用脲醛树脂或合适的胶粘剂制成的人造板材，其优点在于质软耐冲压，可以进行再加工
防火板	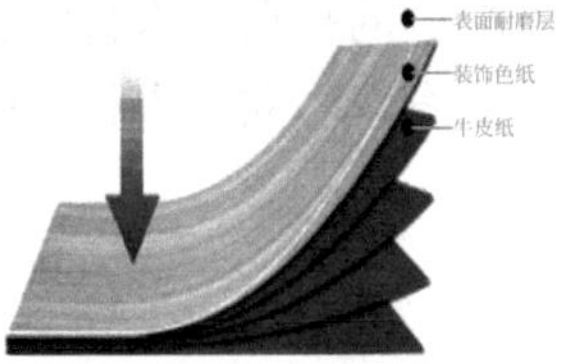	防火板是使用硅质材料或钙质材料为主要的原材料，并且需要一定比例的纤维材料、轻质骨料、胶粘剂和化学添加剂混合，经过蒸压技术制成的装饰板材，常规防火板的厚度分为 0.8mm、1mm、1.2mm
三聚氰胺板		三聚氰胺板是把不同颜色或纹理的纸放在三聚氰胺树脂胶粘剂中进行浸泡，然后拿出烘干，将其压贴在刨花板、中密度纤维板或硬质纤维板表面，再经过热压形成装饰板

续表

板材名称	样例图示	说明
石膏板		石膏板是以建筑石膏为主要原料制成的一种材料。它是一种重量轻、强度较高、厚度较薄、加工方便以及隔声绝热和防火等性能较好的建筑材料,是当前着重发展的新型轻质板材之一

12.1.2　木质板材的选择方法及应用

1. 木质板材的选择方法

（1）厚度

一般在市场上售卖的板材厚度大多不符合标准,需要细心地去挑选,并进行实际的检测。

（2）空心

不好的板材一般是空心的,对于差的板材,晃动时会听到类似于断裂的响声,好的板材的晃动幅度很小。当把差的板材锯开后,中间部分是空心的,有的还会混有杂木。

（3）平整度

正规板材的侧面会有标识品牌、规格,板材的平整度分单双面,可用眼睛看或者用手摸其平整度,差的板材的表面不平、有脱皮现象。

（4）甲醛含量

使用在门、柜子上板材甲醛含量超标,会严重影响人们的健康。

2. 木质板材的应用

（1）木质板材在装饰工程中的应用

条木地板是现在室内使用十分普遍的木质地板,主要由龙骨、地板等部分构成。地板分为单层和双层,对于双层下面是毛板,上面是硬木条板,一般会选择水曲柳、枫木、柚木、榆木等硬质树材;单层的条木地板会选择松、杉等软质树材,应根据实际的环境选择不易腐朽和变形开裂的优质板材。护壁板也叫作木台度,铺设拼花地板的房间内,使得室内装饰更加协调,护壁板一般采用木板、企口条板、胶合板等,施工时一般采用嵌条、拼缝、嵌装等方式。

（2）木质板材的综合利用

木材在加工和制作的时候会产生很多碎块和废屑等,可以将这些废料进行加工处理,制成各种人造板材。

1）胶合板就是把原木旋切成薄片,然后用胶粘合热压成的人造板材,单板叠合按照奇数层进行,要保持各层纤维垂直。胶合板最多可以达到 15 层。胶合板的特点是材质均匀、强度高、使用方便、美观性好,其主要应用在建筑室内隔墙板、护壁板、顶棚板、门面板等。

2）纤维板是把木材加工后剩余的板皮、锯末等废料，进行破碎、浸泡、研磨成木浆，再进行热压成型、干燥处理做成人造板材。纤维板的密度很大，可用作为保温隔热材料，其优点是构造均匀、强度一致、抗弯强度高、耐磨、绝热性能好、不腐蚀、不变形等。

3）刨花板、木丝板、木屑板分别是以刨花木渣、边角料的木丝等为原材料，然后再掺入适量的胶黏剂，经过热压成型的人造板材，所用的胶粘剂是合成树脂。这种材料的特点是密度小、强度低、对绝热和吸声的作用很好，在其表面粘贴塑料贴面作为装饰面层，可以增加板材的强度。

任务 12.2　常用木工工具及安全防护措施

12.2.1　常用木工工具

"工欲善其事，必先利其器"，装饰细部工程施工要了解、精通各种木工工具。木工工具一般都有较锋利的刃口，使用时一定要注意安全，要认真学习工具的正确使用方法，见表 12-2。

常用工具样例　　　　　　　　　　　　　　　　　　　　　表 12-2

工具名称	样例图示	说明
钢卷尺		用于下料和度量部件，携带方便，使用灵活，常选用 2m 或 3m 的规格
钢直尺		一般用不锈钢制作，精度高且耐磨损。用于榫线、起线、槽线等方面的划线。常选用 150～500mm
角尺		角尺可用于下料划线时的垂直划线；用于结构榫眼、榫肩的平行划线；用于制作产品角度衡量的是否正确与垂直；还用于加工面板是否平整等
三角尺		用于划 45°角的常规用具

续表

工具名称	样例图示	说明
活动角尺		可根据需要调整出任何任意角度,灵活便捷
墨斗		斗使用中,弹线一定要注意,右手在中间捏墨线提起弹线,保证垂直,不能忽左忽右,避免弹出的墨线不直,形成弯线或是弧线的形式,造成下料的板材出现弯度
羊角锤		使用时要将钉子顺直地钉入木材内,操作时锤顶应与钉子轴线方向垂直,开头几锤应轻敲,使钉子保持顺直进入木材内一定深度,后几锤可稍用劲,这样可以避免钉身弯曲
框锯		又名架锯,是由工字形木框架、绞绳与绞片、锯条等组成。锯条两端用旋钮固定在框架上,并可用它调整锯条的角度,绞绳绞紧后,锯条被绷紧,即可使用
刀锯		刀锯主要由锯刃和锯把两部分组成,可分为单面、双面、夹背刀锯等。单面刀锯锯长 350mm,一边有齿刃,根据齿刃功能不同,可分纵割和横割两种
钢丝锯	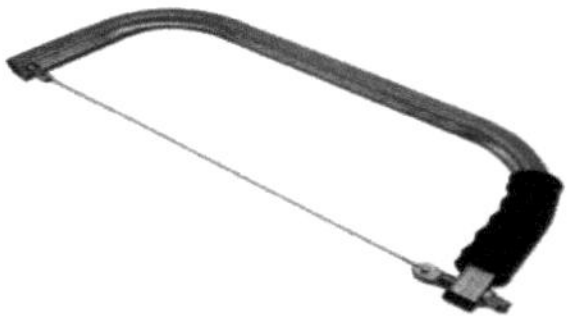	又名弓锯,它是用竹片弯成弓形,两端绷装钢丝而成。钢丝长约 200～600mm,锯弓长 800～900mm。钢丝锯主要用于锯割复杂的曲线和开孔
电圆锯		电圆锯具有安全可靠、结构合理、工作效率高等特点。适用于对木材、纤维板、塑料和软电缆以及类似材料进行锯割作业
冲击电钻		冲击电钻主要适用于对混凝土地板、墙壁、砖块,石料,木板和多层材料上进行冲击打孔;另外,还可以在木材、金属、陶瓷和塑料上进行钻孔,配备有电子调速装备,可实现顺转、逆转等功能

续表

工具名称	样例图示	说明
钉枪		分电动钉枪、气动钉枪、瓦斯钉枪、手动钉枪等。通过压簧或拉簧将钉送到枪盖槽内，当撞针从枪嘴出来时，将钉打出

12.2.2　木工操作注意事项

（1）电动工具在使用之前，必须先看说明书。

（2）工作前，预先做机器和木材的运动模拟，不要有任何物件妨碍操作动作。

（3）为工具更换铣刀头、锯片、刨刀、带锯等刃锯时，一定要拔掉工具的电源插头。

（4）电动工具周围无不安全的区域，无关操作人员不得靠近。

（5）电动工具的自检，要认真进行多次。若有异常，马上停止使用。

（6）工具的运动完全停止后，再取木料。

（7）手不要放在刀具的运行轨迹附近，如果一定需要辅助力量，请用推板代替。

（8）操作手持电圆锯时，要注意锯片的下方，一定不要有电线和硬物，切割线的下方应该空的。推台刨时，尽量用推板，不要用手。用车床、铣桌、台锯时，必须佩戴防护眼镜。等锯片完全停止后，再抬起。

（9）心情不好、喝酒、身体不适等不良状况禁止操作电动工具。

（10）操作电动工具时，不要戴项链、腕饰、手套，须佩戴防护眼镜。操作过程中不要聊天、接电话、干无关的事情。无关人员不要随意打扰。

（11）木工房须配置：创可贴、酒精、棉签、口罩、面罩、手套、灭火器及最近医院的线路图。

（12）喷漆房要有通风设备，禁止吸烟。

（13）离开木工房，要切断电源。

12.2.3　保护工具及措施

（1）防护镜（也可配轻型摩托全罩头盔）、耳塞、耳罩、劳保鞋。只要动工（尤其电动工具），就必须使用。

（2）手套：手动工具时可戴手套，电动工具时切勿戴手套（这是一个特例）。

（3）防尘口罩：使用电锯、电刨、电铣时，可佩戴普通防尘口罩。但是在使用胶和油漆时，要戴活性炭过滤面罩或消防用防毒面具。

（4）消防灭火器：须在操作间安置灭火器。

任务 12.3　橱柜制作与安装

12.3.1　橱柜制作与安装

1. 材料要求

（1）木材及制品

壁柜、吊柜木制品由工厂加工为成品或半成品，木材含水率不大于12%。木制品的有害物质限量必须符合现行国家标准的有关规定要求。加工的框和扇进场时，应对型号、质量进行核查，需有产品合格证。

（2）其他材料

防腐剂、胶粘剂、插销、木螺钉、拉手、锁、碰珠、合页等应按设计要求的品种、规格备齐。胶粘剂中的有害物质限量应符合现行国家规范要求。

2. 主要机具

（1）电动工具：电焊机、手电钻、冲击钻等。

（2）手动工具：不同尺寸的刨子、裁口刨、木锯、斧子、扁铲、螺丝刀、钢水平尺、凿子、钢锉、钢尺等。

3. 作业条件

（1）结构工程和有关壁柜、吊柜的构造已具备安装壁柜和吊柜的条件，室内已有标高水平线。

（2）壁柜框、扇进场后及时将加工品靠墙、贴地，顶面应涂刷防腐涂料，其他各面应涂刷底油一道，然后分类码放。加工品码放底层要垫平、保持通风，一般不应露天存放。

（3）壁柜、吊柜的框和扇，在安装前应检查有无窜角、翘曲、弯曲、劈裂，如有以上缺陷，应修理合格后，再进行拼装。吊柜钢骨架应检查规格，有变形的应修正合格后进行安装。

（4）壁柜、吊柜的框安装应在抹灰前进行，扇的安装应在抹灰后进行。

4. 操作工艺

（1）工艺流程（图 12-1）

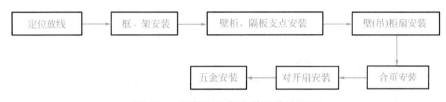

图 12-1　橱柜制作与安装工艺流程图

（2）操作工艺

1）定位放线：抹灰前利用室内统一标高线，根据设计施工图要求的壁柜、吊柜标高及上下口高度，考虑抹灰厚度的关系，确定相应的位置。

2）框、架安装：壁柜、吊柜的框和架安装应在室内抹灰前进行，安装在正确位置后，两侧框每个固定件用2个钉子与墙体木砖钉固，钉帽不得外露。若隔断墙为加气混凝土或轻质隔板墙时，应按设计要求的构造固定。如设计无要求时可预钻Φ5mm孔，深70～100mm，并事先在孔内预埋木楔粘胶水泥浆，打入孔内粘牢固后再安装固定柜。

采用钢柜时，需在安装洞口固定框的位置预埋铁件，进行框件的焊固。在柜、架固定时，应先校正、套方、吊直、核对标高位置准确无误后再进行固定。

3）壁柜、隔板支点安装：按施工图隔板标高位置及要求的支点构造安设支点条（架）。木隔板的支点，一般是将支点木条钉在墙体木砖上，混凝土隔板一般为 U 形铁件或设置角钢支架。

4）壁（吊）柜扇安装：按扇的安装位置确定五金型号，对开扇裁口方向，一般应以开启方向的右扇为盖口扇。

检查框口尺寸：框口高度应量上口两端；框口宽度应量两侧框间上、中、下三点，并在扇的相应部位定点画线。

根据划线进行柜扇第一次修刨，使框、扇留缝合适，试装并划第二次刨线，同时划出框、扇合页槽位置，注意划线时避开上下冒头。

5）合页安装：根据标划的合页位置，用扁铲凿出合页边线，即可剔合页槽。安装时应将合页先压入扇的合页槽内，找正拧好，固定螺钉。试装时，修正合页槽的深度，调整框扇缝隙，框上每只合页先拧一个螺钉，然后关闭，检查框与扇平整、无缺陷，符合要求后将全部螺钉安上拧紧、拧平。

木螺钉应钉入全长的1/3，拧入2/3，如框、扇为黄花松或其他硬木时，合页安装螺钉应划定位置打眼，孔径为木螺钉的0.9倍直径，眼深为螺钉的2/3长度。

6）安装对开扇：先将框、扇尺寸量好，确定中间对口缝、裁口深度，划线后进行刨槽，试装合适时，先装左扇，后装盖扇。

7）五金安装：五金的品种、规格、数量按设计要求安装，安装时注意位置的选择。无具体尺寸时，操作应按技术交底进行，一般应先安装样板，经确认后再大面积安装。

12.3.2 质量标准和成品保护

1. 质量标准

（1）主控项目

1）橱柜制作与安装所用材料的材质和规格、木材的燃烧性能等级和含水率、花岗石的放射性及人造木板的甲醛含量应符合设计要求及国家标准的有关规定。

2）橱柜安装预埋件或后置埋件的数量、规格、位置应符合设计要求。

3）橱柜的造型、尺寸、安装位置、制作和固定方法应符合设计要求，且安装必须牢固。

4）橱柜配件的品种、规格应符合设计要求。配件应齐全，安装应牢固。

5）橱柜的抽屉和门应开关灵活、回位正确。

（2）一般项目

1）橱柜表面应平整、洁净、色泽一致，不得有裂缝、翘曲及损坏。

2）橱柜裁口应顺直、拼缝应严密。

3）橱柜安装的允许偏差和检验方法应符合表 12-3 的规定。

橱柜安装的允许偏差和检验方法　　　　　　　　　　表 12-3

项次	项目	允许偏差(mm)	检验方法
1	外形尺寸	3	用钢尺检查
2	立面垂直度	2	用 1m 垂直检测尺检查
3	门与框架的平行度	2	用钢尺检查

2. 成品保护

（1）对已完成的装饰工程及水电设施等应采取有效措施加以保护，防止损坏及污染。

（2）建筑物的交通进出口，易被碰撞的部位，应及时镶钉木板加以保护。

（3）细木制品安装完成后，应立即刷一遍底油，防止干裂及受潮变形。

（4）表面进行涂饰作业时，应对非涂饰部分采用塑料薄膜及粘贴美纹纸方式加以保护以防止污染。

12.3.3　安全环保措施及注意事项

1. 安全措施

（1）材料应堆放整齐、平稳，并应注意防火。

（2）电锯、电刨应有防护罩及一机一闸一漏保护装置，所用导线、插座等应符合用电安全要求，并设专人保护及使用。操作时必须遵守机电设备有关安全规程。电动工具应先试运转正常后方能使用。

（3）操作前，应先检查斧、锤、凿子等易断头、断把的工具，经检查、修理后再使用。

（4）操作人员使用电钻、电刨时应戴橡胶手套，不用时应及时切断电源，并由专人保管。

（5）使用石膏和剔凿墙面时，应戴手套和防护镜。

（6）小型工具、五金配件及螺钉等应放在工具袋内。

（7）钻孔不得面对面操作。如并排操作时，应错开 1.2m 以上，以防失手伤人。

（8）操作地点的碎木、刨花等杂物，工作完毕后应及时清理，集中堆放。

2. 环保措施

（1）高层或多层建筑清除施工垃圾必须采用容器吊运，不得从电梯井或在楼层上向地面倾倒施工垃圾。

（2）禁止烧刨化、木材余料等。

（3）高噪声设备（如木工机械等）尽量在室内操作或至少三面封闭。

（4）设备操作人员应遵守操作规程，并了解所操作机械对环境造成的噪声影响。

（5）尽量将切割机、空压机等小型电动设备安置在空旷、人少、比较密封的地点，夜间使用小型电动设备的时间、频次应控制在最低限度。

（6）各种与噪声有关的过程，作业人员必须按照交底作业，作业时做到轻拿轻放。高噪声的工序应分区段施工，加快作业进度，减少噪声排放时间和频次。

（7）不可用建筑垃圾应设置垃圾场，稀料类垃圾应采用桶类容器存放；可利用的建筑垃圾按管理要求分类存放。

（8）现场垃圾及时清运，建筑垃圾在施工现场内装卸运输时，宜洒水降尘，卸到堆放场地后及时覆盖或用水喷洒，以防扬尘。

3.施工注意事项

（1）细部工程安装部位应在结构施工阶段按设计及施工要求预埋木砖、预埋铁件、锚固连接件或预留孔洞。预埋木砖须涂刷防腐剂，预埋铁件须经防锈处理。

（2）材料进场后，必须按设计图纸的要求，检查验收材料的质量、几何尺寸、图案、预埋件、锚固连接件以及预留孔洞等，并分类存放，便于提取使用。

（3）材料的包装、运输与储存应保证材料不变形、不受潮、不污染、防碰撞等。

（4）细部工程基层应平整、清洁、干燥，与基体之间必须粘贴牢固，无脱层、空鼓、裂缝等缺陷。

（5）复杂分块花饰的安装，必须按设计要求试拼，分块编号。安装时饰品图案应精确吻合。

（6）安装室内花饰制品的墙面、顶棚等部位，不得有潮湿和滴水现象，避免花饰制品受潮变色、变形。

（7）湿度较大的房间，不得使用未经防水处理的石膏花饰、纸制花饰等。

（8）细部工程应对人造木板的甲醛含量进行复验。

任务 12.4　窗帘盒制作与安装

12.4.1　窗帘盒施工工艺

1.材料要求

（1）使用的木夹板规格尺寸，必须符合设计要求。

（2）木夹板应使用干燥，无脱胶开裂、无缝状裂痕，不得使用腐朽、空鼓的板材，含水率不大于12%，甲醛释放量不大于1.5mg/L。

（3）饰面用的木夹板表面应清洁美观、木纹清晰、色泽一致、无疤痕。

2.主要工具

水平仪、电锯、手电钻、卷尺、铁锤、拉钉钳、电锤、打磨机、钉枪、钳子、螺丝刀、墨斗、白线、扳手、铅笔、墙纸刀等。

3.操作工艺

（1）暗装形式窗帘盒的分类

暗装形式的窗帘盒的主要特点是与吊顶部分结合在一起，常见的有内藏式和外接式。

1）内藏式窗帘盒：主要形式是在窗顶部位的吊顶处，做出一条凹槽，在槽内装好窗帘轨。作为含在吊顶内的窗帘盒，与吊顶施工一起进行。

2）外接式窗帘盒：主要形式是在吊顶平面上，做出一条贯通墙面长度的遮挡板，在遮挡板内吊顶平面上装好窗帘轨。遮挡板可采用木构架双包镶，并把底边做封板边处理。遮挡板与顶棚的交接线要用棚角线压住。遮挡板的固定法可采用射钉固定，也可采用预埋木楔、圆钉或膨胀螺栓固定。

（2）操作工艺

1）下料：按图纸要求截下的木料要长于要求规格 30～50mm，厚度、宽度要分别大于 3～5mm。

2）刨光：刨光时要顺木纹操作，先刨削出相邻两个基准面，并做上符合标记，再按规定尺寸加工完另外两个基础面，要求光洁、无戗槎。

3）制作卯榫：最佳结构方式是采用 45°全暗燕尾卯棒，也可采用 45°斜角钉胶结合，但钉帽一定要砸扁后打入木内。上盖面可加工后直接涂胶并钉入下框体。

4）装配：用直角尺测准暗转角度后，把结构敲紧打严，注意格角处不要露缝。

5）修正砂光：结构固化后可修正砂光。用 0 号砂纸打磨掉毛刺、棱角、立槎，注意不可逆木纹方向砂光，要顺木纹方向砂光。

12.4.2 质量标准和成品保护

1. 主控项目

（1）窗帘盒制作与安装所使用材料的材质和规格、木材的阻燃性能等级和含水率、人造木板的甲醛含量应符合设计要求及现行国家标准的有关规定。

（2）窗帘盒的造型、规格、尺寸、安装位置和固定方法必须符合设计要求。窗帘盒的安装必须牢固。

（3）窗帘盒配件的品种、规格应符合设计要求，安装应牢固。

2. 一般项目

（1）窗帘盒表面应平整、洁净、线条顺直、接缝严密、纹理一致，不得有裂缝、翘曲及损坏。

（2）窗帘盒与墙面、窗框的衔接应严密，密封胶应顺直、光滑。

（3）窗帘盒安装的允许偏差和检验方法应符合表 12-4 的规定。

窗帘盒安装的允许偏差和检验方法　　　　　　　　　　　　　表 12-4

项次	项目	允许偏差(mm)	检验方法
1	水平度	2	用 1m 水平尺和塞尺检查
2	上口、下口直线度	3	拉 5m 线,不足 5m 拉通线,用钢直尺检查
3	两端距窗洞口长度差	2	用钢直尺检查
4	两端出墙厚度差	3	用钢直尺检查

3. 成品保护

（1）安装窗帘盒后，应进行饰面的装饰施工，应对安装后的窗帘盒进行保护，防止污染和损坏。

（2）安装窗帘及轨道时，应注意对窗帘盒的保护，避免对窗帘盒碰伤、划伤等。

12.4.3　安全环保措施

（1）材料应堆放整齐、平稳，并应注意防火。

（2）严禁用手攀窗框、窗扇和窗撑；操作时应系好安全带，严禁把安全带挂在窗撑上。

（3）操作时应注意对门窗玻璃的保护，以免发生意外。

（4）合理使用材料，及时将废弃的油漆桶、木夹板等清理干净。

任务 12.5　护栏与扶手制作与安装

12.5.1　护栏与扶手制作与安装

1. 材料要求

（1）扶手

楼梯木扶手分为两种类型，一种是与楼梯组合安装的栏杆扶手，另一种是不设楼梯栏杆的靠墙扶手。

1）木制扶手一般用硬杂木加工而成，其树种、规格、尺寸、形状按设计要求。木材质量均应纹理顺直、颜色一致，不得有腐朽、节疤、裂缝、扭曲等缺陷；含水率不得大于12%。弯头一般以45°断面相接，断面特殊的木扶手按设计要求备弯头料。

2）胶粘剂：一般多用聚醋酸乙烯（乳胶）等胶粘剂。

3）其他材料：木螺钉、木砂纸、加工配件。

（2）玻璃栏板

1）玻璃：栏杆玻璃类型、厚度应符合设计要求，并应使用厚度不小于12mm的钢化玻璃或钢化夹层玻璃。当栏杆一侧距楼地面高度为5m及以上时，应使用钢化夹层玻璃。因钢化玻璃不能在施工现场进行裁割，所以应根据设计尺寸到厂家订制，须注意玻璃的排块合理、尺寸精确。

2）扶手材料：扶手是玻璃栏板的收口和稳固连接构件，其材质影响到使用功能和栏板的整体装饰效果，因此扶手的造型与材质需要与室内其他装饰统一设计。目前所使用较多的玻璃栏板扶手材料主要有不锈钢圆管、黄铜圆管及高级木料三种。不锈钢圆管可采用镜面抛光或一般抛光的不同品种，其外圆规格 $\phi 50 \sim \phi 100mm$ 不等，可根据需要订购。黄铜圆管也有镜面或亚光制品。

2. 主要工具

电锯、电刨、手提刨、手工锯、手电锯、冲击电钻、窄条锯、二刨、小刨、小铁刨、斧子、羊角锤、钢锉、木锉、螺丝刀、卡子、方尺、割角尺等。

3. 操作流程

（1）工艺流程

1）木扶手制作与安装施工工艺流程图如图 12-2 所示。

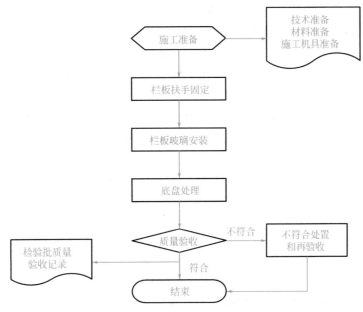

图 12-2　木扶手制作与安装施工工艺流程图

2）玻璃栏杆安装工艺流程图如图 12-3 所示。

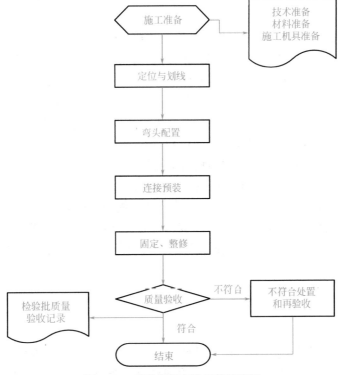

图 12-3　玻璃栏杆安装工艺流程图

（2）操作工艺

1）定位与划线：根据扶手固定件的位置、标高、坡度，定位校正后划出扶手纵向中心线。根据扶手构造的折弯位置与角度，划出折弯或割角线。楼梯栏板和栏杆定面，划出扶手直线段与弯、折弯段的起点和终点位置。

2）弯头配置：按栏板或栏杆顶面的斜度，配好起步弯头，一般木扶手，可用扶手料割配弯头。采用割角对缝粘结，在断块割配区段内最少要考虑用 3 个螺钉与支撑固定件连接固定。大于 70mm 断面的扶手接头配置时，除粘结外，还应在下面作暗榫或用铁件结合。

3）连接预装：预制木扶手须经预装，预装木扶手由下往上进行，先预装起步弯头及连接第一跑扶手的折弯弯头，再配上折弯之间的直线扶手料，进行分段式预装粘结，粘结时操作环境温度不得低于 5°。

4）固定：分段预装检查无误，进行扶手与栏杆（栏板）上固定件，用木螺钉拧紧固定，固定间距控制在 400mm 以内，操作时，应在固定点处先将扶手料钻孔，再将木螺钉拧入。

5）整修：扶手弯折处如有不平顺，应用细木锉锉平，找顺磨光，使其折角线清晰、坡角合适、弯曲自然、断面一致，最后用木砂纸打光。

6）扶手：扶手两端起固定作用的紧固点应该是不发生变形的牢固部位，如墙体、柱体或金属附加柱等。对于墙体或结构柱体，可预先在主体结构上埋设铁件，然后将扶手与预埋件焊接或用螺栓连接；也可采用膨胀螺栓铆固铁件或用射钉打入连接件，再将扶手与连接件紧固。

7）扶手的接长：扶手应是通长的，如要接长，可以拼接，但应不显接槎痕迹。金属扶手的接长均应采用焊接，焊接后，须将焊口处打磨修平而后抛光。

8）扶手与玻璃的连接：在不锈钢或黄铜圆管扶手内加设型钢，既可提高扶手的刚度，又便于玻璃栏板的安装。型钢与金属圆管相焊接。有的金属圆管扶手不采用加设型钢的做法，其型材在生产成型时将镶嵌凹槽一次做好。

9）栏板玻璃：栏板玻璃的块与块之间，宜留出 8mm 的间隙，间隙内注入硅酮胶系列密封胶。栏板玻璃与金属扶手、金属立柱及基座饰面等相交的缝隙处，均应注入密封胶。

10）玻璃栏板的底座：固定玻璃多采用角钢焊成的连接固定件，可以使用两条角钢，也可以只用一条角钢。底座部位设两角钢留出间隙以安装固定玻璃，间隙的宽度为玻璃的厚度再加上每侧 3～5mm 的填缝间距。固定玻璃的铁件高度不宜小于 100mm，铁件的布置中距不宜大于 450mm。栏板底座固定铁件只是一侧设角钢，另一侧采用钢板，安装玻璃时，利用螺栓加橡胶垫或利用填充料将玻璃挤紧。玻璃的下部不得直接落在金属板上，应使用氯丁橡胶将其垫起。玻璃两侧的间隙也用橡胶条塞紧，缝隙外边注胶密封。

12.5.2 质量标准

1. 主控项目

（1）护栏和扶手制作与安装所使用材料的材质、规格、数量和木材、塑料的燃烧性能等级应符合设计要求。检验方法：观察；检查产品合格证书、进场验收记录和性能检测报告。

（2）栏杆和扶手的造型、尺寸及安装位置应符合设计要求。检验方法：观察；尺量检查；检查进场验收记录。

（3）护栏和扶手安装预埋件的数量、规格、位置以及护栏与预埋件的连接节点应符合设计要求。检验方法：检查隐蔽工程验收记录和施工记录。

（4）护栏高度、栏杆间距、安装位置必须符合设计要求。护栏安装必须牢固。检验方法：观察；尺量检查；手扳检查。

（5）护栏玻璃应使用厚度不小于 12mm 的钢化玻璃或钢化夹层玻璃。当护栏一侧距楼地面高度为 5m 及以上时，应使用钢化夹层玻璃。检验方法：观察；尺量检查；检查产品合格证书、进场验收记录。

2. 一般项目

（1）护栏和扶手转角弧度应符合设计要求，接缝应严密、表面应光滑、色泽应一致，不得有裂缝、翘曲及损坏。检验方法：观察；手摸检查。

（2）护栏和扶手安装的允许偏差和检验方法见表 12-5。

护栏和扶手安装的允许偏差和检验方法　　　　　　　　表 12-5

项次	项目	允许偏差（mm）	检验方法
1	护栏垂直度	≤3	用 1m 垂直检测尺检查
2	栏杆间距	3	用钢尺检查
3	扶手直线度	4	拉通线，用钢直尺检查
4	扶手高度	3	用钢尺检查

3. 其他质量控制要求

（1）木扶手与弯头的接头要在下部连接牢固，木扶手的宽度或厚度超过 70mm 时，其接头应将扶手与垂直杆件连接牢固，紧固件不得外露。

（2）整体弯头制作前应做足尺样板，按样板划线。弯头粘结时，温度不宜低于 5℃。弯头下部应与栏杆扁钢结合紧密、牢固。

（3）木扶手弯头加工成形应刨光，弯曲应自然、表面应磨光。

（4）金属扶手、护栏垂直杆件与预埋件连接应牢固、垂直，如焊接，则表面应打磨抛光。

（5）玻璃栏板应使用夹层夹丝玻璃或安全玻璃。

（6）多层走廊部位的玻璃护栏，人在倚靠时，由于居高临下，常常有一种不安全的感觉。所以该部位的扶手高度应比楼梯扶手要高些，合适的高度应在 1.1m 左右。

12.5.3　成品保护和安全环保措施

1. 成品保护

（1）安装好的玻璃护栏应在玻璃表面涂刷醒目的图案或警示标识，以免因不注意而碰撞到玻璃护栏。

（2）安装好的木扶手应用泡沫塑料等柔软物包好、裹严，防止破坏、划伤表面。

（3）禁止以玻璃护栏及扶手作为支架，不允许攀登护栏及扶手。

2. 安全环保措施

（1）安装前应设置简易防护栏杆，防止施工时意外摔伤。

（2）安装时应注意下面楼层的人员，以免坠物伤人。

任务 12.6 木门窗套制作与安装施工

12.6.1 木门窗套制作与安装施工

1. 材料要求

（1）含水率不大于 12%，材质不得有腐朽、超断面 1/3 的节疤、劈裂、扭曲等疵病，并预先经防腐处理。

（2）厚度不小于 3mm（也可采用其他贴面板材），颜色、花纹要尽量相似。用原木材作面板时，含水率不大于 12%，板材厚度不小于 15mm；要求拼接的板面、板材厚度不少于 20mm，且要求纹理顺直、颜色均匀、花纹近似，不得有节疤、裂缝、扭曲、变色等疵病。

2. 主要工具

手提刨、电锯、机刨、手工锯、手电钻、冲击电钻、长刨、短刨等主要工具。

3. 作业条件

（1）应预埋好木砖或铁件。

（2）应在安装好门窗口、窗台板以后进行，钉装面板应在室内抹灰及地面做完后进行。

（3）其余三面刷防腐剂。

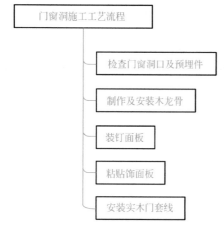

图 12-4 门窗洞施工工艺流程

（4）接通电源，并进行试运转。

（5）应绘制施工大样图，并应先做出样板，经检验合格，才能大面积进行作业。

4. 操作流程

（1）工艺流程（图 12-4）

（2）操作工艺

1）定位与画线：木门窗套安装前，应根据设计图要求，先找好标高、平面位置、竖向尺寸，进行弹线。

2）核查预埋件及洞口：弹线后检查预埋件、木砖是否符合设计及安装的要求，主要检查排列间距、尺寸、位置是否满足钉装龙骨的要求；量测门窗及其他洞口位置、尺寸是否方正垂直，与设计要求是否相符。

3）铺、涂防潮层：设计有防潮要求的木门窗套，在钉装龙骨时应加铺防潮卷材，或在钉装龙骨前进行涂刷防潮层的施工。

4）木门窗套龙骨：根据洞口实际尺寸，按设计规定骨架料断面规格，可将一侧木门窗套骨架分三片预制，洞顶一片、两侧各一片。每片一般为两根立杆，当筒子板宽度大于500mm 时，中间应适当增加立杆。横向龙骨间距不大于 400mm、面板宽度为 500mm 时，横向龙骨间距不大于 300mm。龙骨必须与固定件钉装牢固，表面应刨平，安装后必须平、正、直。防腐剂配制与涂刷方法应符合有关规范的规定。

5）钉装面板：使用前按同一房间、临近部位的用量进行挑选，使安装后面板的木纹方向、颜色从观感上近似一致。在板上划线裁板，原木材板面应刨净；胶合板、贴面板的板面严禁刨光，小面皆须刮直。面板长向对接配制时，必须考虑接头位于横龙骨处。

① 原木材的面板背面应做卸力槽，一般卸力槽间距 100mm、槽宽 10mm、槽深 4～6mm，以防板面扭曲变形。

② 对龙骨位置、平直度、钉设牢固情况以及防潮构造要求等进行检查，合格后进行安装。面板尺寸、接缝、接头处构造完全合适，木纹方向、颜色的观感尚可的情况下，才能进行正式安装。

③ 钉装面板的钉子规格应适宜，钉长约为面板厚度的 2～2.5 倍，钉距一般为100mm，钉帽应砸扁，并用尖冲子将钉帽顺木纹方向冲入面板表面下 1～2mm。

12.6.2　质量标准和成品保护

检查数量应符合下列规定：每个检验批应至少抽查 3 间（处），不足 3 间（处）时应全数检查。

1. 主控项目

1）门窗套制作与安装所使用材料的材质、规格、花纹和颜色、木材的燃烧性能等级和含水率、花岗石的放射性及人造木板的甲醛含量应符合设计要求及现行国家标准的有关规定。检验方法：观察；检查产品合格证书、进场验收记录、性能检测报告和复验报告。

2）门窗套的造型、尺寸和固定方法应符合设计要求，安装应牢固。检验方法：观察；尺量检查；手扳检查。

2. 一般项目

1）门窗套表面应平整、洁净、线条顺直、接缝严密、色泽一致，不得有裂缝、翘曲及损坏。检验方法：观察。

2）门窗套安装的允许偏差和检验方法应符合表 12-6 的规定。

门窗套安装的允许偏差和检验方法　　　　　　　　表 12-6

项目	允许偏差(mm)	验收方法	
		量具	测量方法
框的正、侧面垂直度	≤2.0	托线板和钢卷尺	全数检查
		钢卷尺	
框对角线长度差	≤2.0	托线板和钢卷尺	
框与扇之间缝隙	≤4.0	用钢直尺和楔形塞尺	
框与扇接触处高低差	≤1.0	楔形塞尺	

3. 成品保护

（1）细木制品进场后，应贮存在室内仓库或料棚中，保持干燥、通风，并按制品的种类、规格搁置在垫木上水平堆放。

（2）配料应在操作台上进行，不得直接在没有保护措施的地面上操作。

（3）操作时窗台板上应铺垫保护层，不得直接站在窗台板上操作。

（4）木门窗套安装后，应及时刷一道底漆，以防干裂或污染。

（5）为保护细木成品，防止碰坏或污染，尤其出入口处应加保护措施，如装设保护条、护角板、塑料贴膜，并设专人看管等。

12.6.3　安全环保措施及其他

1. 安保措施

（1）各种电动工具使用前要检查，严禁非电工接电。

（2）做好木工圆盘锯的安全使用管理工作。

（3）施工现场内严禁吸烟，明火作业要有动火证，并设置看火人员。

（4）对各种木方、夹板饰面板分类堆放整齐，保持施工现场整洁。

（5）安装前应设置简易防护栏杆，防止施工时意外摔伤。

（6）安装时应注意下面楼层的人员，适当时将梯井封好，以免坠物砸伤下面的作业人员。

2. 其他质量问题

（1）面层木纹错乱，色差过大：主要是轻视选料，影响观感；注意加工品的验收，应分类挑选匹配使用。

（2）棱角不直，接缝接头不平：主要由于压条、贴脸料规格不一，面板安装边口不齐、龙骨面不平。细木操作从加工到安装，每一工序达到标准，保证整体的质量。

（3）木门窗套上下不方正：主要是抹灰冲筋不规格，安装龙骨框架未调方正；应注意安装时调正、吊直、找顺，确保方正。

（4）木门窗套上下或左右不对称：主要是门窗框安装偏差所致，造成上下或左右宽窄不一致；安装找线时及时纠正。

（5）割角不严：应认真用角尺划线割角，保证角度、长度准确。

任务 12.7　知识技能拓展

12.7.1　花饰制作与安装施工

1. 材料要求

（1）规格：水泥砂浆花饰、混凝土花饰、木制花饰、金属花饰、塑料花饰、石膏花饰。其中，胶粘剂、螺栓、螺钉、焊接材料、贴砌的粘贴材料等，品种、规格应符合设计要求和国家有关规范规定的标准。室内用水性胶粘剂中总挥发性有机化合物（TVOC）和苯限量见表 12-7。

室内用水性胶粘剂中总挥发性有机化合物（TVOC）和苯限量　　　表 12-7

测量项目	限量(g/l)	测量项目	限量(g/kg)
TVOC	≤750	游离甲醛	≤1

2. 主要机具

电动机、电焊机、手电钻、冲击电钻、专用夹具、刮刀，此外还包括吊具、大小料桶、刮板、铲刀、油漆刷、水刷子、扳手、橡皮锤、擦布、脚手架等。

3. 作业条件

（1）购买的花饰制品或自行加工的预制花饰，应检查验收，其材质、规格、图式应符合设计要求。水泥、石膏预制花饰制品的强度应达到设计要求，并满足硬度、刚度、耐水、抗酸的要求标准。

（2）安装花饰的工程部位，其前道工序项目必须施工完毕，并具备一定强度，基层必须达到安装花饰的要求。

（3）重型花饰的位置应在结构施工时，事先预埋锚固件，并做抗拉试验。

（4）按照设计的花饰品种，安装前应确定好固定方式（如粘贴法、镶贴法、木螺钉固定法、螺栓固定法、焊接固定法等）。

（5）正式安装前，应在拼装平台做好安装样板，经有关部门检查鉴定合格后，方可正式安装。

4. 操作流程

（1）工艺流程（图 12-5）

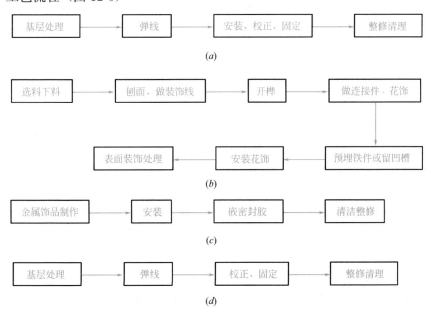

图 12-5　花饰制作与安装施工工艺流程图

（a）混凝土花饰；（b）木花饰；（c）金属饰品；（d）石膏饰品安装

（2）操作工艺

1）基层处理，预制花饰安装前应将基层或基体清理干净、处理平整，并检查基底是否符合安装花饰的要求。

2）对重型花饰，在安装前应检查预埋件或木砖的位置和固定情况是否符合设计要求，必要时做抗拉试验。

3）预制花饰分块在正式安装前，应对规格、色调进行检验和挑选；按设计图案在平台上组拼，经检验合格后进行编号，作为正式安装的顺序号。

4）在预制花饰安装前，确定安装位置线。按设计位置由测量配合，弹好花饰位置中心线及分块的控制线。

5）花饰粘贴法安装，一般轻型预制花会采用此法安装。粘贴材料根据花饰材料的品种选用：水泥砂浆花饰和水泥水刷石花饰，通常使用水泥砂浆或聚合物水泥砂浆粘贴；石膏花饰宜使用石膏灰或水泥浆粘贴；木制花饰和塑料花饰可用胶粘剂粘贴，也可用木螺钉固定；金属花饰宜用螺栓固定，也可根据构造选用焊接安装。

6）预制混凝土花格或浮面花饰制品，应用1∶2水泥砂浆砌筑，拼块的相互间用钢销子系牢固，并与结构连接牢固。

7）较重的大型花饰采用螺栓固定法安装。安装时，将花饰预留孔对准结构预埋固定件，用铜或镀锌螺栓适量拧紧固定，花饰图案应精确吻合，固定后用1∶1水泥砂浆将安装孔眼堵严，表面用同花饰颜色一样的材料修饰，不留痕迹。

8）重量大、体型大的花饰采用螺栓固定法安装。安装时，将花饰预留孔对准安装位置的预埋螺栓，按设计要求基层与花饰表面规定的缝隙尺寸，用螺母或垫块板固定，并加临时支撑。花饰图案应清晰、对缝吻合。花饰与墙面间隙的两侧和底面用石膏临时堵住。待石膏凝固后，用1∶2水泥砂浆分层灌入花饰与墙面的缝隙中，由下而上每次灌100mm左右的高度，下层终凝后再灌上一层。待灌缝砂浆达到强度后才能拆除支撑，清除周边临时堵缝的石膏，并修饰完整。

9）大、重型金属花饰采用焊接固定法安装。根据花饰块体的构造，采用临时固挂的方法，按设计要求找正位置，焊接点应受力均匀，焊接质量应满足设计及有关规范的要求。

12.7.2 质量标准和成品保护

本分项适用于混凝土、石材、木材、塑料、金属、玻璃、石膏等花饰制作与安装工程的质量验收。

室内每个检验批应至少抽3间（处），不足3间（处）时应全部检查。

1. 主控项目

（1）花饰制作与安装所使用材料的材质、规格应符合设计要求。

（2）花饰的造型、尺寸应符合设计要求。

（3）花饰的安装位置和固定方法必须符合设计要求，安装必须牢固。

2. 一般项目

（1）花饰表面应洁净，接缝应严密吻合，不得有歪斜、裂缝、翘曲及破损。

（2）花饰安装的允许偏差和检验方法见表 12-8。

花饰安装的允许偏差和检验方法　　　　　　　　表 12-8

项次	项目		允许偏差（mm）		检验方法
			室内	室外	
1	条形花饰的水平度或垂直度	每米	1	2	拉线和用 1m 垂直检测尺检查
		全长	3	6	
2	单独花饰中心位置偏移		10	15	拉线和用钢直尺检查

3. 成品保护

（1）已完成的装饰工程及水电设施等应采取有效措施加以保护，防止损坏及污染。

（2）建筑物的交通进出口，易被碰撞的部位，应及时镶钉木板加以保护。

（3）细木制品安装完成后，应立即刷一遍底油，防止干裂及受潮变形。

（4）饰品四周如需进行涂料等作业时，应贴纸或覆盖塑料薄膜以防止污染。

（5）石膏饰面安装完成后，应贴纸或覆盖塑料薄膜，防止花饰受潮变色。

（6）安装好的饰品，不得堆放物品，严禁上人蹬踩。

（7）饰品安装、运输过程应注意保护，不得碰撞、刻划、污染。

12.7.3　安全环保措施及其他

1. 安全环保措施

（1）操作前检查脚手架和跳板是否搭设牢固、高度是否满足操作要求，合格后才能上架操作，凡不符合安全之处应及时修整。

（2）禁止穿硬底鞋、拖鞋、高跟鞋在架子上工作，架子上的人不得集中在一起，工具要搁置稳定，防止坠落伤人。

（3）在两层脚手架上操作时，应尽量避免在同一垂直线上工作。

（4）夜间临时用的移动照明灯，必须用安全电压。机械操作人员必须培训持证上岗，现场一切机械设备，非操作人员一律禁止乱动。

（5）选择材料时，必须选择符合设计和国家规定的材料。

2. 其他质量问题

（1）花饰安装必须选择相应的固定方法及粘贴材料。注意胶粘剂品种、性能，防止粘不牢，造成开粘脱落。

（2）安装花饰时，应注意弹线和块体拼装的精度，为避免花饰安装平直超偏，需测量人员紧密配合施工。

（3）采用螺钉和螺栓固定花饰，在安装时不可硬拧，使各受力点平均受力，以防止花饰扭曲变形和裂开。

（4）花饰安装完毕后加强防护措施，保持已安好的花饰完好洁净。

Chapter 13

项目**13**
建筑装饰技能赛项解析

1. 知识目标

（1）熟练完成绘图赛题，熟悉了解其施工组织过程及实施；

（2）熟悉掌握绘图及施工的评分细则；

（3）解读赛后点评，了解比赛得失，学习比赛经验；

（4）了解赛题设计原则及思路；

（5）熟悉备赛、比赛的要点；

（6）了解世界技能大赛相关知识。

2. 能力目标

（1）提高个人及团队协作能力；

（2）积极适应环境、正确应对竞赛的能力。

思维导图

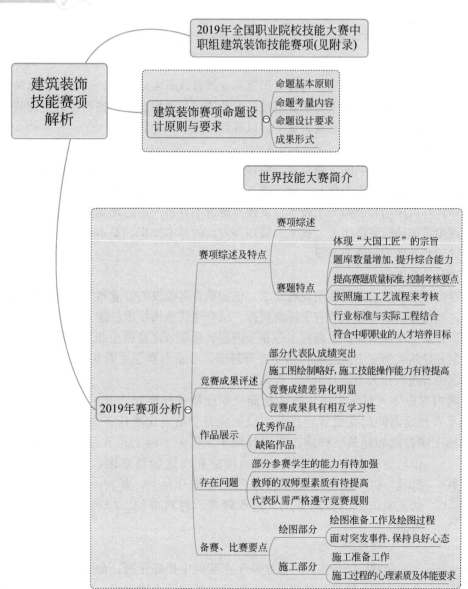

引文

　　全国职业院校技能大赛建筑装饰技能赛项迄今为止举办了四届，分别是在 2013 年、2015 年、2017 年、2019 年，前两届比赛内容为壁纸裱糊及木地板、踢脚线安装，后两届比赛内容为釉面砖镶贴及轻钢龙骨纸面石膏板隔墙安装。本项目摘录了 2019 年全国职业院校技能大赛中职组建筑装饰技能赛项的赛题，并论述了赛项分析、评分细则、赛题设计原则、备赛比赛要点等内容，以供参考。同时简单介绍了世界技能大赛的相关知识。

任务 13.1 建筑装饰赛项命题设计原则与要求

建筑装饰技能赛项的目标应符合《国家职业教育改革实施方案》的精神，紧贴建筑装饰产业人才发展需要，引导中等职业院校的专业建设与课程改革，推动建筑装饰装修行业中职人才的培养，达到"以赛促教促学，以赛促建促改"的目的。

1. 命题基本原则

竞赛命题应具有鲜明的工程背景，应体现综合性工程训练的特点，以建筑装饰施工图绘制、建筑装饰施工操作为核心，使参赛选手更好地掌握当代建筑装饰工程中的两项基本技能，即计算机应用和装饰施工技术，促使参赛选手具备一定的现场施工管理和团队协作能力，逐步掌握建筑装饰工艺、技术、管理等方面的基本知识、基本技能和基本素养，提升参赛选手职业能力和就业质量。

2. 命题考量内容

竞赛命题应根据公布的赛项规程要求，依据教育部颁发的专业教学标准、国家职业资格标准，对接建筑装饰行业的有关标准规范，结合建筑装饰技术技能人才培养要求和职业岗位需要，适当增加新知识、新技术等相关内容。建筑装饰赛项命题通常包含建筑装饰施工图绘制和建筑装饰施工技能操作两个竞赛环节，要求参赛学生既相对分工又密切合作，围绕命题内容进行相关理论分析与工程实践。

命题内容应体现对学生展示职业技能和职业精神的要求。其中，绘图环节命题由参赛选手在规定时间内完成规定任务，成果应符合给定比赛任务书要求，通常包括建筑装饰施工图抄绘和建筑装饰施工图设计两个子任务。施工环节命题考量中的实际操作与协作能力，要求学生正确理解和表述题目意图，借助轻型装饰施工机具，以考核学生的工艺综合应用能力为主，要有一定的难度，内容包括正确识图、合理分工、过程管理、材料节约、绿色施工、成品保护等方面。

13.1
2015年施工图绘制赛题

13.2
2015年施工操作部分赛题

13.3
2015年赛项分析

3. 命题设计要求

命题应结合实际，鼓励从生产实践中提炼命题。命题要求考核绩点设计合理，评分标准简单明了，对要解决的问题表述准确，对需要完成的任务要求明确。命题应满足上机考试和工位实操两个阶段进行的要求，竞赛的工作量以 1 天为宜。

4. 成果形式

要求参赛学生提交建筑装饰电子版设计文件和实物作品，并符合竞赛任务书的要求。

任务 13.2　赛项分析

1. 赛项综述及特点

（1）赛项综述

在 2019 年全国职业院校技能大赛中职组建筑装饰技能赛项中，全国共 29 个省市和 5 个单列市组队参加 90 支代表队，180 名选手参加，出现世界技能大赛选手。其中最终的竞赛结果是：一等奖 9 个，二等奖 18 个，三等奖 27 个，成绩分布如图 13-1～图 13-3 所示。

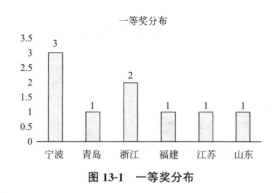

图 13-1　一等奖分布

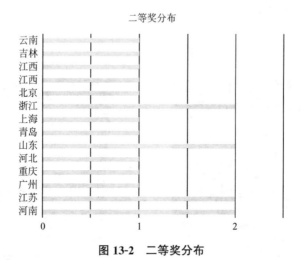

图 13-2　二等奖分布

（2）赛题特点

1）体现了"大国工匠"的宗旨。

2）题库数量增加，提升学生的动手、动眼、动脑能力。

3）赛题质量标准提高，考核要点严格控制。

4）体现了"过程环节"，按照施工工艺流程来考核。

5）从行业标准出发，体现建筑装饰特点，与实际工程结合进一步加强。

参赛队成绩分布

☐ 80～90 ☐ 70～80 ▨ 60～70 ☐ 50～60 ▨ 40～

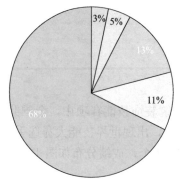

总成绩	数量（个）
80～90	3
70～80	4
60～70	12
50～60	10
40～	61

图 13-3　参赛队成绩分布

6）符合中等职业教育的人才培养目标。

2. 竞赛成果评述

（1）部分代表队表现突出。

（2）施工图绘制普遍好于施工技能操作。

（3）竞赛成绩差异化明显，其中施工技能操作中，4 支代表队出现因完整度不足 50％，导致 0 分。

（4）1 支代表队放弃施工技能操作。

（5）竞赛成果具有相互学习性。

3. 作品展示

（1）优秀作品展示（图 13-4～图 13-6）

图 13-4　标准工位

图 13-5　优秀作品（瓷砖镶贴）

（2）施工技能操作的部分缺陷作品（图 13-7～图 13-9）

4. 存在问题

（1）部分参赛学生的能力有待加强

1）基本功不扎实，尤其在读图、识图、绘图、实操等环节上，缺失对图纸的准确表

图 13-6　优秀作品（轻钢龙骨纸面石膏板隔墙）

图 13-7　缺陷作品（1）

达能力。

2）技能操作与施工图绘制的单项性还可以，但全面性不足。

3）灵活、应变的竞技能力较差，心理因素不强。

4）对竞赛规则缺乏敬畏之心。

（2）施工图绘制 20 人竞赛成绩取消

1）没有认真阅读任务书的要求。

2）存盘位置错误。

3）存盘名称错误。

4）内部的文件名称错误。

图 13-8 缺陷作品 (2)

（3）教师的双师型素质有待提高

1）部分教师本身缺失实践经验，对工程实务了解不多，很难全面指导好学生。

2）指导学生要有责任心，熟知竞赛规程。

3）部分参赛选手服装不符合规程，缺乏敬业精神。

4）部分参赛工具不符合规程。

5）思想要端正，在提升学生技能水平上下功夫。

（4）代表队未严格遵守比赛规则要求

1）选手服装未按要求，导致扣分。

2）瓷砖、石膏板申请额外材料，导致扣分。

3）未完成作品，提前 90 分钟离场。

4）3 支代表队未携带身份证。

5）自带工具包装带有标志。

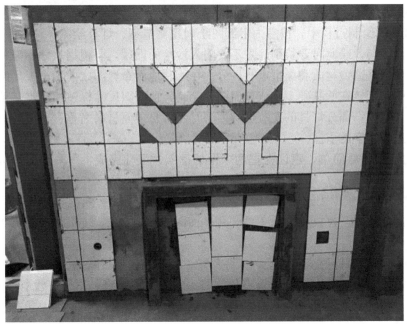

图 13-9　缺陷作品（3）

6）部分工具安全性不足。

7）自带螺钉。

5. 备赛、比赛要点

（1）绘图部分

1）绘图准备工作

① 图纸分发到手后，阅读审题，用记号笔对重点内容进行标记，比如文件保存位置、文件命名、绘图设置、绘图要求、打印出图等有明确要求的都要重点标记。一定要按照要求做，否则将失分，甚至不得分。

② 合理分配绘图时间，120 分钟比赛时间可大致分成三部分，任务一 80 分钟，任务二 30 分钟，虚拟打印及检查 10 分钟。还可以再细化，比如任务一包括 5 个图的抄绘，家

居平面布置图需要的时间要长一点需 30 分钟，地面需 10 分钟，顶棚需 20 分钟，立面需 15 分钟，预留 5 分钟检查。如果在预定的时间里完不成任务，就需要考虑绘图结果的价值最大化，即同样的时间画哪些图能得到最高的分值。

③ 利用好开赛前的十几分钟时间，检查电脑、键盘、鼠标，保证系统运行正常，进行绘图环境设置、软件调试，设定合适的自动保存时间，绘图过程中也要随时进行手动保存。绘图开始后注意排除外界干扰，现场键盘声音太快太杂，极易受干扰，要尽快让自己稳定下来，按照平时训练的顺序规律进行比赛。比赛结束前几分钟，应检查存盘等重要事项。

2）绘图

① 绘图前理清思路，对图纸整体分析、解构，明确绘图顺序。

② 绘图开始前把各种设置、图框、保存文件夹准备好。尽量选择分值最多的一幅图开始抄绘，每完成一次命令就保存一次。

③ 建筑平面图完成后，复制几个备用以提高效率。

④ 顶面布置图的绘制过程中，按室内平面图绘制顶棚造型、灯具绘制、注释等内容。此图需要新建顶面图层，绘制时要特别注意不要陷入抄绘的误区，要根据尺寸一条线一条线的进行偏移，要根据造型材质和类型进行区分。在绘制地面布置图之前，已经复制了顶面布置图的框架图，直接在此基础上完成顶面图的绘制，顶面图尺寸标注的重点是顶面造型的平面尺寸以及定位，部分灯具的安装定位，同时还需要顶面材料名称、做法的相关说明、灯具名称等进行文字的引注。

⑤ 立面图的绘制稍微简单，建议先把两个图的框架、尺寸完成，再画内部结构，这样可以节省时间。

⑥ 赛项"建筑装饰施工图绘制"中的任务二在实训中应让选手熟记人体工程学常用的尺寸数据。绘制立面图，建议用 Ray 射线，用平面图辅助画立面，立面的布置要和平面图一样，包括墙体。

3）比赛中面对突发事件要淡定对待，保持良好心态，比如突然断电、键盘鼠标失灵、软件卡死等，这需要平时训练中做针对性专项练习。临近比赛结束，不管有没有绘完图，都要进行检查存盘情况、文件名称等，确保无误。

（2）施工部分

1）施工前准备工作

① 调试工具。竞赛中用到的工具众多，需要一一调试，确保安全正常。比如，切割锯、手提锯运行正常，锯片磨损状态能否满足竞赛需求；对线仪、手电钻等充电设备是否充满，使用干电池的设备电池是否更换，有无备用电池；自制工具是否已调试好，满足精度要求；标记铅笔是否已削好；各种湿度的毛巾是否已备好等。这些工作都需要在进入比赛场地前做好，充足的准备有助于提升选手的自信心。

② 合理分工。根据选手自身的情况合理分工，要考虑选手的身体素质、适合工种、负责施工部分的熟练度、各工种的特点等，合理分配施工时间及施工工序，使彼此互相高效协作。比如，负责轻钢龙骨隔墙的选手任务相对简单，可以让其负责釉面砖镶贴中的拌灰、放线、釉面砖切割等工作。统筹安排、合理分工是训练和比赛中不可忽视的重要工作。

2）施工准备工作

① 赛场气温高、空气闷、噪声大，要调整好心态适应施工环境。入场后检查赛场准备的材料工具，进行合理摆放。通读一遍任务书，确定施工流程，配戴好防护用具，摆放好要使用的施工工具与材料。

② 检查墙体基层，修整缺陷，测量尺寸，洒水湿润。

③ 根据图纸、工位尺寸计算釉面砖镶贴位置和轻钢龙骨安装位置，以此作为施工放线及釉面砖、龙骨、纸面石膏板的下料依据。

④ 紧要工序和需要互相协作的工序先进行，例如拌灰、放线、釉面砖切割等。

⑤ 施工前要准备多种方案，当前方案出现问题时，要启用备用方案，避免束手无策。比如石膏板裁割失误，可以申请新的板材（额外材料会扣分）或者改变方案进行补救。

3）施工

① 选手在工位操作，要尽量节省空间，给对方留出足够的施工空间。

② 紧要工作不能耽搁，以免延误完工时间，比如釉面砖镶贴难度大、耗用时间长，所以辅助工作尽量让安装隔墙的选手承担。

③ 釉面砖镶贴中的阴阳角，要符合图纸要求。镶贴时，要"胆大心细手稳定，螺蛳壳里做道场"。

④ 裁割石膏板时轻拿轻放，切勿损伤石膏板。钉距要在符合图纸要求的基础上，尽量美观。清理板面时要用干毛巾。

⑤ 量取数据时要多次确认，避免错误。

⑥ 施工时务必洒水降尘。

⑦ 善用工具。比赛允许部分自制工具，要精心琢磨，为选手添助力。各种工具的使用须安全第一、符合操作规范，施工中不允许摘下防护工具，实训中应以此为第一要务。

⑧ 收尾完工时两名选手要交换互查，查漏补缺。

4）施工环节用时 4 小时，极耗心力和体力，在平常的实训中要注重选手长时间训练时良好心理素质的培养和体能的储备。选手赛场上的自信，源于平时刻苦的训练和对细节绝对的把握。

任务 13.3　世界技能大赛简介

世界技能组织是一个中立、非盈利的世界性组织，总部设在荷兰的阿姆斯特丹。第二次世界大战后，世界各国急需专业技能劳动力，为此，西班牙开始了青年技能训练，为评比训练成果，1950 年开始在西班牙的马德里举办了第一届世界技能大赛。自 1955 年开始，欧洲、亚洲、美洲、大洋洲和非洲等国家（地区）也相继参加世界技能大赛，使之成为项国际技能赛事。

目前，世界技能大赛已经确立了 48 个竞赛项目。竞赛项目并非一成不变，会结合产业发展趋势进行调整。竞赛项目的确立要遵循"最少参加国数"的规定，即：各项目参加国不得少于 12 个。各国也可申请增设新的竞赛项目，对新增项目的要求是：第一届参赛国不得少于 8 个，第二届参赛国不得少于 10 个，第三届参赛国不得少于 12 个。

除个别团队项目外，每个项目各参赛国只限一名选手参赛，年龄要求在 22 周岁以下（以报名日为准，机电一体化选手年龄可放宽至 25 周岁）。无论是否有本国选手参赛，每个项目各会员国均可选派 1 名技术专家作为评委（可以是选手的技术指导人员）参加。

13.4
第42届世界技能大赛瓷砖贴面赛项

13.5
第43届世界技能大赛选拔赛

世界技能大赛有三个宗旨：一是促进各国青少年之间的技能交流，提高国内技能水平；二是增进各国之间的相互理解；三是促进职业技能培训制度及方法的信息交流。

世界技能竞赛在 45 个技能门类中设定了国际标准，竞赛项目分为运输与物流、建筑与工艺技术、制造和工程技术、艺术创作与时装、信息与通信技术、社会与私人服务六个大类，其中建筑与工艺技术竞赛项目分为 12 项：砌砖、家具制造、木工、电气技术安装、细木工、园林设计、室内装饰设计、墙面抹灰和干燥、给水排水系统和供暖系统、制冷技术、石雕、瓷砖贴面。

图 13-10　第 42 届世界技能大赛瓷砖贴面赛项比赛现场

图 13-11　第 43 届世界技能大赛选拔赛比赛现场

世界冠军——世界技能大赛砌筑项目

2019 年 8 月 27 日晚,第 45 届世界技能大赛在俄罗斯喀山闭幕。此次大赛中,来自广州的"90 后"陈子烽,在比赛中稳扎稳打、善作善成,砌出五面高标准、高精度、高颜值的艺术墙,捧回世界技能大赛砌筑项目金牌,向世界展示了中国砌筑的最高水平。

陈子烽称大赛跟平时训练还是有点差别,图案比较新颖,而且有五个模块。比赛工作量也很大,一共有 600 来块砖;比赛时间共 22 个小时,就是三天半。对于三天半的比赛,陈子烽也简单回忆了一下:拿到图纸就知道很难完成。前两天可能比规划的时间慢了半个小时,而且前面有人比我做得快又好。第二天做完晚上就感觉很艰难,因为第三天要做得很快才能完成。比赛期间睡得不是很好,两个小时就会醒一次。在最后第三天很顺利,也做得很好:剩下 6 个小时做最后一个模块,但是那个模块量是非常大的,可能有 248 块砖。那天 2 小时砌了 148 块砖,平均下来就是 48 秒一块。

陈子烽说,所有的地方都要做得很完美,作品要完整的还原出图纸尺寸。首先考虑的是精度,超过一个毫米就会被扣分,还要通过识图、翻样、切割、铲灰、铺灰、放砖和勾缝等。

陈子烽从训练到拿到冠军总共是经过了 650 天,训练一共砌了 185 个作品。每一天的训练、每一个作品的砌筑、留下的每一滴的汗水,此刻都转化成为了这枚金牌最稳固的基石!青春飞扬正当时,大国工匠看青年。

13.6
世界冠军

附录 2019年全国职业院校技能大赛中职组建筑装饰技能赛项任务书

2019 年全国职业院校技能大赛中职组建筑装饰技能赛项 "建筑装饰施工图绘制" 竞赛环节任务书

机位号：

一、竞赛须知

1. 选手应遵守《2019年全国职业院校技能大赛中职组建筑装饰技能赛项规程》的各项规定，遵守赛场纪律。

2. 本竞赛环节总时长为连续120分钟，参赛队2名选手分别独立完成本任务书指定的竞赛任务。

3. 本竞赛环节总分为100分，赛项总分加权系数0.4。竞赛环节按照2名选手成绩的平均分计算参赛队得分。

4. 所有绘图题目要求使用"中望建筑CAD 教育版2017"完成。请参赛选手在规定时间内，检查竞赛电脑硬件软件使用是否正常，如有问题应及时向当值裁判报告。

5. 竞赛设备、如有违反，将取消本环节成绩。

6. 竞赛过程中不得携带与竞赛无关的书籍、存储设备、通信设备、录表设备，如有违反，将取消本环节成绩。

7. 竞赛过程中如注意及时保存绘图成果。因个人操作失误造成的问题，经裁判长审核，可补足相应的比赛时间。

8. 竞赛前应提交无卷无加分。参赛选手在提交竞赛成果前，务必仔细检查文件和电子文件的存储位置和名称是否正确，上传竞赛结果文件应得到当值裁判的确认。

9. 竞赛提供的所有纸质资料不得带出该选手本身，竞赛成果若违反竞赛场纪律，出现舞弊行为，裁判长有权终止该选手比赛，取消本环节比赛成绩。

10. 参赛选手违反竞赛场纪律，竞赛成果雷同等，裁判长有权终止该选手比赛，取消本环节比赛成绩。

二、竞赛成果的统一要求

1. 文件保存位置要求：在D盘的根目录号下以机位号新建并命名的文件夹内。

2. 文件命名要求：按照任务顺序命名，即在规定的文件夹内保存"任务一.dwg"、"任务二.dwg"、"任务三.pdf"3个文件。

3. CAD标准要求：
   1) 软件自动生成的图层、图线、样式采用默认标准。
   2) 任务中规定图层时，对应的图层样式应应用于指定图层。
   3) 图层0不允许绘制（存在）任何内容，否则视为舞弊行为。
   4) 新建文字样式时，样式名称为"HZ"，其中宽度因子（宽高比）设置为0.7，字体名为"仿宋"，语言为"CHINESE_GB2312" 图中汉字注释的文字样式应选择"HZ"。所有关于文字及数字的标注以我绘图软件注以软件默认认设置为准。
   5) 文字与填充无有遮挡图案次需删除图案冲洞（背景遮蔽）处理。
   6) 使用横式图框，标题栏一格式见下图。

2019年全国职业院校技能大赛（中职组）建筑装饰技能赛项		
施工图绘制环节		
	（图名）	
施工图绘制环节	竞赛任务说明（一）	图号

三、竞赛任务具体要求

（一）任务一：建筑装饰施工图抄绘（共计65分）

任务一包括4项抄绘任务，所有图形保存在"任务一.dwg"文件中。

1. 抄绘"家具平面布置图"（20 分）

根据给定图纸，完成以下操作：

1）参照建筑平面图定位轴线、墙体、门窗以及其他构造和设施的定位尺寸，抄绘全部图样，包括所有尺寸标注、文字标注、图框等内容。

2）新建"建筑-家具"图层，将图中家具的有关图样都抄绘在该图层中。

3）抄绘平面图中的门窗表，并布置在适当位置。

2. 抄绘"地面铺装图"（15 分）

根据给定图纸，完成以下操作：

1）参照建筑平面图定位轴线、墙体、门窗以及其他构造和设施的定位尺寸，抄绘全部图样，包括所有尺寸标注、文字标注、图框等内容。

2）新建"建筑-平面-地面"图层，将图中地面铺装的有关图样都抄绘在该图层中。

3. 抄绘"顶棚平面图"（15 分）

根据给定图纸，完成以下操作：

1）参照建筑平面图定位轴线、墙体、门窗以及其他构造和设施的定位尺寸，抄绘全部图样，包括所有尺寸标注、文字标注、图框等内容。

2）新建"建筑-平面-顶棚"图层，将图中顶棚平面中的有关图样都抄

4. 抄绘"房间立面图"（15 分）

根据给定图纸，完成以下操作：

1）抄绘全部图样，包括所有尺寸标注、文字标注、图框等内容。

2）新建"建筑-立面-墙面"图层，将图中墙面装饰设计的有关图样都抄绘在该图层中。

（二）任务二：建筑装饰设计绘图（共计30分）

任务二包括设计和绘制等4项任务，应标注图名和比例。绘制的图形保存在"任务二.dwg"文件中。出图比例统一为1:50，设计、铺装图案等均可调用图库中的标准图块。

1. 设计酒店客房标准间的卫生间（5分）

根据酒店客房标准间客房平面图，将指定区域用100mm厚砌体隔墙围合出一个封闭式的卫生间，并根据图中绘出的水管位置布置相应的坐便器、台盆、洗浴设施，确定卫生间开门的位置，门开向卫生间内。门宽800mm。

图中层高3000mm，墙厚250mm，外门为900×2100mm。设计结果通过以下图纸表达。

2. 绘制"地面铺装图"（10分）

1）设计客房（含卫生间）内地面做法并绘制"地面铺装图"，地面铺装满足房间使用功能要求。绘制内容包括客房（含卫生间）的地面、墙角、踢脚、地漏、管道井等。标注地面铺装装饰的装饰材料、构造做法，以及必要的尺寸和文字标注。

建筑装饰技能实训（含赛题剖析）

3. 绘制"家具平面布置图"（10分）

1) 在客房内布置家具并绘制"家具平面布置图"。

2) 家具尺寸大小符合人体工程学，家具布置满足室内流线设计要求。家具包括：1张双人床，2个床头柜，1个电视柜，1个化妆台，1个写字台和1把椅子，1个落地灯、电视机自选。

3) 绘制内容包括墙体、门窗，家具，洁具等，以及必要的尺寸和文字标注、内视符号等。

4. 绘制A，B向立面图（5分）

1) 根据附图所示C，D向墙面的装修效果，对A，B向墙面（含卫生间外侧墙面）进行装饰设计。A，B墙面装饰做法应与C，D墙面保持一致，分别绘制室内A，B向两侧面（含卫生间外侧墙面）的装饰立面图。

2) 绘制内容墙面装饰线条、造型、装饰品等，填充门，家具的立面。标注墙面装饰材料、构造做法，以及必要尺寸和文字标注。

（三）任务三：虚拟打印（共计5分）

请打开文件"任务二.dwg"，完成以下操作：

1) 更改布局名称为"PDF 打印"。

2) 根据图形数量、尺寸选择合理的图幅（A3或A2），设置页面尺寸，设置可打印区域的页边距均为0，打印样式设置为Monochrome。

3) 以1:1比例插入符合制图标准的横式图框，并绘制任务书规定的标题栏，并填写标题栏内的图名，图号。

4) 使用视口布置地面铺装图，家具平面布置图，A向立面图和B向立面图，视口比例设为1:50。

5) 通过布局进行虚拟打印，输出格式为PDF，文件名称为"任务三"。

2019年全国职业院校技能大赛（中职组）建筑装饰技能赛项

施工图绘制环节　　竞赛任务说明（三）

图号

第3页 共8页

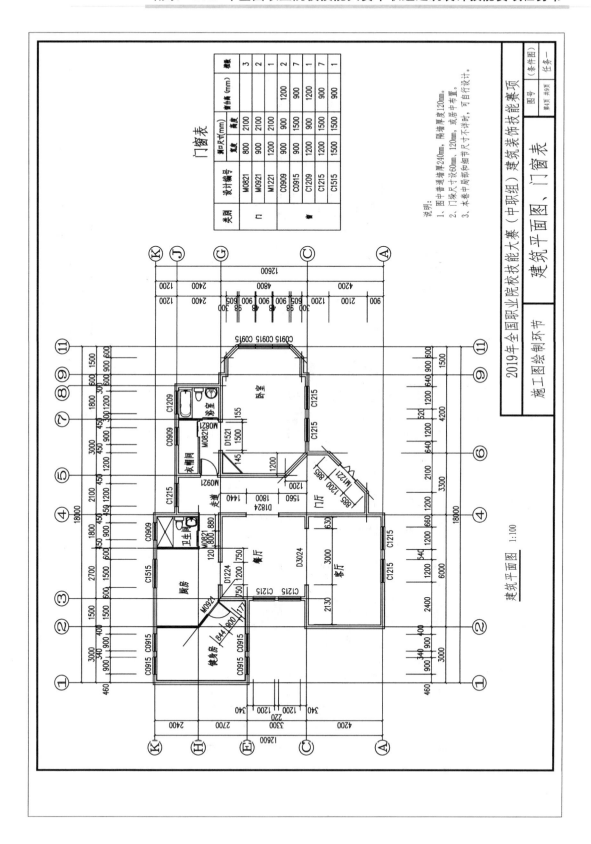

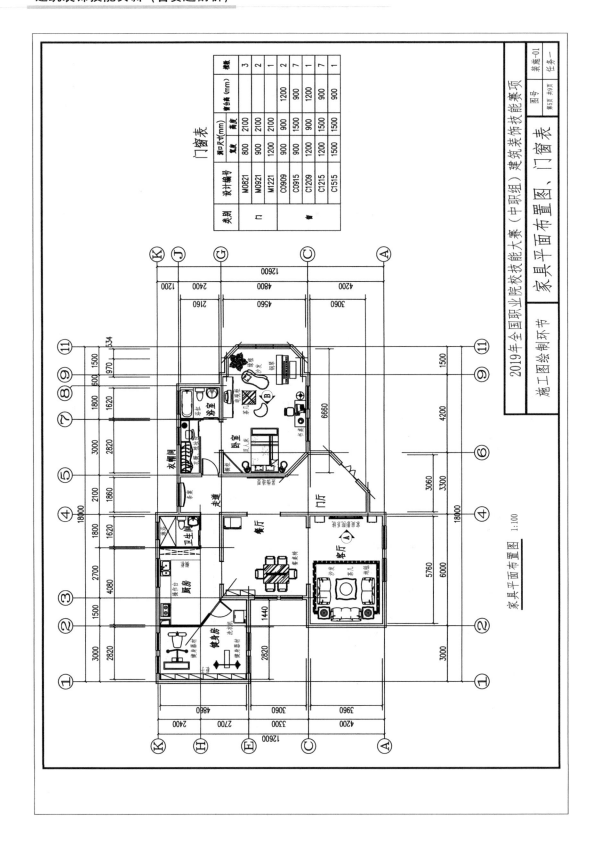

门窗表

类别	设计编号	洞口尺寸(mm) 宽度	洞口尺寸(mm) 高度	窗台高 (mm)	樘数
门	M0821	800	2100		3
	M0921	900	2100		2
	M1221	1200	2100		1
窗	C0909	900	900	1200	2
	C0915	900	1500	900	7
	C1209	1200	900	1200	1
	C1215	1200	1500	900	7
	C1515	1500	1500		1

2019年全国职业院校技能大赛（中职组）建筑装饰技能赛项

施工图绘制环节

家具平面布置图、门窗表

装施-01

任务一

家具平面布置图 1:100

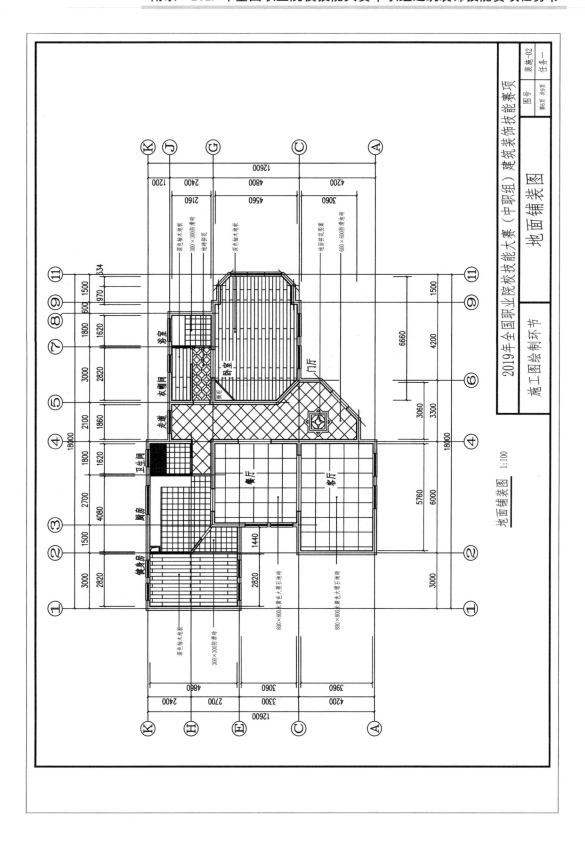

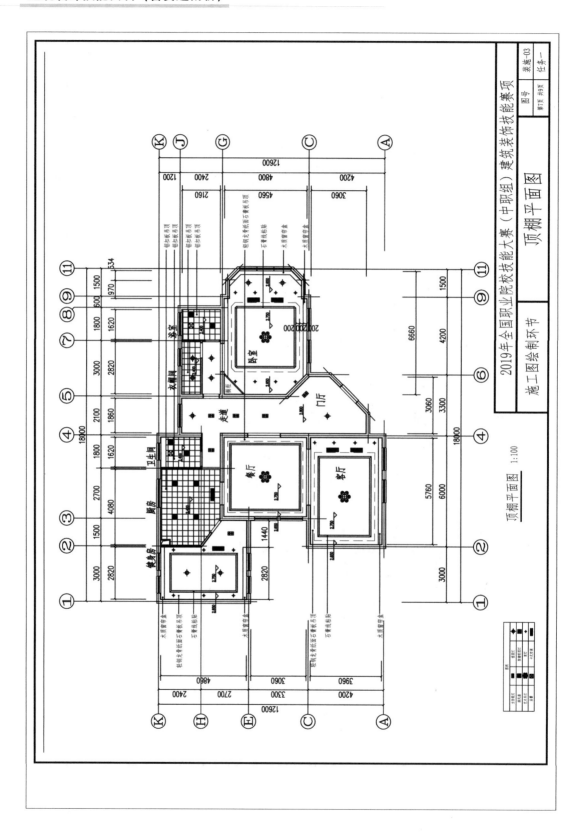

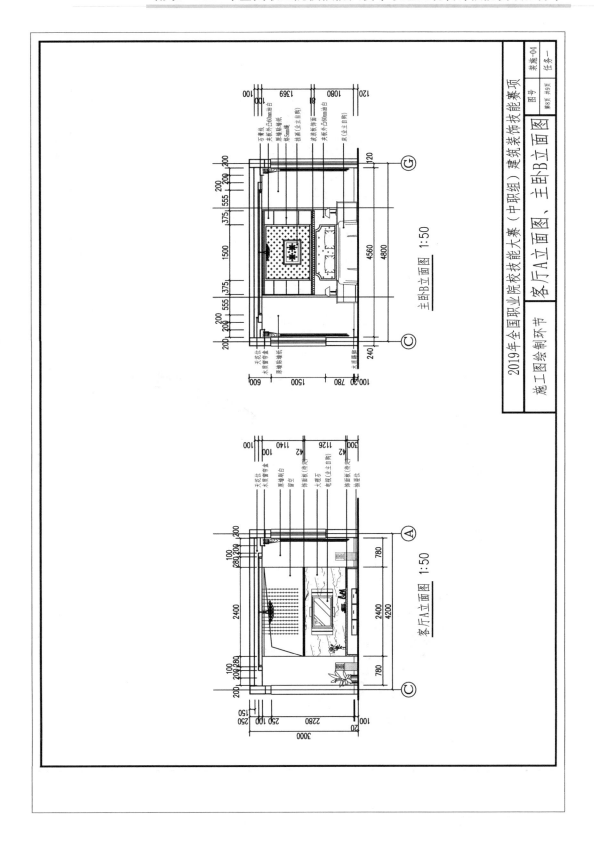

主卧B立面图 1:50

客厅A立面图 1:50

2019年全国职业院校技能大赛（中职组）建筑装饰技能赛项

客厅A立面图、主卧B立面图

施工图绘制环节

2019年全国职业院校技能大赛（中职组）建筑装饰技能赛项

图号　装施-04

任务一

第8页 共9页

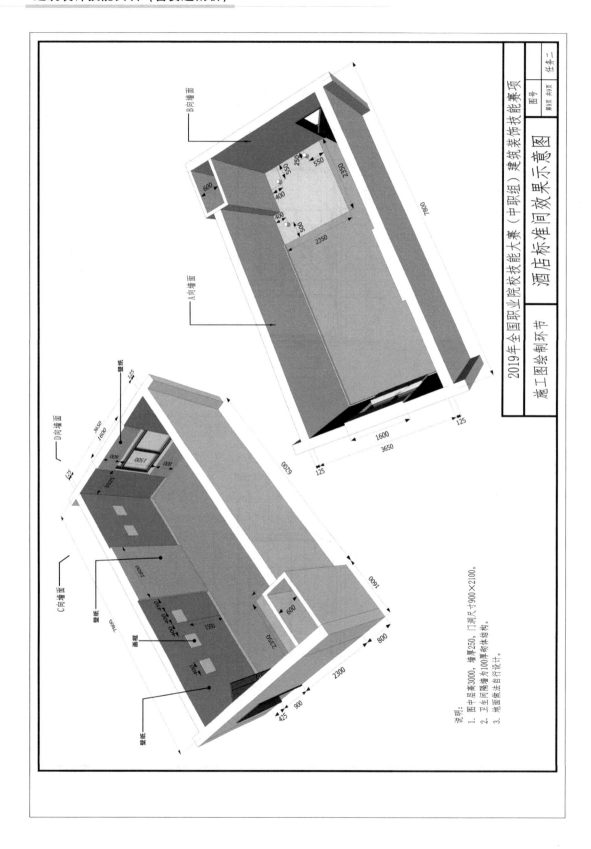

说明：
1. 图中层高3000，墙厚250，门洞尺寸900×2100。
2. 卫生间隔墙为100厚砌体结构。
3. 地面做法自行设计。

2019年全国职业院校技能大赛（中职组）建筑装饰赛项

施工图绘制环节 酒店标准间效果示意图

图号 任务二

第9页 共9页

2019年全国职业院校技能大赛中职组建筑装饰技能赛项

"建筑装饰施工技能操作"竞赛环节任务书

工位号：————

一、竞赛须知

1. 选手应遵守《2019年全国职业院校技能大赛中职组建筑装饰技能赛项规程》的各项规定，遵守赛项纪律。

2. 本竞赛环节为2人合作竞技项目，总时长为连续240分钟。

3. 本竞赛环节总分为100分，赛项总分加权系数0.6。

4. 竞赛规程清单规定以外的工具、设备、材料不得带入赛场；请在开赛前规定时间内，清点赛场提供的工具、设备、材料，并在确认单上签字确认。如有缺失、损坏等情况报告现场裁判。自带工具、设备引起问题，责任由参赛队自负。

5. 赛场提供足量竞赛材料和辅料，如竞赛过程中申请增加材料，将按一定规则向当值裁判申请增加材料，如竞赛过程中申请增加材料，将酌情扣分。

6. 请参赛选手严格按照操作规程施工，正确佩戴和使用好防护用品，注意安全文明施工。竞赛过程中遇到意外情况，应及时向当值裁判报告，听从裁判安排，不要自行处理。

7. 竞赛过程中，参赛队发生安全事故、出现舞弊行为，取消该参赛队比赛成绩。裁判有权终止该参赛队比赛，取消该参赛队成绩。

8. 选手申请提前离场时，当值裁判确认竞赛提前离场时间，是否加分按照评分细则相关规定执行。

二、竞赛任务要求

（一）任务一：墙面陶瓷砖镶贴（共计50分）

按墙面陶瓷砖镶贴施工图所示镶贴部位、形式、尺寸等，在工位指定墙面区域进行墙面砖镶贴。具体要求如下：

1. 工艺要求

1）必须按操作规程进行施工；

2）用湿贴方法铺贴墙面砖，瓷砖贴墙贴、收口，填缝剂嵌缝。

2. 质量要求

1）墙面砖的规格、图案、颜色应符合图纸要求；

2）墙面砖粘贴必须牢固；

3）墙面砖表面应平整、洁净，无裂纹和缺损；

4）阴阳角处铺贴方式，非整砖使用部位应整砖割切吻合，边缘应整齐；

5）墙面突出物周围的墙面砖应整砖套割吻合，凸出墙面的厚度一致；

6）墙面砖接缝应平直、光滑，填嵌应连续、密实，填缝见图示；

7）立面垂直度，表面平整度，阴阳角方正，接缝直度、接缝高度、接缝高低差，接缝宽度等允许误差的项目和允许误差值符合评分细则的要求。

建筑装饰技能实训（含赛题剖析）

（二）任务二：轻钢龙骨石膏纸面石膏板隔墙施工（共计42分）

按照轻钢龙骨石膏纸面石膏板隔墙施工图在工位指定区域完成轻钢龙骨纸面石膏板隔墙施工，内容包括：隔墙龙骨、纸面石膏板、挤塑板、开关盒定位安装，具体要求如下：

1. 工艺要求

必须按照操作规程进行施工。

2. 质量要求

1）竖向龙骨间距合理且不大于400mm；

2）设置通贯横撑龙骨1道；必要的位置安装其他横撑龙骨或附加龙骨；

3）纸面石膏板接缝位置合理，板缝宽不小于5mm，不大于8mm；

4）开关盒要固定；

5）龙骨立面垂直度，表面平整度等允许误差项目和限值符合评分细则的要求。

（三）过程要求（共计8分）

选手应具有良好的职业素养，熟悉施工工艺流程，坚持安全、文明、绿色施工，注意保护赛场环境和自身的安全、健康，在施工现场整洁、有序、成品保护等方面符合行业标准的要求。

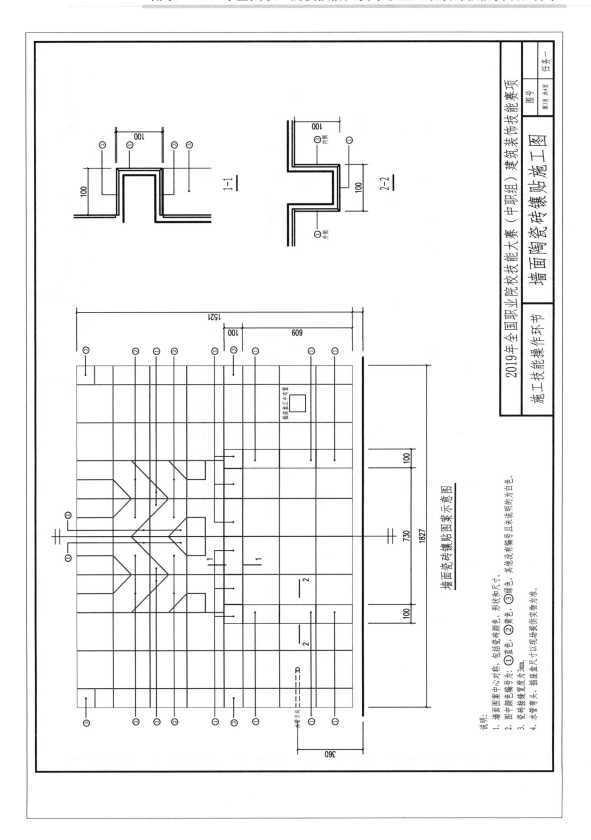

墙面瓷砖镶贴图案示意图

说明:
1. 墙面图案中心对称,包括瓷砖颜色、形状和尺寸。
2. 图中颜色编号为:①蓝色,②黄色,③绿色,其他没有编号且未说明的为白色。
3. 瓷砖接缝宽度为3.5mm。
4. 水管头,插座盒尺寸以现场提供实物为准。

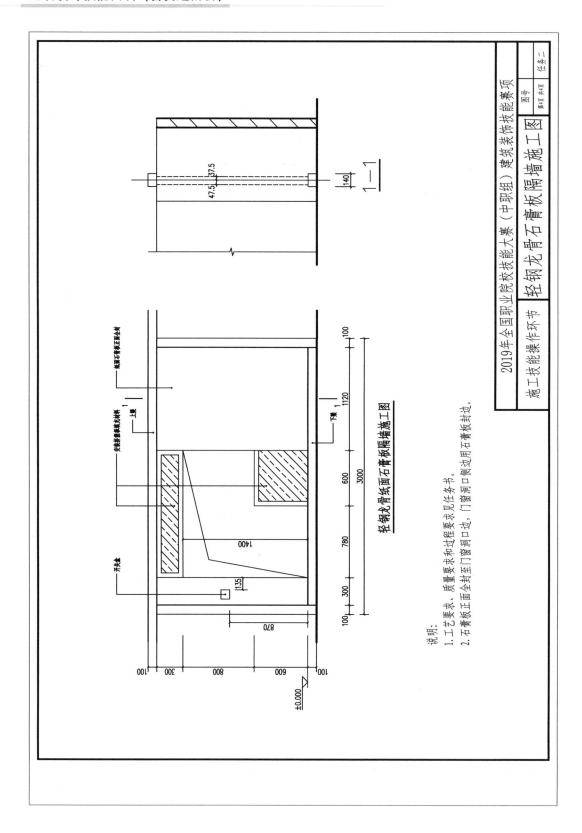

轻钢龙骨纸面石膏板隔墙施工图

说明：
1. 工艺要求、质量要求和过程要求见任务书。
2. 石膏板正面全封至门窗洞口边，门窗洞口侧边用石膏板封边。

2019年全国职业院校技能大赛（中职组）建筑装饰技能赛项

施工技能操作环节 **轻钢龙骨石膏板隔墙施工图**

参考文献

[1] 王汉林.建筑装饰技能实训［M］.北京：中国建筑工业出版社，2016.

[2] 王守剑.建筑装饰工程施工［M］.北京：中国建筑工业出版社，2015.

[3] 王玉靖.建筑装饰构造［M］.北京：中国建筑工业出版社，2015.

[4] 王亚芳.建筑装饰工程施工［M］.北京：北京理工大学出版社，2016.

[5] 刘琳，张威.建筑工种实训［M］.南京：江苏教育出版社，2016.

[6] 阳小群，陈玉龙，刘涛.建筑装饰工程施工技术［M］.北京：科学技术文献出版社，2018.

[7] 陈鑫，许超，尹璐.装饰材料与施工工艺［M］.上海：同济大学出版社，2019.

[8] 叶雯，周晓龙.建筑施工技术［M］.北京：北京大学出版社，2012.

[9] 景月玲.建筑装饰基础［M］.北京：高等教育出版社，2014.

[10] 张建荣，董静.建筑施工操作工种实训［M］.上海：同济大学出版社，2011.

[11] 杭有声.建筑施工技术［M］.北京：高等教育出版社，1994.

[12] 宁仁岐.建筑施工技术［M］.北京：高等教育出版社，2002.

[13] 张建斌，牛丽萍.抹灰工操作技巧［M］.北京：中国建筑工业出版社，2003.

[14] 陈亚尊.建筑装饰工程施工技术［M］.北京：机械工业出版社，2015.

[15] 万治华.建筑装饰装修构造与施工技术［M］.北京：化学工业出版社，2006.

[16] 高海涛.室内装饰工程施工工艺详解［M］.北京：中国建筑工业出版社，2018.

[17] 李继业，周翠玲，胡琳琳.建筑装饰装修工程施工技术手册［M］.北京：化学工业出版社，2017.

[18] 崔东方.吊顶装饰构造与施工工艺［M］.北京：高等教育出版社，2005.

[19] 刘合森.建筑装饰施工［M］.北京：中国建筑工业出版社，2018.

[20] 崔丽萍.建筑装饰与装修构造［M］.北京：清华大学出版社，2016.

[21] 理想·宅.室内设计数据手册［M］：空间与尺度［M］.北京：化学工业出版社，2019.

[22] 中国建筑标准设计研究院.轻钢龙骨石膏板隔墙、吊顶［M］.北京：中国计划出版社，2012.